2026
테크놀로지 시프트

2026
테크놀로지 시프트

AI부터 우주까지, 산업의 판도를 바꾸는 과학기술 트렌드 5

전승민 지음

TECHNOLOGY SHIFT

추천의 글(가나다순)

취재 현장에서 오랫동안 지켜본 동료로서, 저자 전승민은 '지식의 현장'에서 땀을 흘려온 진짜 과학 저술가라고 말할 수 있다. 그는 책상 위에서 이론을 엮기보다, 연구실의 과학자들 곁에서 기술의 변화를 체감하며 글을 써왔다. 『테크놀로지 시프트』는 현장의 경험을 바탕으로 미래 기술의 흐름을 몸으로 예견할 수 있는 작가만이 쓸 수 있는 살아 있는 기록이다.

백종민, 『아시아경제』 부장, 『애플 엔비디아 쇼크웨이브』 저자

최근 인공지능과 관련 기술의 눈부신 발전은 역사의 물줄기를 바꾸는 핵심 동력이 되고 있다. 이러한 맥락에서 가까운 미래와 다음 세대의 삶을 준비할 수 있도록 돕는 『테크놀로지 시프트』의 출간은 매우 시의적절하다. 이 책은 챗GPT로 촉발된 '지적 대폭발'의 현주소를 명쾌히 분석하며, AI가 로봇과 결합해 현실 세계에서 직접 행동하는 혁신적인 시대를 조망한다. LLM, 피지컬 AI, 휴머노이드 등 핵심 기술의 원리와 미래 전망을 깊이 있으면서도 쉽게 풀어냈다. 기술 변화의 흐름을 읽고 새로운 미래 전략을 수립하려는 모든 독자에게 강력한 통찰을 선사하는 필독서다.

유성준, 세종대학교 석좌교수, 인공지능융합연구원장

AI는 이제 아침 뉴스를 요약해주고 회의록을 정리해주는 수준을 넘어, 휴머노이드 로봇의 두뇌가 되어 우리 곁을 걸어 다니고 있다. 그런데 정작 경영자들은 묻는다. "이 변화가 우리 사업에 무슨 의미인가요?" 전승민 저자는 이 책에서 챗GPT부터 1나노 반도체, 피지컬 AI, 화이트 바이오, 하이퍼루프까지 2026년 한 해 동안 펼쳐질 기술 지형도를 한 권에 압축해냈다. LLM과 SLM의 역할 분담, GPU가 국가 전략 자산이

된 이유, 합성 데이터가 로봇 혁명의 열쇠인 까닭을 읽다 보면, 기술이 단순한 '트렌드'가 아니라 경영 전략의 필수 변수임을 깨닫게 된다. 복잡한 수식 없이도 트랜스포머 구조와 어텐션 메커니즘을 이해하게 만드는 서술력, 5대 산업 영역을 관통하는 통찰이 압권이다. 2026년을 준비하는 경영자라면, 이 책으로 기술 문해력을 장착하라. 내일의 전략은 오늘의 기술 이해에서 시작된다.

이동우, SERICEO 비즈니스 북클럽 북멘토, 고려대학교 특임교수

인류 문명을 전기, 철도, 기계, 농업 등 단일 기술이 끌고 간 것처럼 보이지만, 실제로 삶의 모습이 완전히 바뀌는 데는 연관이 없어 보이는 수많은 기술이 서로 밀고 당기는 과정이 있었다. 2025년 현재, 우리 주변에서 일어나는 기술 변화를 한눈에 볼 수 있는 책.

이제현, 한국에너지기술연구원 에너지AI·계산과학실장

이 책은 챗GPT와 휴머노이드 로봇부터 2나노 반도체 경쟁, 탄소중립 기술, 미래 모빌리티까지, 2026년 이후의 미래를 바꿀 5가지 핵심 기술 분야를 깊이 있게 조망한다. 저자는 진짜 혁신이 AI, 생명공학, 화학, 기계공학 등 과거의 경계가 무너지는 융합의 틈에서 시작되고 있음을 명쾌하게 포착한다. 또한 저자는 기술의 디지털, 물리적 현실, 생명의 경계를 허물며 우리의 삶을 근본적으로 재정의할 변화의 모습을 선명하게 보여준다. 구체적인 산업 전망과 예측을 담아 저자가 제시하는 이 로드맵은 기술 변화의 흐름을 읽고 미래를 준비하려는 독자에게 가장 확실한 나침반이 될 것이다.

이형열, 「과학책 읽는 보통사람들」 대표

AI가 그림을 그리고, 반도체가 1나노 시대를 열고, 로봇이 두 발로 걸어 나올 때, 당신은 어느 기술의 교차로에 서 있는가? 전승민 저자는 이 책에서 AI부터 우주까지 5대 핵심 기술의 지도를 펼쳐놓고, 그 교차점마다 '이 길이 당신 사업의 운명을 바꿉니다'라고 표지판을 꽂아놨다. LLM이 로봇과 만나는 지점, GPU가 국가 전략 자산이 되는 순간, 화이트 바이오가 석유화학을 밀어내는 타이밍까지—기술 트렌드가 아니라 기술 시프트의 정확한 좌표를 제시한다. 기술에 투자하거나, 기술로 먹고살거나, 기술 때문에 걱정하는 독자라면 이 책은 밑줄 긋는 펜을 손에서 놓지 못하게 만들 것이다. 한 번 읽고 끝낼 책이 아니다. 여러 번 통독하며 당신만의 기술 내비게이션으로 삼아라. 2026년은 이 책을 읽은 사람과 읽지 않은 사람의 전략이 갈리는 해가 될 것이다.

조형준, SK브로드밴드 미디어Tech 본부장

『테크놀로지 시프트』는 현재 우리 사회를 관통하는 AI, 로봇, 반도체부터 에너지, 바이오, 우주 산업에 이르기까지 가장 첨예한 기술 흐름을 쉽고 명쾌하게 해설하는 친절한 안내서다. 과학기술 분야 전문기자로 20여 년간의 경험을 바탕으로 한 저자의 깊이 있는 분석과 2026년으로 향하는 과학기술 분야 예측은 복잡한 시대의 변화를 읽고 미래를 준비하려는 모든 독자에게 가장 확실하고 유용한 나침반이 되어줄 것이다.

표윤석, 로보티즈 기술이사

들어가며

새로운 시대를 이해하는
가장 간편한 방법

역사상 유례없는 거대한 변화가 일고 있다. 인공지능AI, 에너지, 생명과학 등 다양한 과학기술이 급격히 발전하면서 세상의 흐름을 송두리째 뒤바꾸고 있기 때문이다. 이제 AI가 우리 곁에서 말을 걸고, 그림을 그리며, 심지어 프로그래머를 대신해 코드를 짜는 시대가 되었다. 출근길에는 자율주행 버스를 마주치고, 퇴근 후에는 로봇이 튀긴 치킨을 로봇이 배달해주는 풍경이 더는 낯설지 않다. 심지어 이런 변화는 날이 갈수록 점점 더 빨라지고 있다. 과거 수십 년에 걸쳐 일어날 법한 변화가 불과 1~2년 사이에 마치 당연한 듯 일어나고 있다.

이러한 흐름은 우리 사회의 구조를 바꾸고, 산업의 지형도를 다시 그리며, 개개인의 삶의 방식을 결정짓는 가장 중요한 변수다. 변화를 피해갈 방법은 사실상 없다. 첨단 기술산업뿐 아니라 정치, 경제, 사회,

문화 등 거의 모든 분야에서 동시다발적으로 영향을 미치고 있기 때문이다.

따라서 그러한 변화를 이해하는 가장 기본적인 방법은, 그 원동력이라 할 수 있는 '과학기술'에 대한 최소한의 정보를 확보하는 것이다. 어느 분야에 종사하든 과학과 기술의 변화 양상, 이른바 '테크니컬 시프트Technical Shift'에 대한 이해는 필수적 요소다. 일부 전문가들만이 관심을 가져야 할 문제가 아니라, 이 시대를 살아가는 모두를 위한 기본 교양Literacy이라고 해도 과언이 아니다.

문제는 이러한 능력을 기르는 일이 결코 쉽지 않다는 데 있다. 필자는 업무 특성상 과학기술 분야 종사자들을 자주 만나는데, 이들은 모두 자신의 전공 분야에 관해서는 뛰어난 지식과 정보력을 갖추고 있다. 그러나 그 외의 영역에서는, 심지어 과학기술 관련 분야에서조차 의외로 이해도가 낮은 경우가 적지 않았다. '과학기술인'들조차 이러한 상황이라면, 우리는 이 복잡한 기술의 변화와 사회적 흐름을 어떻게 받아들이고 대응해야 할까?

모든 것을 직접 해결할 수 있다면 가장 좋을 것이다. 필요한 과학기술 정보를 직접 수집하고, 동시에 이 같은 정보를 해석할 수 있는 최소한의 과학기술 지식도 갖춰야 한다. 또한, 끊임없이 최신 흐름을 따라가며 지속적으로 업데이트하는 것이 중요하다.

그러나 이런 일을 업業으로 삼지 않는 한, 이는 현실적으로 불가능하다. 그렇다면, 누군가 이런 일을 대신해준다면 좋지 않을까? 변화를 주도할 핵심 과학기술의 동향을 분석해주고, 쉽게 이해할 수 있도록 해

설까지 덧붙여 정리한 내용을 정기적으로 접할 수 있다면, 최소한의 노력으로 시대의 변화 양상을 충분히 파악할 수 있을 것이다.

이 책은 바로 그 지점에서 출발한다. 현시대에 세상의 변화를 이끌어나갈 핵심 과학기술 주제들을 선정하고, 그 기술의 발전 상황을 최대한 이해하기 쉬운 언어로 전달하고자 했다. 이미 우리 앞에 다가온 이 기술들이 1년 후의 미래까지 어떻게 변화해나갈지를 나름의 경험과 시각을 담아 녹여냈다. 바로 코앞의 미래, 즉 '2026년 한 해' 동안 과학기술이 얼마나 발전하고 변화할지에 대한 나름의 분석과 예측을 함께 담았다. 물론 이 예측이 반드시 적중한다고 보기는 어려울 것이다. 하지만 기술의 흐름에 따른 방향성에 기반을 두고 있으므로, 설사 경제·산업적으로 큰 주목을 받지 못하더라도 그 자체로 알아둘 만한 가치가 있다.

책의 첫 번째 여정 Shift 1에서는 현재 가장 뜨거운 화두인 'AI와 로봇'의 세계를 탐색한다. 챗GPT로 대표되는 대형 언어 모델의 현재와 미래, 그리고 인간을 닮은 로봇 휴머노이드가 열어갈 새로운 시대를 이해하는 것은 현시대를 이해하는 가장 중요한 지표다. 두 번째 여정 Shift 2에서는 한 걸음 더 깊이 들어간다. AI와 로봇이라는 화려한 무대를 떠받치는 '반도체와 정밀공학 기술'의 세계를 조망하고, 기술의 발전 방향을 살펴본다. 눈에 보이는 성과 뒤에 숨은 보이지 않는 기술의 중요성을 이해한다면 AI와 로봇 기술의 발전 방향을 더 명확히 이해하는 데 큰 도움이 될 것이다.

세 번째 여정 Shift 3에서는 우리 문명의 가장 근원적인 토대인 '에너지와 화학' 분야 기술의 현주소와 발전 방향을 짚어본다. 이어 네 번째 여정Shift 4에서는 인류의 '지속 가능성'과 직결된 '바이오' 분야를 살펴본다. 마지막 여정 Shift 5의 주제는 '우주에서 시작되는 공간 산업'이다. 우리의 상상력이 하늘과 우주, 그리고 땅으로 뻗어나가는 현장을 찾아간다. 항공·우주 산업, 하이퍼루프와 같은 미래 교통, AI가 결합된 자동차와 건축 기술 등, 기존 산업이 첨단 기술과 만나 어떻게 발전하고 있는지, 다음 해에는 어떤 변화를 겪게 될지 그 흐름을 짚어본다.

이 책은 각각의 기술을 개별적으로 설명하는 데 그치지 않고, 서로 어떻게 연결되고 영향을 주고받으며 거대한 '기술 생태계'를 이루는지 보여주는 데 집중했다. 기술의 지도를 그려가듯 차근차근 따라오다 보면, 어느새 흩어져 있던 지식의 조각들이 하나의 큰 그림으로 완성되는 경험을 하게 될 것이다.

이 과정에서 가장 고심했던 부분은 '어떻게 하면 이 복잡하고 난해한 이야기를 쉽고 명료하게 전달할 수 있을까' 하는 점이었다. 우선 복잡한 수식이나 어려운 전문 용어를 최대한 배제했다. 불가피하게 전문 용어를 사용해야 할 때는, 반드시 앞뒤 문맥 속에서 그 의미를 쉽게 이해할 수 있도록 풀어 설명했다. 기술 그 자체보다 '사회의 변화'를 전하는 데 집중했으며, 기술적 설명이 필요한 부분은 최대한 쉽게 이해되도록 정리했다.

이 책은 과학기술 전문가를 위한 심층 보고서는 아니다. 변화의 한복판에서 방향을 찾고자 하는 일반 독자를 위한 쉽고 친절한 기술 해설서다. 새로운 기회를 모색하거나 위기에 대비하려는 직장인, 미래를 대비하고 싶은 대학생, 그리고 자녀들이 살아갈 세상을 조금이라도 더 이해하고 싶어 하는 부모들을 위한 '친절한 안내서'를 자처한다.

    이 책을 덮을 무렵에는 막연했던 미래가 좀 더 선명하게 그려지고, 뉴스에 등장하는 첨단 기술들이 더 이상 남의 일처럼 들리지 않게 될 것이라고 확신한다. 우리 사회가 나아갈 방향을 함께 고민하고, 다가올 미래를 현명하게 준비하는 주역으로 나아가는 데 작은 디딤돌이 될 수 있다면, 이는 저자로서 더없는 기쁨일 것이다.

2025년 가을
전승민

차례

추천의 글   04

들어가며   새로운 시대를 이해하는 가장 간편한 방법   07

Shift 1

AI와 로봇이 만드는 세상
우리 곁에 스며든 '낯선 지성'

대형 언어 모델은 어디까지 확장될 수 있을까?   22
챗GPT로 대변되는 '다기능 인공지능'의 진화

AI 대폭발, AGI(일반 인공지능) 개발로 이어질 수 있을까?   32
LLM과 SLM의 연계, 멀티모달과 AI 에이전트의 결합이 의미하는 것

로봇을 위한 AI는 따로 있다?   44
피지컬 AI의 등장, 로봇 기술 실용화의 현재와 미래

휴머노이드와 로봇 제어 AI, 기술 판도를 어떻게 바꿀까?   55
폭발적 성장의 기반을 마련한 휴머노이드, 첫 상용화 가능할까?

> **더 알아보기 1** 한국형 AI, 모방을 넘어 혁신으로   65
> **더 알아보기 2** 국내외 로봇 산업의 현재와 도전   69

Shift 2

반도체와 정밀공학 기술
AI와 로봇을 지탱하는 엔진

반도체 집적화 기술, 1나노의 벽을 돌파할 수 있을까? 78
1나노 경쟁이 바꿔놓을 기술 혁명과 새로운 물리학의 시대

유독 GPU가 주목받는 이유는 무엇인가? 92
GPU의 반란, 그래픽 칩에서 국가 전략 자산으로

디스플레이 기술, 화면은 어디까지 진화할 수 있을까? 102
접히고, 휘고, 떠오르는 신개념 디스플레이의 세계

'기계'는 어떻게 새로운 산업을 탄생시키는가? 115
공학 기술의 발전이 산업에 미치는 영향

[더 알아보기 1] 주판부터 양자 시스템까지, '컴퓨터'라는 기계가 갖는 의미 ... 125
[더 알아보기 2] '스마트 기기' 기술은 어디로 가고 있을까? 128

Shift 3

산업의 뿌리, 에너지와 화학
ESG의 빛과 그림자

대규모 발전 기술, 문명은 무엇으로 돌아가는가? 138
현대 문명의 근간, 석탄화력·원자력발전 기술

에너지 공급 체계와 환경 기술, 균형을 이룰 수 있을까? 158
지구온난화 시대, 재생에너지가 열어가는 새로운 혁신

수소는 에너지 체계의 판도를 바꿀 수 있을까? 175
수소를 알아야 미래 에너지 체계를 이해할 수 있다

석유화학은 과거의 유산일까, 미래의 자산일까? 188
현대 사회의 기반, 석유화학 산업의 새로운 생존 전략

> 더 알아보기 1 │ 에너지의 마지막 퍼즐, 핵융합 기술 202
> 더 알아보기 2 │ 에너지 혁명의 심장 '배터리' 206

Shift 4
바이오와 생명 기술
지속 가능한 인류를 위한 노력

AI와 융합한 바이오 기술, 혁신의 끝은 어디일까? 216
바이오+AI 융합이 만들어가는 거대한 변화

의료는 어떻게 레드 바이오 산업의 출발점이 되었을까? 229
산업을 이해하기 위한 첫걸음, 바이오+의료 기술

화이트 바이오 산업은 어떻게 산업 생태계를 재편할까? 241
화이트 바이오, 생명화학과 산업의 연결고리

그린 바이오 기술의 발전은 농·축산업에 어떤 영향을 미칠까?　　**255**
먹고사는 문제의 기본, '농축산 분야'의 미래

> 더 알아보기 1　인조인간, 상상이 현실이 될까?
> 　　　　　　　바이오 메카트로닉스 기술의 가치와 미래　　**267**

> 더 알아보기 2　현대 생명과학자의 가장 강력한 무기, 유전자 편집 기술　**272**

Shift 5
우주에서 시작되는 공간 산업
위성·항공·철도·주거는 어떻게 변화해갈까?

지구 밖으로 확장하는 '우주 산업', 누가 우주를 점유할 것인가?　**284**
'뉴 스페이스' 시대, 민간 영역에서 꽃피는 우주 실용화

지구촌을 묶는 '항공 산업', 새로운 하늘길이 열릴까?　**297**
SAF, 수소 항공기, UAM이 바꾸는 비행의 미래

**땅속을 시속 1,000킬로미터로 달리는 '하이퍼루프',
정말로 가능할까?**　**312**
하이퍼루프, 자율열차, 수소트램이 여는 초고속 교통의 미래

미래의 집은 어떻게 '프린트'되는가?　**328**
디지털 트윈부터 3D 프린팅까지, 건축·건설의 혁신

> 더 알아보기 1　자율주행, 미래 자동차의 모습　**340**

> 더 알아보기 2　'가상 공간'의 혁신, 메타버스가 돌아온다　**344**

Shift 1

AI와 로봇이
만드는 세상

우리 곁에 스며든 '낯선 지성'

AI 이야기를 먼저 꺼내지 않을 수 없다. 오늘날 일어나는 기술 변화의 한복판에는 '반드시'라고 해도 좋을 만큼 AI가 직간접적으로 중요한 영향을 미치고 있다. AI를 활용해 편리한 서비스를 영위하게 되었다는 이야기는 이제 식상할 정도다. 이제 AI는 인류의 생활양식, 나아가 문명 자체를 완전히 새롭게 바꾸어가는 거대한 혁신의 중심에 서 있다.

특히 2025년 현재, 우리는 역사상 그 어떤 세대도 겪어보지 못한 '지적 대폭발'의 한가운데를 지나고 있다. 불과 3년 전인 2022년까지만 해도 AI는 막연한 미래 기술, 혹은 공상과학 영화의 단골 소재쯤으로 여겨졌다. 그러나 그해 11월 30일, '챗ChatGPT'라는 이름의 대화형 AI가 등장하면서 세상은 극적으로 변화하기 시작했다.

사실 AI 기술의 이론적 토대는 수십 년 전부터 존재해왔다. 특히 2010년대 중반, 기술이 급속도로 발전하면서 AI를 통한 새로운 혁신이 일어날 것이라고 기대하는 이들이 적지 않았다. 그러나 당시 AI 확산의 가장 큰 걸림돌은 바로 '접근성'이었다. AI를 활용하려면 일정 수준 이상의 컴퓨터 활용 능력이 필요했다. 복잡한 AI 도구를 직접 설치해야 했고, 일일이 학습시켜야 하는 수고도 따랐다.

그런데 이른바 챗GPT와 같은 '대화형 AI'의 등장은 완전히 새로운 국면을 열어주었다. 사람과 대화를 주고받으면서 여러 질문에 답하는 형태다 보니, 전문 지식이 없는 이들도 간단한 명령어만으로 AI를 다양하게 활용할 수 있게 되었다. 이른바 'AI 대중화'의 문이 열린 셈이다. 챗GPT의 등장을 기점으로 구글은 제미나이Gemini, 앤트로픽은 클로드Claude, 퍼플렉시티는 동명의 대화형 AI 퍼플렉시티Perplexity를 공개하는 등, 다양한 기업이 고성능 AI를 잇달아 선보이며 치열한 경쟁에 나서고 있다.

이 거대한 변화는 우리의 삶을 크게 바꾸었다. 주요 뉴스와 이메일을 단 몇 줄로 요약해 빠르게 확인하고, 복잡한 시장 분석 보고서의 초안을 단 1분 만에 받아볼 수 있으며, 회의록 정리는 물론 외국어 인터뷰의 실시간 통역까지 AI에게 맡길 수 있게 되었다. 대학생은 난해한 전공 서적의 핵심 개념을 AI 튜터에게 물으며 학습하고, 초등학생은 AI로 동화를 만들어가며 창의력을 키우는 세상이 현실로 다가왔다. 이런 일을 일부 기술 전문가가 아니라 누구나 손쉽게 이용할 수 있게 되었다는 점은, 앞으로 다가올 변화를 이해하고 준비하기 위해 가장 먼저 관심을 기울여야 할 부분이다.

시대의 변화를 이해하기 위해 AI와 더불어 반드시 짚고 넘어가야 할 또 하나의 핵심 기술은 바로 '로봇 기술'이다. AI는 그 자체로도 분명 커다란 혁신을 몰고 올 강력한 기술이지만, 로봇 기술과 결합할 때 비로소 그 영향력이 배가될 수 있다. AI는 현실 세계에서 직접 힘을 행사할 수 없다. 물건을 만지고, 옮기며, 먼 곳까지 이동하기 위해서는 반드시 인공지능의 명령을 실행할 '신체'가 필요한데, 이 물리적 수행 능력을 제공하는 것이 바로 로봇이다.

AI가 적용되지 않은 로봇은 단지 프로그래밍된 대로만 작동할 뿐, 주변 상황을 인식하거나 스스로 판단해서 움직이지 못한다. 공장처럼 정해진 순서대로 움직이는 환경에서는 그 나름대로 역할을 해내지만, 복잡한 일상에서 AI 없이 활약하기에는 한계가 뚜렷하다. 그러나 최근에는 AI를 탑재해 주변 상황을 스스로 파악하고 판단하는 로봇이 등장하기 시작했다. 여기에 챗GPT와 같은 대화형 AI가 중간에 개입하면서 큰 전환점을 맞이하고 있다. 이 대화형 AI는 로봇 제어용 AI와 인간 사이에서 일종의 '통역사'로 활약한다. 이제는 로봇을 제어하는 전문적인 조작법을 몰라도 자연어 명령만으로 로봇에게 일을 시킬 수 있는 시대가 열렸다. 스스로 주변 환경을 3차원으로 인식하고, 물리 법칙을 이해하며, 그에 맞춰 몸을 움직여 작업을 수행하는 로봇은 더 이상 공상과학 속 이야기가 아니라 현실이 되었다. 2025년은 이러한 '로봇 제어형 AI'의 원년으로 불려도 손색이 없다.

이 책의 첫 장에서는 바로 이 점, 즉 AI와 로봇 기술이 만나 구현해

나는 현재 기술 수준을 살펴볼 것이다. 나아가, 이 기술이 불과 수개월에서 1년 이내에 어떻게 변화해갈지도 함께 전망해보고자 한다. 이러한 질문에 대한 답을 찾아가는 여정은 다가올 미래를 단순히 예측하는 것을 넘어, 우리가 무엇을 준비하고 어떤 가치를 지켜야 할지 깊이 성찰하는 계기가 될 것이라고 믿는다.

대형 언어 모델은
어디까지 확장될 수 있을까?

챗GPT로 대변되는 '다기능 인공지능'의 진화

AI는 과연 어디를 향해 나아가고 있을까. 이 거대한 흐름을 짚어보기 위해서는, 이제는 익숙하다 못해 식상해진 단어 '챗GPT'에 대해 다시 한번 짚고 넘어갈 필요가 있다. 'AI가 인간의 언어를 이해할 수 있게 되었다'는 사실은, 그 자체로 지금의 변화를 이끌어낸 결정적인 전환점이자 가장 강력한 혁신의 발판이 되었다.

흔히 챗GPT와 같은 AI를 '대형 언어 모델LLM, Large Language Model'이라고 이야기한다. 글자 그대로 '언어'에 특화된 AI로, 인간의 언어로 축적된 방대한 지식을 학습해 인간처럼 대화하고 글을 쓸 수 있다. 챗GPT, 제미나이 등 최근 등장한 고성능 AI는 대부분 LLM의 한 유형

대형 언어 모델은 사회 전 영역에 변화를 불러일으키고 있다.

으로 분류된다. 같은 LLM이라도 규모가 상대적으로 작을 경우, 앞에 'small'의 약자인 's'를 붙여 'sLLM'이라고 부르기도 한다. 이러한 '언어 모델'이 가지는 함의를 제대로 이해하지 못하면, 현재 AI 기술의 흐름을 짚어보는 데 어려움을 겪을 수밖에 없다.

 AI가 언어를 이해하기 시작했다는 것은, 이제 인간이 일상 언어로 AI에게 지시를 내릴 수 있게 되었다는 뜻이다. 즉 AI를 누구나 손쉽게 활용할 수 있는 시대가 열린 것이다. 하지만 챗GPT와 같은 AI가 단순히 '말을 알아듣고 대화하는' 수준에 머문다고 생각해서는 곤란하다. 언어에 특화된 AI는 다양한 특성과 가능성을 품고 있다. LLM이 유용하다는 것을 알아챈 사람들이 여기에 다양한 기능을 추가해, 'AI 종합선물

세트'라고 불릴 만큼 다채로운 활용이 가능하도록 진화했기 때문이다.

요즘의 AI는 그림이나 사진을 만들어주는 기능, 음악이나 소리를 생성하는 기능, 영상을 생성하는 기능까지 추가되었다. 말로 명령만 내리면 작곡도 하고, 효과음도 만들며, 영상과 이미지까지 척척 만들어준다. 이렇게 무언가를 직접 '창작'하거나 '생산'하는 AI를 '생성형 AI'라고 부른다. 본래 LLM도 '언어'를 생성하는 기능이 있어 생성형 AI의 한 부류로 볼 수 있는데, 여기에 더해 한층 더 다양한 형태의 콘텐츠까지 생성할 수 있도록 진화한 것이다.

AI는 다양한 콘텐츠를 생성하는 능력뿐만 아니라, 그 정보를 스스로 이해하는 능력까지 갖추게 되었다. 본래 LLM은 언어에 특화된 기술이기에, 언어만 이해해야 정상이다. 그런데 여기서 그치지 않고, 사람들은 화상과 영상까지 이해할 수 있는 기능을 AI에 추가했다. 심지어 주변 상황을 알아보도록 카메라와 마이크도 연결했다. 그 결과, AI는 사진이나 그림을 이해하고, 주위 환경도 스스로 인식할 수 있게 되었다. 영어로 '모달리티modality'는 '정보가 표현되거나 인식되는 방식'을 뜻하는데, 이런 능력을 복합적으로 갖추게 된 것이다. 이와 같은 AI를 흔히 '멀티모달리티Multi modality AI', 혹은 줄여서 '멀티모달 AI'라고 부른다. 이러한 멀티모달 능력은 챗GPT나 제미나이와 같은 최신 AI의 기본 역량으로 자리 잡았다. 사용자가 그림 파일을 드래그해 넣으면 그 그림의 형태를 파악하고, 음악 파일을 업로드하면 읽을 수 있다. 업무 중에 만든, 여러 데이터가 뒤섞인 서류도 척척 분석하고 정리해준다.

따라서 챗GPT와 같은 AI는 다양한 이름으로 불린다. 대화형 AI이자 LLM이며, 동시에 생성형 AI이고, 멀티모달 AI*이기도 하다. 기존에는 존재하지 않았던 범용성과 혁신성을 지녔다는 점에서 '파운데이션 모델'이라고 부르기도 한다.

이러한 상황에 이르자 LLM은 단순히 계산을 빨리하거나 데이터를 분류하는 기존의 '자동화' 도구와는 차원이 다른 능력을 보유하기 시작했다. 인간 고유의 영역으로 여겨졌던 창의성과 지성의 영역에 깊숙이 들어와, 유능한 보조자이자 영감을 주는 협력자이며, 또 때로는 인간을 대체하는 경쟁자 역할까지도 동시에 수행할 수 있는 단계에 이르렀다.

가장 극적인 변화 중 하나는 언어의 장벽이 사실상 붕괴했다는 점이다. 이제는 어느 나라로 여행을 가더라도 언어 문제로 곤란을 겪는 일이 드물고, 심지어 전문적으로 활용하는 데도 큰 제약이 없다. 예를 들어 필자는 과학기술 정보를 자주 분석해야 하는데, 대부분의 자료가 영어로 제공되는 탓에 어려움을 겪어왔다. 영어를 유창하게 구사하는 편이 아니고, 뒤늦게 공부를 시작하다 보니 아무리 노력해도 원어민 수

---

* 이 같은 AI를 알기 쉽게 뭐라고 불러야 할까. '일반 인공지능AGI, Artificial General Intelligence'이라고 하자는 이야기도 있는데, 이는 정말로 사람과 비슷할 정도로 유연하게 일하는 AI를 의미하는 것이라 적절하지 않다. 개인적으로는 '언어 소통 방식의 복합기능 인공지능'이라는 의미에서 '메일MAIL, Multifunctional Artificial Intelligence in Language communication'이라고 부르자고 농담처럼 이야기하곤 하는데, 이는 어디까지나 필자 개인의 생각이므로 이러한 표현을 책 전반적으로 사용하는 것은 바람직하지 않다. 전문가들은 상황에 따라 LLM이나 멀티모달 AI, 파운데이션 모델 등의 용어를 뒤섞어 사용하고 있다. 이 책에서는 독자의 혼선을 피하기 위해, 이 같은 형태의 AI는 일단 'LLM'이라고 통일해서 표현한다. 굳이 구분이 필요하면 설명을 추가하겠다.

준과는 확연한 차이가 있을 수밖에 없었다. 이로 인해 업무 효율도 떨어졌고, AI가 일상화되기 전인 2020년대 초반까지는 많은 시행착오를 겪었다.

그런데 LLM의 등장 이후, 복잡한 기술 관련 문서를 볼 때 AI 번역의 도움을 받게 되면서 업무 부담이 크게 줄어들었다. 그 성능 역시 점점 더 향상되고 있다. 사실 2024년까지만 해도 번역 오류가 잦아 초벌 번역을 AI에게 맡기더라도, 다시 하나하나 사실 여부를 확인해야 하는 번거로움이 따랐다. 그러나 2025년 중반을 넘어서면서 이러한 부담이 크게 줄어들었다. 물론 LLM의 특성상 신문기사나 논문, 공식 문서 등을 작성할 때는 할루시네이션hallucination(사실 왜곡) 등의 문제에 대비해 여전히 철저한 사실 확인이 필요하다. 하지만 문서의 전반적인 내용을 파악하는 데는 거의 완벽에 가까운 수준을 보여준다.

그리고 초창기에는 멀티모달 기능과의 연계가 미흡해 사용하기 불편했는데, 이제는 음성을 인식해 자동으로 번역까지 해주는 등, 어릴 적 영화에서 보던 '만능 통역기'가 현실에 등장했다고 해도 과언이 아니다. 최근에는 단순히 단어를 기계적으로 번역하는 수준을 넘어, 말하는 사람의 목소리 톤과 감정, 심지어 현지의 문화적 맥락까지 고려하여 오해의 소지가 없는 가장 적절한 표현으로 바꿔 전달해주는 단계에 이르렀다. 예컨대 중요한 비즈니스 미팅 자리에서, AI 통역기는 상대방의 단호한 어조 속에 숨은 미세한 망설임을 감지하고, 사용자에게 '긍정적으로 검토 중이나 확신은 없는 상태'라는 부가적인 분석 정보를 제공해줄 수도 있다. 이는 단순한 소통 도구를 넘어, 성공적인 커뮤니케이션

통번역 기능은 LLM이 지닌 다양한 활용 가능성 중 하나다.

을 위한 전략적 조언자 역할까지 수행하는 셈이다.

물론 통번역 기능은 LLM이 지닌 수많은 활용 가능성 중 하나에 불과하다. 이제 LLM은 인류의 동반자 지위로까지 올라섰다고 해도 과언이 아니다. 2025년은 이러한 AI 모델이 '신기한 기술'의 단계를 넘어, 전기나 인터넷처럼 일상 속에 녹아든 보편적인 '사회 인프라'로 자리매김한 해로 기억될 것이다.

그렇다면 이러한 기능은 어떻게 세상에 태어나게 된 걸까? 특정 기술이 작동하는 원리를 조금이라도 아는 것과, 단지 '그런 기능이 있다더라' 하고 넘어가버리는 것은 상황을 정확히 이해하는 데 큰 차이가 있다. 따라서 LLM 기능이 어떻게 탄생하고 작동하게 되었는지, 조금 복잡하게 느껴지더라도 잠시 짚고 넘어가보자.

2022년 말 혜성처럼 등장한 챗GPT가 세상에 던진 충격은 대단히 컸다. 오픈AI가 LLM을 가장 먼저 상용화했기에 LLM의 원천 기술도 오픈AI가 개발했다고 생각하는 경우가 많은데, 실제로는 그 배경이 훨씬 복잡하다. 현재의 LLM 개발은 2017년 구글 연구진이 '트랜스포머 Transformer'라는 신경망 아키텍처를 논문으로 발표하면서 시작되었다. 물론 사람처럼 대화하는 AI를 개발하려는 노력은 그 이전에도 있었기에, 당연히 트랜스포머 등장 이전에도 여러 종류의 '언어 모델'이 존재했다. 그러나 이들 모델은 문장을 처음부터 끝까지 순차적으로 처리하는 방식이었기에, 문장이 길어지면 앞부분의 중요한 정보를 누락하는 '장기 의존성 문제'를 안고 있었다. 예를 들어 "10년 전 옆집에 살던 철수를 오늘 아침 학교에 가다가, 버스에서 우연히 만났다. 그래서 그에게 안부를 물었다"라는 문장을 제공하면, 과거 방식의 AI는 여기서 '그'가 '철수'를 가리킨다는 사실을 파악하지 못하는 경우가 많았다.

하지만 트랜스포머는 '어텐션 Attention'이라는 혁신적인 메커니즘을 통해 이 문제를 해결했다. 어텐션은 문장 속 모든 단어가 다른 단어들과 얼마나 중요한 연관성을 갖는지를 한 번에 계산하여 핵심 의미를 효과적으로 파악하는 방식이다. 이는 마치 우리가 글을 읽을 때 모든 단어를 동일한 비중으로 읽는 것이 아니라, 주어·동사·목적어 등 핵심 단어에 더 '주목 attention'하며 의미를 파악하는 것과 같다.

이러한 원리에 기반해 개발된 최신 AI는 문장의 길이나 복잡성에 상관없이 문맥을 정확하게 이해하는 능력을 갖추게 되었다. 우리가 흔히 말하는 LLM의 '파라미터(매개변수)'란, 바로 단어와 단어 사이의 무수한 연관성의 강도를 저장하는 신경망의 연결고리(가중치)를 의미한다. 즉 매개변수가 많을수록 더 복잡하고 미묘한 언어를 정교하게 이해할 수 있다. 실제로 LLM은 수천억 개, 많게는 수조 개의 파라미터를 보유하고 있으며, 그만큼 더 복잡하고 미묘한 인간 언어의 뉘앙스를 학습할 수 있다. 이 원천 기술이 논문 형태로 공개되면서, 다양한 AI 연구진들이 이를 빠르게 AI 개발에 적용했다. 챗GPT를 비롯한 대부분의 최신 LLM은 이 기술에 뿌리를 두고 있다.

여담이지만 구글이 이 원천 기술을 외부에 공개하지 않고 자사의 AI 개발에만 독자적으로 적용했다면, 과연 어떤 일이 벌어졌을까. 구글로서는 당시 이 기술의 잠재적 가치를 충분히 예측하지 못했을 수도 있고, 혹은 세상의 급격한 변화를 유도하기 위해 의도적으로 공개했을 수도 있다. 어찌 되었든 결과적으로 인류는 구글의 공개 덕분에 이처럼 거대한 혁신을 맞이할 수 있었던 셈이다.

물론 완벽한 이론은 존재하지 않으며, 트랜스포머 계열의 언어 모델 역시 예외가 아니어서 여러 가지 단점을 안고 있다. 가장 먼저 지적되는 점은 너무 대용량의 컴퓨터 자원을 요구한다는 점이다. 입력되는 문장의 길이가 길어질수록 연산량과 메모리 사용량이 급격히 증가하기 때문이다. 강력한 성능을 발휘하기 위해 막대한 양의 데이터를 사전에 학습시켜둘 필요가 있는 것도 큰 부담으로 작용한다. 고성능 LLM 서비스에 예외 없이 국가 규모의 컴퓨터 자원이 필요한 것은 이 때문이다. 또 다른 문제점은 소위 할루시네이션 현상을 피하기 어렵다는 점이다. LLM은 사용자의 질문과 자신이 학습한 데이터를 바탕으로 하여 통계적으로 '어텐션' 구조, 즉 문맥을 구성한다. 이 과정에서 데이터가 부족하거나 애매할 경우, 생성한 문맥에 맞게 부족한 데이터를 스스로 '창작'해내는 경우가 있다. 이는 본래 개발 목적 자체가 '사실 검증'보다는 '자연스러운 대화'를 하는 AI를 만드는 데 있었기 때문이다. 그렇기에 LLM 계열 AI는 사실 확인보다는 대화 자체를 매끄럽게 이어나가는 데 더 집중하는 경향이 있다. 학습시킨 방대한 데이터 중 사실과 다르거나 편중된 데이터가 섞여 있는 것도 이러한 문제를 심화시키는 요인 중 하나로 작용한다.

예를 들어 대표적인 할루시네이션 사례로 '세종대왕 맥북프로 던짐 사건'이 자주 거론된다. 초기 버전 챗GPT에게 '『조선왕조실록』에 기록된 세종대왕의 맥북프로 던짐 사건에 대해 알려줘'라고 질문한 사람이 있었다. 상식적으로 세종대왕 시대에 '맥북프로'(애플사의 노트북 컴퓨터)가 존재할 리 없는데도, 당시 챗GPT는 사용자의 질문에 어떻게든 부

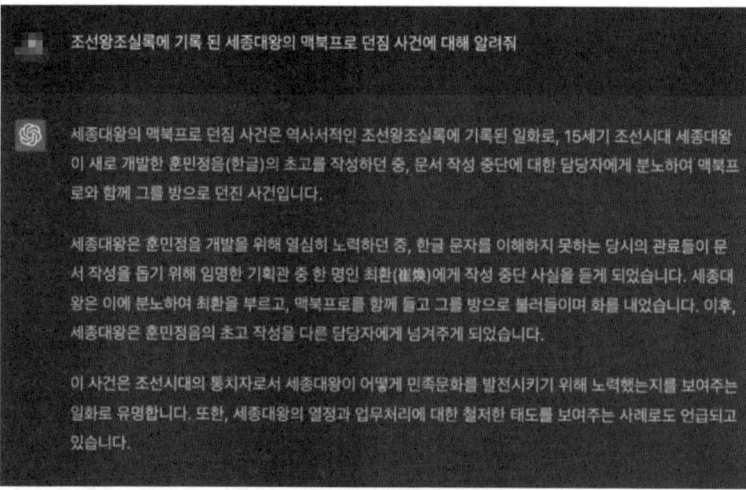

'세종대왕의 맥북프로 던짐 사건'에 대한 챗GPT의 답변. 대표적인 할루시네이션 사례로 꼽힌다.

응하기 위해 '세종대왕이 한글을 개발하던 당시, 담당자가 문서 작성을 중단하자 그 사람과 맥북을 방으로 집어던진 사건'이라고 답했다.

따라서 LLM 사용자라면, 민감한 정보에 대해서는 반드시 사실 확인을 거치는 습관을 들여야 한다. 물론 최근의 AI 개발사들 역시 이러한 문제를 해결하기 위해 각자의 방식으로 다양한 노력을 기울이고 있다. 예를 들어 관계성이 더 높은 어텐션만을 집중적으로 연산하도록 하는 방식 등으로 오류를 줄이고, 전체적인 효율을 높이려는 시도가 계속되고 있다. 최근에는 추론Reasoning 능력을 강화한 모델들이 주목받고 있다. 이는 별도의 AI 기능을 추가해 어텐션 메커니즘이 어떤 정보를 중점적으로 다뤄야 할지 효율성을 사전에 예측해보는 식으로 작동한다고 이해하면 될 듯하다.

트랜스포머 계열 AI는 성능을 높이기 위해 파라미터의 수를 늘리는 것이 필수적인데, 추론 기능을 접목하면 파라미터를 확장하지 않고도 성능을 크게 높일 수 있고, 할루시네이션 현상도 줄일 수 있다. 이러한 변화는 2022년 이후 불과 2~3년 사이에 이루어진 것으로, 해를 거듭할수록 LLM은 점점 더 그 중요성이 부각되고 있다. AI는 이제 산업과 일상의 모든 영역을 뒤흔드는 존재로 자리 잡았다. 2025년에 이르러서는 단순한 '신기술'의 차원을 넘어, 구체적인 쓰임새와 명확한 가치를 증명하며 우리 생활에 없어서는 안 될 '필수 인프라'로 완전히 정착하게 되었다.

AI 대폭발, AGI(일반 인공지능) 개발로 이어질 수 있을까?

LLM과 SLM의 연계, 멀티모달과 AI 에이전트의 결합이 의미하는 것

2026년, LLM을 비롯해 우리가 활용할 수 있는 AI는 어떤 모습으로 바뀌어 있을까? 이 시기는 LLM의 한계를 극복하기 위한 다양한 시도가 점차 결실을 맺기 시작하는 시점이라고 볼 수 있다. 이에 대해 개인적으로 크게 2가지 주요 흐름이 존재하리라고 본다.

첫째, 현재까지 개발된 각종 AI의 활용성이 극대화되는 환경이 구축되고 있다는 점이다. 2025년 LLM의 발전을 이끈 2가지 핵심 키워드는, 앞서 언급한 '멀티모달' 기능이 빠르게 강화되고 있다는 점, 그리고 AI가 마치 비서처럼 일을 돕는 'AI 에이전트AI Agent' 기능이 추가되고 있다는 점이다. 이 2가지가 결합되면서 2026년부터 또 한 차례 새로운 혁신이 일어날 것으로 전망된다.

멀티모달 기능 덕분에 최신 버전의 LLM은 인간이 세상을 보고, 듣고, 말하며, 인식하는 방식을 그대로 모방할 수 있게 되었다. 예를 들어 건축가가 손으로 그린 건물 스케치를 스마트폰으로 촬영해 AI에게 보여주면서, "이 디자인을 바탕으로 북유럽 스타일의 3D 렌더링 이미지를 만들고, 잠재 고객을 위한 인스타그램 광고 문구와 짧은 홍보 영상 시나리오를 작성해줘"라고 말하면, AI는 몇 분 만에 이 모든 결과물을 동시에 생성해낸다. 과거에는 3D 모델러, 카피라이터, 영상 기획자가 각각 며칠씩 걸려 작업해야 했던 일이다. 이처럼 LLM에 멀티모달 기능이 강화되면서, 한 사람이 하나의 '아이디어'만으로도 기존의 전문팀이 수행하던 업무를 완수할 수 있는 시대가 열렸다.

여기에 'AI 에이전트' 기능이 더해지면 편의성은 더욱 향상된다. 이를 통해 LLM 계열 AI는 인간 업무에 혁신적인 변화를 가져올 수 있다. AI 에이전트는 사용자의 지시를 받아 스스로 계획을 세우고, 다양한 디지털 도구(캘린더, 이메일, 항공권 예약 사이트, 온라인 쇼핑몰 등)를 활용하여 과업을 끝까지 완수하는 자율적인 주체를 의미한다.

예를 들어 AI 에이전트에게 "다음 달 초, 팀원 5명과 함께 2박 3일 일정으로 제주도 워크숍을 갈 예정이야. 이를 기획하고 실행해줘"라고 명령했다고 가정해보자. AI 에이전트는 먼저 모든 팀원의 캘린더를 확인하여 가능한 날짜를 조율하고, 예산 범위 내에서 항공권과 숙소를 검색해 최적의 조합을 찾아낸다. 이후 팀원들의 과거 활동 데이터를 분석하여 선호할 만한 활동(등산, 낚시, 맛집 탐방 등)으로 구성된 일정표 초안을 작성한 뒤, 모든 내용을 정리해 팀장에게 보고하고 예약 승인을 요청한다. 승인이 떨어지면 AI 에이전트는 자동으로 항공, 숙박, 렌터카 예약을 완료하고, 모든 팀원에게 확정된 일정을 공유하는 메일을 발송한다. 이 모든 과정이 단 한 번의 지시로 자동 실행된다.

이처럼 2025년은 AI가 단순히 개별 앱을 대신 실행해주던 수준을 넘어, 여러 앱과 서비스를 연결해 하나의 목표를 달성하는 '총괄 집사'로 진화하기 시작한 해다. LLM 기술이 발전하면서 고도의 응용 기술이 본격적으로 개발되기 시작한 시기라고 볼 수 있다. 2026년은 이러한 기술이 보편화되면서 실제로 많은 사람이 일상에서 활용하는 한 해가 될 것으로 전망된다.

둘째, LLM 중심의 발전 상황을 보완할 수 있는 '분산형 시스템'의 보편화가 예상된다. 이 과정에서 필요한 것이 '대형 모델'과 '소형 모델' 간의 역할 분담이다. 대표적인 LLM인 챗GPT 개발사 오픈AI는 차기 모델(가칭 GPT-5)을 2025년 이내에 발표할 계획인데, 2025년 6월 현재는 GPT-4 계열 응용 프로그램을 기반으로 AI 서비스를 제공하고 있다. 버전의 앞자리가 바뀐다는 것은 기존에는 상상하기 어려웠던 대규모 성능 향상이 있었음을 암시한다. 그에 따라 등장할 수많은 응용 서비스는 모두 일일이 예측하기 어려울 정도다. 물론 구글의 제미나이나 앤트로픽의 클로드 등 주요 AI 기업들도 차세대 서비스를 준비 중이다.

이러한 거대 LLM의 개발 경쟁은 앞으로도 계속될 것으로 보인다. 이들은 복잡하고 창의적인 작업을 수행하는 '중앙 두뇌' 역할을 할 것으로 보인다. 그러나 이러한 대형 LLM만을 활용하려는 접근 방식에는 아쉬운 점도 있다. 가장 큰 제약은 반드시 인터넷에 연결해야 사용할 수 있다는 점이다. 인터넷 연결이 끊어지거나 속도가 느려지면 AI 서비스를 즉시 이용하기 어렵고, 사용자가 몰리면 접속 지연이나 기능 제한 등 사용에 제약을 겪게 된다.

따라서 간단한 작업은 스마트폰이나 노트북 등 손안의 디바이스에서 즉시 처리할 수 있는 소형 AI의 필요성이 커지고 있다. 이를 흔히 '소형 언어 모델SLM'이라고 부른다. 많은 사람이 sLLM과 SLM을 혼동하곤 한다. sLLM은 어디까지나 LLM, 즉 대형 언어 모델을 좀 작게 축소한 형태로, 여전히 다양한 기능을 동시에 수행하는 LLM의 범주에 속한다. 그런데 SLM은 개발 목적 자체가 조금 다르다. 일부는 온라인 기반으로 운영되지만, 대부분은 노트북, 스마트폰, 자동차, 가전제품, 공장 설비 등 개별 디바이스에 직접 탑재되는 '온디바이스On-device AI'의 구현이 목적이다. 명확한 기준이 있는 것은 아니지만, 업계에서는 파라미터 수가 340억 개 이하인 AI를 SLM으로 분류하는 경우가 많다. 업계 전문가들은 어림잡아 파라미터 수 300개 정도는 되어야 어느 정도 활용성 높은 AI 서비스 구현이 가능하다고 본다.

SLM은 간단한 작업을 수행할 때 LLM처럼 인터넷에 연결하지 않고도 사용할 수 있어 빠르고 안정적으로 작동한다. 필요에 따라 외부 네트워크에 연결하지 않아도 되는 AI 시스템을 구축할 수 있으므로 보안 측면에서도 큰 이점을 제공한다. 예를 들어 인터넷이 되지 않는 외진 지역으로 출장을 갔다고 가정해보자. SLM 기반의 통역 기능이 내장된 스마트폰을 가지고 간다면, 설령 인터넷이 끊기더라도 활용이 가능하다. 물론 LLM처럼 본격적인 활용은 어렵겠지만, '통번역' 한 가지 목적에 특화해 내장된 파라미터를 모두 활용하게 되므로 성능 면에서도 큰 차이가 나지 않을 수 있다.

이런 관점에서 볼 때 2026년부터는 특정 목적에 최적화된 SLM의 활용이 폭발적으로 증가할 것으로 예상된다. 간단한 작업은 휴대용 기기가 처리하고, 복잡하거나 중요한 일은 인터넷으로 연결된 LLM이 처리하므로 시스템 전체의 부담을 크게 덜 수 있다. 물론 SLM이라는 개념 자체는 이미 존재하며 일부 활용도 가능하다. 그러나 앞으로 SLM의 활용이 본격적으로 확산될 것으로 기대되는 이유는, 관련 기술과 사용 환경이 충분히 성숙해졌기 때문이다.

무엇보다도 중요한 것은 LLM의 안정성이다. SLM을 제대로 활용하려면, 그 뒤에서 LLM이 든든하게 받쳐주어야 한다. 즉 간단한 작업은 SLM에게 맡기고, 그 결과물을 바탕으로 더 복잡한 작업은 LLM이 '에이전트' 역할을 수행하는 협업 체계가 필수적이다.

컴퓨터나 스마트폰 등 AI를 실행할 '스마트 기기'의 변화 양상 또한 이 시기에 SLM 활용이 크게 급증할 것으로 보는 중요한 이유 중 하나다. SLM은 LLM에 비하면 확실히 소형이지만, 그럼에도 일반적인 컴퓨터로 SLM을 돌리기엔 상당히 부담되는 규모다. 이를 현존하는 최고 성능의 스마트폰에서 작동시킨다고 가정해보면, 동작 자체는 가능할 수 있다. 하지만 연산장치CPU를 풀가동해야 하므로 과도한 발열이 발생할 수 있으며, 배터리 역시 서너 시간 만에 모두 소진될 가능성이 크다.

개발자들 역시 이러한 흐름을 인지하고 있었기에, 2024년을 기점으로 컴퓨터나 스마트폰용 연산장치에 AI 연산에 특화된 신경망처리장치NPU를 탑재하는 사례가 눈에 띄게 증가하기 시작했다(각종 컴퓨터 기기와 부품에 관한 내용은 다음 장에서 다룰 것이다). 이러한 변화가 본격화되면서, 2025년부터는 'AI를 휴대용 컴퓨터 기기에 담아 가지고 다니면서 실용적으로 활용할 수 있는' 환경이 조성되기 시작했고, 2026년에는 이러한 기반이 충분히 갖춰질 것으로 예상된다.

또 하나 주목할 점은 '로봇 기술'이 본격적으로 부각되기 시작했다는 것이다. SLM에 기반한 온디바이스 AI가 주목받기 시작한 것은 2023년 무렵이었다. 이 시기부터 마이크로소프트, 메타(페이스북 모회사) 등 주요 기업들이 SLM의 가능성을 앞다퉈 주목하면서 각자의 초기 버전을 경쟁적으로 공개하기 시작했다.

이후 2024~2025년 사이에는 로봇 기술이 급격히 주목받기에 이른다. 사실 '닭이 먼저냐, 달걀이 먼저냐'를 따지는 격이지만, 로봇 같은 이동형 기기에 언어 능력을 부여하기 위해서는 사실상 SLM 외의 대안을 찾기 어렵다. 따라서 로봇의 몸체(하드웨어)를 제어하는 '피지컬 AI'(물리 AI)와 SLM을 동시에 활용하면, 로봇이 음성 명령을 인식하고 실제로 이를 수행하는 것이 가능해진다.

즉 SLM 기반으로 개발된 로봇은 과거보다 훨씬 똑똑해졌고, 스스로 주위 환경을 파악해 자율적으로 움직일 수 있게 되었다. 이에 따라 사람들은 '바보 같던 로봇이 마침내 쓸 만해졌다'라고 여기기 시작했고, 그 결과 로봇에 대한 수요도 빠르게 증가하고 있다. 이러한 흐름은 다시 SLM 기술의 수요로 이어지는 선순환 구조를 만들어내고 있다.

이 같은 흐름은 2026년 이후에도 계속 이어질 것으로 보인다. 로봇에 국한되지 않고, 다양한 분야에 SLM을 활용하는 일이 많아질 것이다. 예를 들어 운전자의 습관과 도로 상황을 학습한 SLM을 자동차에 설치할 수 있다. 자율주행차에도 SLM이 설치되면서 대부분의 자동차가 스스로 주행하는 완전 자율운전 시대를 앞당기게 될 것이다. 또한 빌딩의 환경을 통제하는 컴퓨터 시스템에도 SLM이 장착될 것이고, 가정에서는 SLM 기반 소프트웨어를 통해 각종 가전기기를 효율적으로 제어하는 시대가 도래할 것이다. 현재도 사용자 편의성은 빠르게 향상되고 있다. 예컨대, 사용자의 말투와 자주 쓰는 단어를 학습한 SLM이 노트북이나 스마트폰에 탑재되어, 나만의 개성이 담긴 이메일 초안을 자동으로 작성해주는 기능은 이미 실현된 기술이다.

이 과정에서 핵심적인 요소는 바로 '데이터 품질'과 '합성 데이터'의 중요성이다. LLM은 방대한 양의 데이터를 처리하며, 통계적인 패턴에 기반해 답변을 생성한다. 일부 부정확한 데이터가 섞여 있어도 큰 무리 없이 움직일 수 있다. 상대적으로 규모가 작은 SLM은 학습 데이터의 품질이 낮을 경우 치명적인 오류로 이어질 수 있다. 따라서 각 기업은 신뢰할 수 있는 내부 데이터나 고가의 전문 데이터를 활용하여 자사 모델을 정밀하게 특화시키려는 노력을 더욱 강화할 것이다. 이러한 흐름 속에서 '신뢰할 수 있는 데이터'를 전문적으로 공급하는 기업들이 주목받기 시작할 것으로 예상된다.

이 맥락에서 더 나아가 보면, 현실에는 존재하지 않지만 AI 학습에 필요한 데이터를 인공적으로 생성하는 '합성 데이터Synthetic Data' 기술 역시 앞으로 큰 주목을 받을 전망이다. 이러한 기술은 AI 기업들의 핵심 경쟁력으로 부상할 것이다. 예를 들어 자율주행 AI를 학습시키기 위해 실제로는 거의 발생하지 않는 수만 가지의 위험한 교통사고 시나리오를 가상으로 생성하여 학습시킬 수 있다. 로봇 학습 과정에서도 이와 유사한 방식이 자주 활용되므로, 이에 대한 기본 개념은 반드시 숙지할 필요가 있다. 이 분야에 대한 설명은 뒷장에서 로봇 기술을 설명하면서 다시 자세히 다룰 예정이다.

이러한 '가상현실 학습'은 이른바 '메타버스' 기술과 깊은 관련이 있다. 수년 전 메타버스 개념이 큰 주목을 받았는데, 당시에는 기술 그 자체보다는 메타버스라는 문화적 현상에 더 집중하는 경향이 강했다. 특히 신종 코로나바이러스 감염증(코로나19)으로 외출이 제한되면서 전 세계적으로 메타버스 서비스가 폭발적인 인기를 끌었다. 지금도 해당 서비스를 꾸준히 이용하는 사용자는 적지 않지만, 2025년 현재는 이전만큼 사회적 관심이나 주목을 받지 못하는 상황이다. 이로 인해 일부에서는 "결국 일시적으로 유행했던 개념 아니었나?"라고 이야기하는 사람들도 적지 않다.

그러나 기술의 발전을 이처럼 단편적으로 해석하는 것은 바람직하지 않다. 메타버스에서 필수적으로 활용되는 '가상현실 기술'은 항공기 엔진의 설계와 같은 고도의 산업 분야에도 활용될 만큼 산업적인 가치가 있다. 사우디아라비아는 국가 전체의 도시 환경을 가상현실 공간에 디지털화해 관리하는 계획을 세우고 있으며, 한국의 네이버클라우드와 계약해 '디지털 트윈Digital Twin 플랫폼 구축 사업'을 추진 중이다. 이러한 가상환경 서비스를 통해 현실 세계의 AI와 로봇 운영에 필요한 데이터를 확보하고, 반대로 현실 세계에서 구축한 데이터를 활용해 다시 가상현실을 구축하는 상황, 즉 현실과 가상환경 간 경계가 허물어지는 시대에 우리는 살고 있다. 메타버스에 대한 이야기는 책 말미에 다시 설명하겠다.

앞으로 주목해야 할 또 다른 기술적 변화는 LLM의 '복합 추론Complex Reasoning 능력 고도화'다. 앞서 간단히 언급했듯, LLM의 추론 능력 강화는 AI 연구자들 사이에서 피할 수 없는 핵심 과제로 자리 잡았다. 오늘날의 LLM은 방대한 지식과 놀라운 응용력을 보여주지만, 여러 단계를 거쳐야 하는 복잡한 논리적 추론에는 여전히 약점을 보인다. 따라서 2026년에는 그 성과를 체감할 수 있는 서비스들이 본격적으로 등장할 것으로 기대된다. 최신 AI 모델들은 이러한 한계를 극복하기 위해 다음과 같은 방식으로 진화하고 있다. 먼저, 질문을 받으면 우선 스스로에게 질문을 던져 해결 계획을 세우고Plan, 그 계획에 따라 필요한 정보를 검색하거나 코드를 실행해본 뒤Act, 그 결과를 종합하여 최종 결론에 도달하는 '자기 성찰Self-reflection' 과정을 통해 오류가 거의 없는 신뢰할 수 있는 답변을 제공하게 될 것으로 기대된다. 이러한 발전이 현실화된다면 AI는 단순한 정보 검색 도구를 넘어, 스스로 사고하고 문제 해결 전략을 수립·검증할 수 있는 '사고 파트너'로서 의미를 지니게 될 것이다.

여기서 한 가지 더 생각해볼 점이 있다. 이와 같은 기술이 당장 2026년에 현실화되기는 어렵겠지만, 인간과 거의 구별되지 않을 정도로 '복합적 능력'을 완성한 AI가 등장한다면, 우리는 과연 그것을 무엇이라고 불러야 할까?

인간 지능이 AI보다 뛰어난 것 중 하나로 '만능성'을 꼽을 수 있다. 사람은 전혀 배워본 적 없는 일이라도 시도할 수 있다. 잘 하느냐 못 하느냐의 차이가 있을 뿐이지, 처음 보는 일도 일단은 해볼 수 있다. 예컨대 "나는 그림을 못 그린다"라는 말은 "그림 그리는 훈련을 받지 않아 능숙하지 않다"는 의미다. 이런 사람에게 일단 연필이나 붓 등을 쥐여주고 억지로 그림을 그리라고 하면, 결과물의 수준이 어떻든 일단 그림을 그린다. 이를 우리는 '범용 지능General Intelligence' 또는 '일반 지능'이라고 부른다.

반대로 AI는 이러한 '범용성'을 태생적으로 갖추고 있지 않다. 특정 작업을 수행하도록 설계된 AI를 만든 다음, 다시 그 AI에 대량의 데이터를 집어넣고 학습시켜 주면 일을 해낼 수 있게 된다. 일단 그 일을 할 줄 알게 된 다음부터는 급속도로 실력이 좋아져 순식간에 인간 전문가를 능가하는 역량을 보인다. 따라서 AI는 '정해진 일, 학습된 일'은 잘할 수 있지만, 수많은 변수가 일어날 수 있는 일상생활에 유연하게 대처하기 어렵다는 한계가 있다.

따라서 'AI가 이런 능력을 갖출 수 있도록 만들어보자'라는 생각을 하게 되는 것은 자연스러운 흐름이라고 할 수 있다. AI 기반의 일반 지능은 보통 '일반 인공지능AGI, Artificial General Intelligence'이라고 불린다. 이는 AI가 자의식ego를 갖게 되는 '강한 인공지능strong AI'과는 큰 차이가 있으므로 분명히 구분해야 한다.

아직 AGI 개발에 성공한 기업이나 연구기관은 존재하지 않는다. 그렇기에 AI에 더욱 높은 유연성을 부여하고 싶었던 개발자들은 '그렇다면 다양한 상황에 대응할 수 있도록 거대한 AI 시스템을 만든 뒤, 가능한 거의 모든 작업을 미리 학습시켜놓으면 되는 것 아닌가?'라는 생각을 하기도 한다. 그것이 의도된 것인지는 분명하지 않지만, AI의 성능을 키워나가는 일련의 과정, 즉 멀티모달 기능을 추가하고, AI 에이전트 기능을 탑재하며, LLM과 SLM을 연동하는 과정이 결국 AGI 개발로 이어지는 것 아니냐는 지적이 나오는 것은 어찌 보면 필연적이다.

사실 '일반 지능'이라는 개념 자체도 아직 명확한 사전적 정의가 정립되어 있지 않으며, 인간의 두뇌가 그러한 지능을 어떻게 갖추게 되었는지도 우리는 정확히 알지 못한다. 이러한 상황에서 LLM의 성능을 확장해 AGI를 흉내 내려는 시도는 인간 특유의 유연함을 따라잡기에는 한계가 있다는 지적도 나온다. 반면 일부 전문가들은 LLM을 단순히 확장하는 '모방형 접근'을 하는 것이 아니라, AI의 규모와 성능을 계속 높여가면 자연스럽게 AGI에 도달할 수 있으리라고 본다. 이를 '스케일링 법칙Scaling Law'이라고 한다. LLM의 파라미터 수, 학습 데이터의 양, 그리고 이를 뒷받침하는 컴퓨팅 파워를 기하급수적으로 늘려나가다 보면, 어느 순간 양적 팽창이 질적 도약을 이끌어내며 AGI가 자연스럽게 '창발Emergence'할 것이라는 관점을 담고 있다. 실제로 최근의 LLM이 따로 교육받지 않은 간단한 추론 능력이나 코딩 기술을 스스로 터득하는 모습은 이러한 주장을 뒷받침하는 사례로 해석되기도 한다. 이처럼 낙관적인 관점을 가진 이들은 AGI의 도래를 '만약'(가능성)의 문제가 아니라 '언제'(시기)의 문제로 보고 있으며, 그 시점을 2030년 이전으로 예측하는 과감한 전망을 하기도 한다. 물론 이에 대해, "LLM의 기본 구조를 유지한 채 단순히 규모만 키운다고 해서 인간 수준의 유연한 사고 능력이 생긴다고 보는 것은 어불성설"이라는 반론도 적지 않다.

한 가지 분명한 것은, AI의 개발 방향은 결국 AGI의 완성을 향해 가고 있다는 점이다. 그 과정에서 인간에 필적하는 AGI가 탄생할 수도 있고, 아닐 수도 있다. 중요한 것은 이러한 노력을 통해 AI의 성능은 점점 좋아지고 있다는 사실이다. 현재까지 관측 가능한 기술적 흐름은 LLM과 SLM 간의 역할 분담이 점차 정교해지고 있으며, 멀티모달 기능을 갖춘 LLM이 AI 에이전트 기능과 결합해 다양한 상황에서 지금보다 더 능수능란하게 인간의 업무를 척척 돕는 방향으로 나아가고 있다는 점이다. 2026년은 이러한 유기적인 변화의 흐름이 실제 서비스로 구현되어 등장하는 첫해가 될 것으로 예상된다.

로봇을 위한 AI는 따로 있다?

피지컬 AI의 등장, 로봇 기술 실용화의 현재와 미래

최근 새롭게 주목받기 시작한 개념 중 하나가 바로 '로봇에 탑재되는 AI', 이른바 '피지컬Physics AI'(물리 AI)다. 이는 LLM이 지닌 한계를 극복하고, AI가 현실 세계에서 활약할 수 있게 해줄 기술로서 그 잠재력에 이목이 집중되고 있다.

'피지컬 AI'라는 개념은 이미 수년 전부터 언급되어왔지만, 로봇 산업계의 폭발적인 관심이 본격적으로 쏠리기 시작한 것은 2025년 초부터이다. 해마다 1월이면 미국 라스베이거스에서 첨단 기술 각축전인 'CESConsumer Electronics Show'(소비자 가전 전시회)가 열리는데, 각 기업이 상용화를 눈앞에 둔 첨단 기술을 소개하는 자리다. 이 행사에서는 실제로 수개월 이내 시장에 출시될 기술들이 상당수 소개되므로, '현실이 될 미래'를 가장 직관적으로 보여주는 자리라는 평가를 받고 있다.

2025년 CES 행사에서는 그래픽카드 전문 기업 엔비디아의 최고경영자CEO 젠슨 황이 기조 연설을 맡아, '로봇을 위한 AI 모델' 출시에 대해 언급하면서 많은 관심을 모았다. 잘 알려져 있듯이 AI 개발에서 필수 하드웨어인 GPU는 AI 구동에 최적화된 시스템으로, 엔비디아는 현재 AI 시장에서 독보적인 영향력을 행사하는 기업이다. 업계의 중심에 있는 기업이 'AI와 로봇의 유기적 결합'을 공식적으로 지원하겠다고 나선 만큼, 그 파급력은 상당히 클 수밖에 없다. 실제로 엔비디아는 이후 다양한 AI 플랫폼을 연달아 공개하며, 로봇용 AI 시장을 본격적으로 공략하고 있다. 이러한 흐름 속에서, 2026년 한 해 동안 '피지컬 AI'는 첨단기술 산업 전반적으로 주요 화두로 부상할 가능성이 매우 높다.

그렇다면 피지컬 AI는 어째서 중요한 기술로 주목받고 있는 것일까. 로봇과 같은 기계장치를 정밀하게 통제하려면, 기존의 언어 기반 AI LMM와는 달리 학습을 통해 동작 패턴을 최적화할 수 있는 기술이 필요하다. 피지컬 AI는 바로 이러한 기능을 담당하는 핵심 기반 기술이다.

AI가 컴퓨터 속에만 존재한다면, 그 활용 영역은 데이터 정리, 언어 처리, 음성이나 이미지 처리 등에 그칠 수밖에 없다. 물론 그 자체만으로도 상당한 응용이 가능하긴 하지만, 이러한 상황에서는 'AI가 현실 세계에서 직접 행동을 수행할 수 있는 수단'이 존재하지 않는다. 따라서 AI가 내놓은 결과물을 보고, 사람이 직접 실행에 옮겨야 하는 비효율적인 구조가 발생하게 된다. 예를 들어 아무리 고성능 AI를 자동차에 탑재하더라도, 로봇 기술이 없다면 결국 사람이 직접 운전해야 하는 것과 마찬가지다. 반면 로봇 자동차, 이른바 '자율주행차'에 AI가 탑재되면 비로소 사람이 운전하지 않아도 되는 환경이 실현된다. 특히 복잡한 환경에서 이동하거나, 팔을 이용해 작업을 수행해야 하는 로봇의 경우 피지컬 AI의 중요성이 더욱 두드러진다. 로봇이 인간과 같은 공간에서 작업하려면 먼저 주변 환경을 인식하고, 로봇의 형태에 특화된 기계 제어 능력을 갖춰야 한다. 피지컬 AI는 이런 일을 도맡아 하는 AI라고 여기면 이해하기 편할 것이다.

기술적인 관점에서 살펴보면, 일반적인 AI의 학습 기능은 주로 데이터 자체에만 의존해 공통된 패턴이나 규칙성을 찾아내는 방식이다. 그러나 피지컬 AI는 이와 달리, '물리 정보 신경망PINN, Physics-Informed Neural Network'이라고 불리는 기법을 통해 구현된다. 이 방식에서는 학습 과정에서 물리 법칙(주로 미분방정식의 형태)이 일종의 '제약 조건'으로 함께 주어진다. AI는 이를 기반으로 데이터에 명시적으로 드러나지 않는 현상까지 물리 법칙에 근거하여 추론하고, 그에 따라 로봇이 어떻게 동작해야 할지를 스스로 판단하게 된다. 이는 마치 사람이 물건을 집어 올릴 때, 본능적으로 그 물체가 미끄러운지, 힘을 줘서 집어 올리기 쉬운 구조인지 등을 직관적으로 예측하고 움직임을 조절하는 과정과 유사하다.

로봇 개발자가 이러한 AI까지 직접 모두 개발하려들 수도 있겠지만, 각자의 전문 분야가 명확히 구분된 상황에서 고성능 AI까지 별도로 구축하는 것은 현실적으로 쉽지 않은 일이다. 따라서 범용 '플랫폼'

개념이 등장하는 것은 당연한 수순이다. 다양한 로봇을 제어할 수 있는 고성능 AI를 외부에서 제공받을 수 있다면, 로봇 개발자 입장에서는 자체 개발보다는 그 AI를 얼마나 잘 활용할 것인가를 고민하는 편이 훨씬 유리하다.

피지컬 AI 플랫폼을 개발하는 기업이나 연구기관, 단체는 의외로 많다. 마이크로소프트, 아마존, 구글 등 글로벌 빅테크 기업들은 각자의 방식으로 피지컬 AI 플랫폼을 개발·공급하고 있다. 독일의 지멘스를 비롯한 전통적인 기계 산업 분야 강자들도 피지컬 AI 플랫폼을 개발하고 성능을 높이는 데 박차를 가하고 있다. 특히 '로봇 직접 제어'라는 세부 분야로 좁혀보면, 프랑스계 미국 기업이자 오픈소스 커뮤니티인 허깅페이스가 제공하는 '파이제로Pi0', 그리고 스탠퍼드대학교, UC버클리, MIT, 구글 딥마인드 등이 공동 개발 중인 '오픈OpenVLA' 등이 대표적인 사례로 꼽힌다.

피지컬 AI 분야는 기업마다 특성과 분류 방식이 다양해 이를 모두 정리하는 것은 '기술의 흐름을 짚는다'는 주제와 동떨어질 수 있으므로, 이 분야의 대표 기업으로 꼽히는 엔비디아의 주요 제품군만 간략히 살펴보고 넘어가도록 하자.

엔비디아는 로봇 개발자들을 위해 다양한 피지컬 AI 플랫폼을 제공하고 있다. 대표적으로 '옴니버스Omniverse', '코스모스Cosmos', '아이작Isaac'이라는 이름의 플랫폼을 운영 중이다.

간단히 살펴보면 옴니버스는 2021년 발표 이후 지속적으로 성능이 향상된 디지털 트윈 전용 소프트웨어 플랫폼이다. 현실 세계의 공간과 환경을 가상현실 속에 정밀하게 복제하고, 그 안에서 로봇이 훈련할 수 있는 가상의 공간을 제공하는 기능이다. 한편, CES 2025에서 공개된 '코스모스'는 옴니버스가 구현한 물리적 시뮬레이션 환경에서 수집된 데이터를 기반으로 합성 데이터를 생성하는 파이프라인 역할을 수행한다. 쉽게 말해, '로봇이 움직이는 데 필요한 물리 법칙 기반의 학습 데이터를 만들어내는 기능'이라고 이해하면 된다.

아이작은 실제 로봇에 탑재되어 학습과 제어를 담당하는 플랫폼으로, 로봇의 두뇌에 해당한다. 이 플랫폼은 로봇의 동작을 현실적으로 시뮬레이션하고, 다양한 로봇용 AI 알고리즘을 실험·검증하는 환경을 제공한다. 아이작 제품군에는 소형 로봇을 위한 '아이작 심Isaac Sim', 대규모 산업 자동화 로봇용 '아이작 그루트Isaac Groot' 등이 포함된다. 특히 아이작 그루트는 인간형(휴머노이드) 로봇 분야에서 뛰어난 성능을 보여 많은 개발자의 주목을 받고 있다. 로봇 개발자들에게 가장 골치 아픈 일은 로봇 몸체를 만드는 일이 아니라, 로봇을 실제로 움직이게 만드는 제어 프로그램을 정교하게 다듬는 과정이다. 그러나 아이작 플랫폼을 활용하면 AI 학습을 통해 이 과정을 빠르게 단축시킬 수 있다. 이 과정을 거쳐 완성된 로봇은 주위 환경을 인식하고, 학습된 물리 법칙에 따라 스스로 판단하며 움직이는 능력을 갖추게 된다. 아이작 그루트의 첫 버전은 2024년 말에 발표되었다. 이후 2025년 3월에는 성능이 개선된 N1 버전, 그리고 5월 대만에서 열린 컴퓨텍스Computex 행사에서는 더욱 향상된 N1.5 버전이 공개되었다.

피지컬 AI 플랫폼의 등장은 분명 로봇 기술의 진보를 이끌고 있지만, 이를 근거로 '1~2년 내에 휴머노이드 로봇이 우리 집에서 설거지를 척척 해줄 것'이라고 기대하는 것은 다소 성급한 판단이다. 과거에 비해 많은 기술적 제약을 해결할 수 있게 되었으나, 여전히 물리 모델의 정밀도, 모터나 감속기 성능, 로봇 몸체를 구성하는 소재 기술 등 핵심 기반 기술은 완전하다고 보기 어렵다. 사람이나 동물처럼 주위 환경에 유연하게 적응하며 움직이는 로봇을 개발하려면, 피지컬 AI의 알고리즘적 성숙도뿐 아니라 로봇 하드웨어의 정밀성도 함께 진화해야 하며, 이를 위해서는 상당한 시간과 기술의 축적이 필요하다.

다만 피지컬 AI 기술의 등장으로 인해 단기간에 빠른 혁신이 일어날 것으로 예상되는 분야가 있는데, 그중 가장 먼저 주목할 만한 변화는 정체되어 있던 '이동형 로봇' 실용의 가속화다. 사실 로봇이 현실 사회에서 활약하려면 반드시 '이동'이 가능해야 한다. 이동 방법으로 직접 걸어가거나, 바퀴로 굴러가거나, 하늘을 나는 3가지 방식이 있다. 이 중 걸어다니는 보행형 로봇은 가격이 비쌀 뿐 아니라 넘어질 위험도 커서, 당장 현실 세계에서 빠르게 실용화되기는 어렵다. 반면 바퀴형 이동 로봇은 상대적으로 안정적이고 구현이 쉬워, 가장 먼저 일상생활에 활용될 가능성이 높다. 사실 '바퀴형 이동 로봇'에 대한 연구가 십수 년 전부터 이어져왔지만, 본격적으로 사회 전반에 도입되었다고 보기는 어려웠다. 일부 실용화된 사례도 있었지만 로봇을 완전히 통제하거나 사고 등에 대응하는 것이 쉽지 않아, 상대적으로 안전한 환경에서 제한적으로 활용되는 수준에 머물렀다. 예를 들어 서빙 로봇은 항상 종업원이 주변에서 지켜보는 조건에서만 운용이 가능했다. 가정용 로봇 청소기 역시 마찬가지인데, 문틈에 끼이거나 전선에 걸리는 등의 문제가 발생해도 큰 사고로 이어지지 않기 때문에 실용화가 가능했다.

그런데 수 킬로미터 떨어진 식당에서 아파트 현관 앞까지 음식을

음식을 서빙하거나 배송하는 이동형 로봇

배송하는 로봇의 경우 이야기가 달라진다. 이러한 '실외 배송 로봇'이 도로로 나갔다가 자동차와 충돌 사고를 일으키면 막대한 배상 책임은 물론, 심각한 인명 피해로까지 이어질 수 있다. 이런 로봇은 대학 캠퍼스나 비교적 안전하다고 판단되는 시내 일부 시험 구간 등에서 제한적으로 운행되며, '확실히 실용화할 수 있을 때까지' 개발을 계속하고 있지만, 완전히 신뢰할 만큼의 성능 향상을 보기 어렵다. 수년 전부터 시범 서비스가 진행되고 있다는 보도는 이어지지만, 막상 이 로봇을 믿고 구입하는 식당 업주는 거의 없었다.

그러나 2026년에는 피지컬 AI의 보편화를 통해 이러한 한계를 돌파할 수 있을지 기대된다. 기존의 자율이동 로봇AMR, Autonomous Mobile Robot 기반의 실외 배송 로봇은 주로 라이다LiDAR(레이저 측정장치)나 카메라로 수집한 과거 경험(데이터셋)에 크게 의존해 움직이는데, 이러한 방식은 낯선 물리 환경에서 일반화하기가 어렵다. 지나치게 경사진 경로, 미끄러운 바닥, 움직이는 지형(예를 들어 컨베이어 벨트 위) 등에서는 잘못된 판단을 할 가능성이 높고, 센서 오류가 발생할 경우 대응 자체가 쉽지 않다. 그러나 여기에 피지컬 AI 개념을 도입하면 이야기가 달라진다. 물리 법칙 기반의 모델을 활용함으로써 AI는 물체의 움직임, 바퀴가 미끄러질 가능성, 현재 바퀴에 가해지는 마찰력, 관성, 반동, 충격 흡수 정도 등을 '이해'하고 예측할 수 있게 된다. 즉 물리 법칙에 기반한 추론 능력을 통해 '처음 접하는 상황'에서도 스스로 어떻게 움직일지 합리적으로 추론하는 것이 가능해진다. 이는 요철이나 경사로가 많은 복잡한 지형, 주위에 장애물이 많은 도심 환경 등에서도 기존보다 뛰어난 이동 성능을 보장할 수 있다. 2026년 한 해 동안, 이러한 기술적 진보를 바탕으로 '정말 쓸 만한 실외 이동형 로봇 서비스'가 등장할 수 있을지 기대된다.

2026년에 보편화될 것으로 예상되는 또 다른 로봇 형태는 이동형 로봇에 '로봇 팔'을 결합한 '모바일 매니퓰레이터Mobile Manipulator'다. 이는 기존의 이동형 로봇 기술에 '조작성'을 더하려는 시도다. 사실 순수 이동형 로봇은 AI 기술로도 어느 정도 대응이 가능하지만, 조작 기능이 추가되기 시작하면 피지컬 AI의 적용은 사실상 필수적이다.

물론 이러한 형태의 로봇이 지금까지 없었던 것은 아니다. 다만 지금까지는 주로 공장 등에서 로봇을 활용할 때, 로봇의 위치가 조금이라도 바뀌는 상황을 기피해왔다. 그 결과 대부분의 로봇은 한자리에 고정된 채 작동하는 방식으로 운용되었다. 작업 위치가 A에서 B로 바뀌는 순간 안정적인 동작을 보장하기 어려웠기 때문이다.

그러나 피지컬 AI를 적용하면, 로봇은 단순한 위치 정보가 아니라 물리 정보에 기반해 작업을 수행할 수 있게 된다. 예컨대 카메라를 통해 물체의 형태와 투명도를 인식한 뒤, 자체 물리 모델을 활용해 '투명하고 원통형인 이 물체는 액체가 담긴 병일 가능성이 높겠군. 살짝 건드렸을 때 거의 움직이지 않는 걸 보니 가득 차 있어 무거울 테니, 좀 더 단단히 잡아야겠다'는 식으로 스스로 추론하며 행동할 수 있다. 심지어 병을 들어 올리는 과정에서 촉각 센서를 통해 미끄러지는 느낌이 감지되면, 실시간으로 파지력을 미세하게 조절하여 물체를 떨어뜨리지 않도록 대응할 수도 있다.

이러한 기술이 2026년 한 해 동안 완전히 구현될 수 있을지는 미지수지만, 좀 더 욕심을 내본다면 '양팔형 로봇'의 보편화 역시 본격적으로 시작될 수 있을 것으로 보인다.

현재 로봇 팔은 이미 산업 현장에서 두루 쓰이고 있으나, 대부분 팔이 하나뿐인 형태가 많다. 이는 양팔을 사용하는 것보다 작업 효율이 크게 떨어지는 방식임이 분명하다(한 손을 호주머니에 넣고, 남은 한 손만으로 10분만 뭔가 작업해보면, 그 차이를 금세 체감할 수 있다), 기술적 제약으로 인해 주로 한 손 로봇이 개발 및 운용되어왔다. 양팔형 모델도 존재하기는 하지만, 실제 공정 설계에서는 여전히 단일 팔 로봇이 주류를 이룬다. 이는 AI가 물리 법칙을 충분히 이해하지 못한 상태에서 양팔을 동시에 사용할 경우, 두 팔이 서로 간섭하며 오히려 효율이 저하될 수

산업 현장에서 두루 쓰이는 단일 팔 로봇

있기 때문이다. 이 과정에 피지컬 AI를 탑재하면, 인간처럼 양손을 적극적으로 연계해 사용할 수 있는 로봇이 등장할 여지도 매우 크다.

실제로 최근 국내외 여러 로봇 전문 기업들이 앞다퉈 두 팔 달린 로봇의 개발에 뛰어들고 있다. 이 과정에서 두 다리가 달린 완전한 휴머노이드 형태를 선택할 것인지, 고정된 위치에서 양팔만 활용하는 방식이 효율적인지, 혹은 상반신은 휴머노이드 형태로 유지하되 하반신은 바퀴 기반의 이동형 플랫폼을 결합한 '양팔형 모바일 매니퓰레이터'가 더 현실적인 선택인지에 대해 전문가들 사이에서도 의견이 분분하다.

분명한 것은, 피지컬 AI의 등장이 로봇 기술 전반에 적지 않은 변화를 예고하고 있다는 점이다. 지금까지는 '이동성'을 중심으로 발전해 온 서비스 로봇 기술이, 피지컬 AI라는 강력한 두뇌를 만나 더 안정적인 이동 성능을 확보하고, 나아가 '조작성'이라는 새로운 날개를 달게 될 것으로 기대된다. 언어의 세계에 머물던 AI가 물리 법칙이라는 도구를 통해 현실 세계의 '몸'을 갖추기 시작한 지금, 2026년은 그 전환점이자 'AI-로봇 융합'이 본격화되는 해가 될 것으로 예상하는 것은 이 때문이다.

휴머노이드와 로봇 제어 AI, 기술 판도를 어떻게 바꿀까?

폭발적 성장의 기반을 마련한 휴머노이드, 첫 상용화 가능할까?

LLM이 획득한 지능, 피지컬 AI가 부여한 현실 감각, 그리고 자율이동 로봇이 증명한 이동성과 조작 능력. 지금까지 우리가 살펴본 각각의 기술적 진보는 모두 하나의 정점을 향해 수렴하고 있다. 그 정점에 있는 존재가 바로 '인간형(휴머노이드) 로봇이라고 해도 과언은 아니다.

2025년은 '휴머노이드 로봇 시대의 원년'으로 기록될 것이 틀림없다. 2025년 1월 미국 라스베이거스에서 열린 'CES 2025'를 기점으로 세계 주요 기업들의 관심은 일제히 휴머노이드로 쏠렸다. 엔비디아는 자사의 피지컬 AI 플랫폼을 공개했고, CEO 젠슨 황은 이 플랫폼을 기반으로 개발 중인 협력사들의 휴머노이드 로봇들과 함께 공개석상에

오르기도 했다. 중국 기업들도 '휴머노이드 올인' 전략을 본격화하며, 유니트리를 비롯한 다수 기업이 실물 로봇을 선보였다. 국내 기업 중에서는 삼성전자, LG전자 등 굴지의 대기업 CEO들이 현장에서 "우리도 휴머노이드 로봇 사업에 뛰어들겠다"고 밝혔다.

사실 '휴머노이드 로봇은 현실적으로 쓸모가 없다'는 지적도 적지 않다. 로봇은 설계 단계부터 분명한 목적을 가지고 만들어진다. 예를 들어 청소 로봇은 청소만 할 수 있도록 설계되는 식이다. 반면 과거의 휴머노이드 로봇은 애초에 '인간을 닮은 어떤 것'을 만드는 것이 개발 목표였다. 수십 년간 연구자들은 로봇을 걷고, 뛰고, 구르고, 춤추게 만드는 데는 성공했다. 하지만 그 로봇에게 실제 '일'을 시키려고 하면 기대에 부응하기 어려웠던 것이 사실이다. 당시 휴머노이드 로봇 연구자들이 애써 외면했던 중요한 사실은, '일을 한다'는 개념에서 가장 핵심적인 요소가 사실 기계적 성능이 아니라는 점이었다.

이는 사람과 비교해서 생각해보면 이해하기 쉽다. 업무 능력이 뛰어나고 다양한 일을 잘해내는 사람이 반드시 운동까지 잘하는 것은 아니다. 물론 일하려면 일정 수준 이상의 신체 능력은 필요하지만, 어느 정도 기본적인 운동 능력만 갖춰지면 그다음부터는 무엇보다 지능이 중요해진다.

2010년대 후반에 접어들면서, 사람들은 정해진 세트에서 걷고, 달리며, 장애물을 뛰어넘는 로봇을 더 이상 신기하게 생각하지 않았고, 결국 '시큰둥'하게 여기기 시작했다. 휴머노이드 로봇 제어 기술에서 최고의 실력을 갖춘 것으로 평가받는 기업 '보스턴 다이내믹스'조차도 안정적인 투자처를 확보하지 못해 여러 차례 주인이 바뀌었으며, 현재는 한국의 현대자동차가 소유하고 있다.

이런 분위기가 바뀐 것은 불과 몇 년 사이의 일이다. 분위기 전환의 물꼬를 튼 기업은 미국 전기차 업체 테슬라다. 테슬라는 자체적으로 개발한 휴머노이드 로봇 '옵티머스'를 공개했는데, 기계적 완성도나 운동 능력 면에서는 과거의 아시모나 아틀라스에 미치지 못했다. 그러나 테

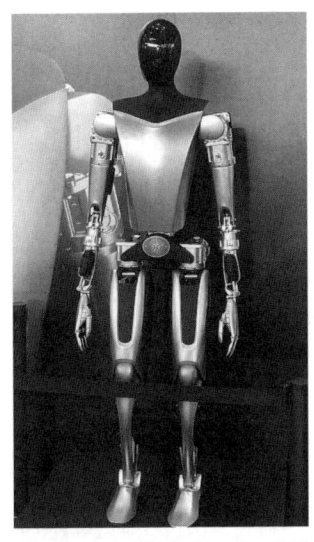

테슬라가 개발한 휴머노이드 로봇 옵티머스

슬라는 이 로봇에 AI를 접목시켜, 실제로 다양한 작업을 수행할 수 있다는 점을 전면에 내세우며 많은 관심을 받았다.

그 결과 최근의 휴머노이드 로봇 개발자들은 '체조 동작을 구현해 냈다'는 사실이 아니라 '어떤 일(작업)을 해내는 데 성공했다'는 점을 전면에 내세운다. 보스턴 다이내믹스도 아틀라스가 화려한 백플립을 할 수 있다는 점보다, "이 로봇은 자동차 공장에서 부품을 적재함에 옮겨 담을 수 있다"고 자랑한다.

또한 여러 기업은 휴머노이드 로봇을 개발하면서 실제로 산업 현장에서 활용 가능한지를 본격적으로 고민하기 시작했다. 가장 먼저 손을 뻗은 것은 대규모 설비와 많은 인력이 필요한 자동차 회사들이었다. 테

슬라는 자사의 옵티머스를, 현대자동차는 보스턴 다이내믹스의 신형 아틀라스 모델을, BMW는 2022년 미국 캘리포니아주에서 창업한 신생 업체 '피규어 AI'사가 개발한 '피규어' 로봇을 실제 공장에 투입하기로 했다. 메르세데스-벤츠 역시 미국 내 자동차 공장에서 '앱트로닉'이 개발한 휴머노이드 로봇 '아폴로'를 시범적으로 도입하기로 했다. 물류 업계에서는 아마존이 애질리티 로보틱스가 개발한 로봇 '디지트'를 도입하기로 했다. 휴머노이드 로봇이 실제 공장에서 일하는 시대는 이미 코앞에 와 있다.

테슬라가 휴머노이드 로봇을 공개한 지 몇 년이 지난 지금, 그들의 전략에 이견을 제기하는 사람은 찾기 어렵다. '운동 성능에 집중하기보다는, AI를 접목해 현실에서 쓸모 있는 로봇을 만들겠다'는 전략을 실천해 보여주고 있기 때문이다.

최근 개발되고 있는 AI와 로봇 기술의 흐름을 종합해보면, 전반적인 방향성은 점점 더 휴머노이드 로봇 시장을 향하고 있다. LLM과 SLM 기술의 발전, 피지컬 AI 체계의 확립 등이 이루어진 것은 사실상 2025년으로 볼 수 있다. 이에 따라 2026년에는 이러한 로봇들의 산업 현장 실제 도입 사례가 잇따를 것이라는 전망은 자연스러운 수순이다.

물론 2025년 6월 현재, 휴머노이드는 아직 '테스트 단계'에 머물러 있다. 일부 공장 등에서 제한적으로 활용되고 있지만, 어디까지나 가능성을 엿보기 위한 실험 단계에 가깝다. 그럼에도 충분한 가능성이 감지되고 있으며, 2026년 내에는 실제 생산 공정에 본격적으로 투입될 여지가 충분하다.

무엇보다 테슬라의 강점은 휴머노이드 로봇의 개발부터 유통까지, 필요한 모든 조건을 자체적으로 갖추고 있다는 점이다. 테슬라의 CEO 일론 머스크는 세계 최고 수준의 AI 개발 역량을 지닌 기업 'xAI'도 보유하고 있다. 다시 말해, 테슬라는 로봇의 몸체를 자체적으로 설계하고 제조할 수 있을 뿐 아니라, 고성능 AI도 직접 개발할 수 있으며, 이를 자사의 전기차 공장에 안정적으로 투입해 실사용까지 할 수 있다. 이러한 통합적 역량이야말로 테슬라의 휴머노이드 전략이 '성공 가능성이 크다'는 평가를 받는 이유다.

비슷한 전략을 빅테크 기업에서도 쉽게 찾아볼 수 있다. AI 강자인 구글도 최근 휴머노이드 로봇 분야에 본격적으로 발을 들였다. 파트너사는 로봇 개발 기업 앱트로닉으로, 이들이 개발한 휴머노이드 로봇은 '아폴로'다. 아틀라스, 옵티머스, 아시모보다 대중적 인지도는 낮지만, 미항공우주국NASA과의 휴머노이드 공동 개발 경험을 통해 기술력을 인정받아온 회사다. 이 아폴로에 세계 최고 수준의 AI를 개발 중인 '구글 딥마인드'가 협력할 예정이다. 딥마인드는 AI 분야의 권위자이자 2024년 AI 기반 연구로 노벨상을 수상한 데미스 허사비스Demis Hassa-bis CEO가 이끄는 조직이다. 더욱이 이 로봇은 완성 즉시 독일 자동차 브랜드 메르세데스-벤츠의 공장에 투입하기 위해 준비 중이다. 테슬라와 방식은 다르지만, 구글은 로봇 몸체와 AI를 개발할 기술력과 인력을 보유하고 있으며, 이 로봇을 즉시 투입할 수 있는 수요처도 갖추고 있다. 구글-벤츠-앱트로닉 삼각 연합의 휴머노이드 전략이 성공할 가능성이 높다고 보는 이유가 바로 여기에 있다.

이처럼 '자동차 기업'들이 주도하여 휴머노이드 로봇 시장을 개척하려는 움직임은 점점 뚜렷해지고 있다. 독일의 자동차 브랜드 BMW도 휴머노이드 도입을 서두르고 있다. 미국 캘리포니아에 본사를 둔 휴머노이드 업체 피규어와 손잡고 실제 공장에 투입하기 위해 준비 중이다. 피규어가 개발한 '피규어Figure 01' 모델은 처음부터 AI 활용을 염두에 두고 설계되었으며, 챗GPT 기반으로 사람과 대화하고 지시한 작업을 수행하는 모습이 공개되어 화제를 모았다. 여기에 운동 능력을 보강한 피규어 02 모델을 개발해 현재 BMW 스파튼버그Spartanburg 공장에 시범적으로 투입하고 있으며, 긍정적인 초기 성과를 얻고 있다. 다만 아직 자체 AI 개발 역량이 부족해 챗GPT에 의존하고 있는 점은 향후 보완이 필요한 과제로 지적된다.

현대자동차도 이와 유사한 전략을 채택하고 있다. 앞서 언급했듯, 현대자동차는 이미 세계적인 로봇 기업 보스턴 다이내믹스를 자회사로 편입했으며, 세계 최고의 운동 능력을 갖춘 로봇 '아틀라스'를 자동차 생산 라인에 투입할 계획이다. 로봇공학계에서 로봇 아틀라스의 운동 능력은 의심의 여지 없이 최고 수준으로 평가받고 있다. 세계 3위 자동차 기업이 안정적인 휴머노이드 수요처로 자리 잡고 있다는 뜻이다. 다만 아직 AI 역량은 보완이 필요한 영역으로, 최근 현대자동차는 엔비디아의 '아이작-그루트'를 도입해 이러한 한계를 보완하려는 움직임을 보이고 있다.

중국 역시 무시할 수 없는 잠재력을 보유하고 있다. 휴머노이드 로봇을 개발 중인 기업이 수십 곳에 이르지만, 실제 산업용 수요처를 확보한 곳은 많지 않다. 그중 주목할 만한 기업이 유비테크 정도다. 유비테크는 2018년 첫 로봇 '워커Walker'를 선보인 이후 꾸준히 연구 개발을 이어오며 현재는 4세대 모델까지 성능을 끌어올렸다. 2025년 2월에는 중국 전기차 기업 니오의 안후이성 허페이 조립공장에 이 로봇을 시범 투입하기로 했다. 최근에는 중국 5대 완성차 기업 중 하나인 둥펑자동차와도 워커 공급 계약을 체결했다.

자동차 기업들이 휴머노이드 로봇에 큰 관심을 보이는 이유는 그만한 '경제적 이익'이 충분히 예상되기 때문이다. 예를 들어 현대자동차 국내 공장의 경우 매출액 대비 인건비 비중이 10~12%에 달하며, 2024년 기준 현대자동차의 연 매출은 약 175.2조 원에 이른다. 만약 생산 라인 전반에 휴머노이드를 도입해 인건비의 단 10%만 절감하더라도, 매년 조兆 단위가 훌쩍 넘는 이익을 추가로 챙길 수 있다. 더욱이 이러한 대규모 제조기업은 '로봇이 일할 수 있는 환경'을 구축하는 데도 유리하다. 즉 휴머노이드의 현재 성능이 다소 불만족스럽더라도, 공정 구조나 작업 방식을 조정함으로써 도입 여지를 충분히 만들어낼 수 있다는 점에서 경쟁력이 있다.

여기서 근본적인 질문을 던져볼 필요가 있다. 왜 하필 '인간의 모습'이어야 할까? 바퀴를 장착하면 훨씬 더 빠르고 안정적으로 이동할 수 있고, 특정 작업에 특화된 기계를 만들면 효율성 면에서 훨씬 뛰어날 것이다. 그럼에도 왜 굳이 두 다리로 걷고 두 팔을 가진 불안정한 형태를 고집하는 것일까? 이는 단순히 인간을 닮은 존재를 만들고 싶다는 막연한 동경 때문만은 아니다. 그 이면에는 철저히 현실적이고 경제적인 이유가 존재한다.

그 답은 우리가 살아가는 세상 전체가 인간의 신체에 맞춰 설계된 '인간 중심의 환경'이라는 데 있다. 우리가 매일 오르내리는 계단, 손으로 돌려 여는 문손잡이, 허리 높이에 맞춘 작업대, 손에 쥐기 좋게 설계된 망치와 드라이버, 두 발로 페달을 밟고 두 손으로 핸들을 조작하는 자동차에 이르기까지, 우리를 둘러싼 모든 인공 환경과 도구는 두 팔과 두 다리, 10개의 손가락을 가진 인간이 사용하기에 최적화되어 있다.

로봇이 이처럼 인간 중심으로 설계된 환경에서 유용한 작업을 수행하려면 2가지 선택지가 있다. 하나는 막대한 비용을 들여 환경 전체를 로봇에 맞춰 개조하는 것이고, 다른 하나는 로봇이 기존 인간 환경에 스스로를 적응시키는 것이다. 지금까지는 전자의 접근이 주를 이루었기에, 공장 등의 공간에서는 인간과 로봇이 철저히 분리된 상태에서 작업해왔다. 이 방식도 많은 혁신을 이루어냈지만, 여전히 '인간이 일하는 공간'에서는 로봇의 활용이 제한되는 문제가 존재한다. 이 지점에서 휴머노이드는 기존 인프라를 그대로 활용하면서도 인간이 수행하던 과업을 대체할 수 있는 가장 이상적인 '폼팩터Form Factor'로 주목받는다. 이들은 궁극의 '모바일 매니퓰레이터'로서 좁은 공간을 통과하고, 계단을 오르며, 선반 위의 물건을 꺼내고, 인간이 사용하는 도구를 자유롭게 다루는 등, 최고의 '범용성'을 갖추고 있다.

이러한 극적인 변화의 중심에는 AI 기술, 특히 '엔드-투-엔드End-to-End' 학습 방식의 발전이 자리하고 있다. 과거에는 로봇의 동작을 '인지→계획→제어'의 3단계로 나눈 뒤, 각 단계의 알고리즘을 인간 개발자가 일일이 설계하고 프로그래밍했다. 반면 엔드-투-엔드 방식은 로봇의 카메라 입력Input부터 모터 제어 출력Output까지의 전 과정을 하나의 거대한 인공 신경망으로 연결한다. 그리고 인간 작업자의 시연 영상을 보여주거나(모방 학습), 가상환경에서 수만 번의 시행착오를 겪게 하는(강화 학습) 방식을 적용함으로써, 로봇은 스스로 최적의 행동을 터득할 수 있게 되었다. 이는 마치 우리가 자전거를 배울 때 각도와 속도를 계산하지 않고 몸으로 직접 부딪치며 균형 잡는 법을 체득하는 과정과 유사하다. 그 덕분에 로봇의 움직임은 훨씬 자연스러워졌고, 새로운 작업을 배우는 속도 역시 비약적으로 향상되었다.

많은 전문가가 2026년을 '휴머노이드 로봇의 첫 상용화 사례'가 등장하는 해로 전망한다. 물론, 가정에 로봇 집사가 들어서는 일은 아직 먼 미래의 이야기다. 가장 먼저 휴머노이드가 '취업'하게 될 현장은 인간에게는 힘들고Dull, 더럽고Dirty, 위험한Dangerous 3D 작업이 이루어지는 산업 현장일 것이다. 앞서 살펴본 것처럼, 그중에서도 대규모 공장이나 물류 시스템에서 일부 생산 공정을 맡는 방식으로 첫 도입이 이루어질 가능성이 크다. 로봇이 처음 수행할 작업은 비교적 단순할 것이다. 정해진 위치에서 물건을 옮기거나, 특정 부품을 조립하는 등 반복적이고 예측 가능한 업무가 중심이 될 것이다. 그러나 여기서 중요한 것은 작업의 난이도가 아니라, 로봇이 인간의 작업 공간에서 별다른 환경 변화 없이 안정적으로 임무를 수행하며 투자 대비 효용, 즉 '경제적 가치'를 입증하기 시작했다는 사실 그 자체다.

로봇의 대중화를 위해서는 아직 넘어야 할 산이 많다. 하드웨어, 즉 로봇의 신체를 구성하는 기초 과학 기술력은 여전히 보완이 필요하다. 대표적으로 배터리 문제가 심각하다. 현재 기술로는 한 번 충전해도 작동 시간이 3~4시간을 넘기기 어렵다. 고효율, 저전력 설계와 차세대 배터리 기술이 결합되어야만 8시간 이상의 고강도 작업이 가능한 시스템을 구현할 수 있다. 또한 지금보다 성능이 뛰어난 고효율 액추에이터(구동장치) 개발은 로봇 성능을 높이는 데 필수적이다.

분명한 것은, 2025년이야말로 '휴머노이드'라는 새로운 종의 탄생을 알린 서기 원년이라는 사실이다. 2026년, 우리는 마침내 실험실을 걸어 나와 산업 현장에 첫발을 내딛는 이 낯선 노동자를 목격하게 될 것이다. 그 첫걸음이 비록 더디고 조심스러울지라도, 그것이야말로 미래의 노동과 산업, 나아가 우리 사회 전체를 근본적으로 바꿔놓을 거대한 변화의 시작임은 의심의 여지가 없다.

더 알아보기 ①
한국형 AI, 모방을 넘어 혁신으로

본문에서 우리는 오픈AI, 구글 등 미국 빅테크 기업들이 주도하는 거대한 AI의 물결을 살펴봤다. 이들의 기술력과 자본력은 실로 압도적이어서, 다른 국가들이 이 경쟁에서 살아남을 수 있을지 의문이 드는 것도 사실이다. 이러한 상황에서 한국은 '한국형 AI'라는 독자적인 길을 모색하고 있다. 과연 글로벌 공룡들이 각축을 벌이는 AI 전쟁터에서, 한국형 AI는 어떤 의미를 지니며 어디로 나아가고 있을까?

최근 '소버린Sovereign AI'(주권 AI)라는 말이 자주 들려온다. AI는 이미 각종 산업의 기반으로 자리 잡았다. 해외 빅테크 기업들이 제공하는 고성능 AI를 활용하는 것도 분명 현명한 선택일 수 있다. 그러나 한국만의 독자적인 AI 기술 연구를 등한시해서는 안 된다. 그 이유는 바로 '데이터 주권Data Sovereignty'과 '문화·산업적 특수성' 때문이다. AI 모델의 성능과 정체성은 학습한 데이터에 의해 결정된다. 만약 우리의 모든 언어와 데이터, 사회 시스템이 해외 AI 모델에 종속된다면, 이는 단순한 기술 의존을 넘어 경제, 안보, 문화적 주도권까지 통째로 넘겨주는 결과를 낳을 수 있다.

언어적 문제도 있다. 한국어에는 '정情', '한恨', '눈치'처럼 외국어로는 온전히 옮기기 어려운 미묘한 뉘앙스의 표현들이 존재하며, 최근에는 시대적 맥락을 반영한 신조어들도 다수 생겨나고 있다. 한국의 복잡한 세법이나 아파트 청약 제도처럼 고유한 사회 시스템을 해외 AI가 완벽하게 이해하고 조언하기란 사실상 불가능에 가깝다. 결국 우리에게 가장 유용한 AI는 우리의 언어와 문화, 제도를 깊이 이해하고 우리의 데이터로 학습된, 우리의 필요에 맞게 만든 AI일 수밖에 없다.

2025년 중국이 고성능 LLM '딥시크DeepSeek'를 자체 개발했다는 소식에 많은 사람이 부러움을 표현하곤 한다. 하지만 국내 상황을 살펴보면, 이에 필적하는 한국형 AI를 개발한 기업들도 적지 않다. 다만 해외 시장에는 잘 알려지지 않았고, 국내에서도 이 사실을 모르는 경우가 많아 안타깝다.

대표적인 주자로 가장 먼저 꼽을 수 있는 기업은 단연 네이버일 것이다. 네이버는 일찍이 초거대 AI의 중요성을 인식하고, 독자 모델인 '하이퍼클로바HyperCLOVA X'를 개발해왔다. 네이버의 가장 큰 강점은 블로그, 카페, 지식iN, 뉴스, 쇼핑 등 지난 20여 년간 축적해온 방대한 한국어 데이터를 국내 어느 기업보다 풍부하게 보유하고 있다는 점이다. 이러한 데이터를 기반으로 개발된 하이퍼클로바 X는 한국의 사회적·문화적 맥락에 대한 이해도가 매우 높다. 네이버는 이 모델을 자사의 검색 서비스 '큐:CUE:'에 통합하여 차세대 검색 경험을 제공하고 있으며, '네이버 클라우드 플랫폼'을 통해 금융, 법률, 공공 등 보안이 중요한 B2B 고객에게 맞춤형 AI 솔루션을 제공함으로써 'AI 주권'을 지키는 기술 생태계의 핵심 축으로 자리매김하고 있다.

카카오 역시 '코KoGPT'를 통해 AI 경쟁에 참여하고 있다. 카카오의 가장 큰 무기는 5천만 국민이 사용하는 메신저 '카카오톡'이다. 카카오는 이 플랫폼을 AI와 사용자가 만나는 핵심 접점으로 삼아, 일상 대화부터 쇼핑, 선물하기 등 다양한 서비스에 AI를 자연스럽게 녹여내는 전략을 펼치고 있다. 특히 전 국민을 대상으로 하는 서비스에 AI를 접목하여 사용자 경험을 혁신하는 '생활 밀착형 AI' 분야에서 강점을 보인다. 2026년에는 카카오톡 대화방에 AI 비서가 자연스럽게 참여해 대화 내용을 요약해주고, 약속을 잡아주며, 식당을 예약해주는 등의 서비스가 보편화될 것으로 기대된다.

통신사들의 참전도 AI 경쟁에서 주목할 만한 관전 포인트다. SK텔레콤은 AI 개인비서 서비스 '에이닷$_{A.}$'을, KT는 자체 LLM '믿음$_{Mi:dm}$'을, LG유플러스는 맞춤형 AI '익시젠$_{ixi-GEN}$'을 선보이며 본격적인 경쟁에 뛰어들었다. 이들은 수천만 가입자를 기반으로 한 통신 데이터와 IPTV, 스마트홈 등 자사가 보유한 다양한 서비스와의 연계를 통해 고객 개개인에게 최적화된 맞춤형 AI 에이전트 구현을 목표로 한다. 통신사 AI는 사용자의 일상 패턴을 가장 잘 이해하는 AI가 될 잠재력을 품고 있다. 이러한 통신사 AI는 사용자의 일상 패턴을 가장 잘 이해하는 AI로 발전할 가능성이 크다.

국내 기업 코난테크놀로지도 자체 LLM을 개발해 주목받고 있다. 특히 LG, 코난테크롤로지 등이 개발한 AI는 추론 등 여러 성능 지표에서 중국의 딥시크를 능가하는 성능을 보이기도 했다.

2026년 한국 AI 시장의 전망은 '각축전의 심화'와 '수익 모델의 증명'으로 요약할 수 있다. 단순히 모델의 성능을 과시하는 단계를 넘어, 각자의 강점을 살려 실질적인 비즈니스 가치를 창출해내는 기업만이 살아남을 수 있는 옥석 가리기가 본격화될 것이다.

해외 빅테크 기업에 필적하는 대규모 AI 서비스 체계를 구축하려면 천문학적인 투자가 필요하다. 이러한 경쟁 구도에서 한발 비켜서, 반도체 설계나 신약 개발 등 특정 산업에 고도로 특화된 sLLM이나 SLM을 개발하는 기업들의 약진도 기대된다. 한국형 AI는 글로벌 기술 종속을 벗어나, 우리만의 데이터와 문화에 기반한 강력한 지능 생태계를 구축할 충분한 잠재력을 지니고 있다. 2026년이 그 가능성이 현실로 꽃피는 성공의 원년이 되기를 기대해본다.

더 알아보기 2

국내외 로봇 산업의 현재와 도전

미래 산업의 주도권을 차지하기 위한 세계 각국의 경쟁은 어떤 양상으로 펼쳐지고 있을까? 그리고 그 속에서 대한민국의 위치는 어디쯤일까?

현재 글로벌 로봇 산업은 크게 4대 권역 간의 주도권 다툼으로 요약할 수 있다. 이 가운데 가장 먼저 짚어봐야 할 국가는 단연 미국이다. 세계 최강의 AI 기술력을 바탕으로, 어떤 나라보다도 뛰어난 '로봇의 두뇌'를 보유하고 있다. 보스턴 다이내믹스, 테슬라, 피규어 AI 등 첨단 로봇 기업은 물론, 엔비디아와 같은 플랫폼 기업들도 로봇 전용 AI 플랫폼을 앞다퉈 선보이고 있다. 하드웨어의 물리적 한계를 혁신적인 AI 소프트웨어로 돌파하며 로봇의 지능과 자율성을 극대화하는 데 주력하고 있다. 이는 미래 로봇 시장의 '운영체제OS'와 '생태계'를 먼저 선점하려는 야심을 드러낸 것으로 볼 수 있다. 마치 구글의 안드로이드나 애플의 iOS가 스마트폰 시장을 장악한 방식과 유사한 전략이다.

중국은 '제조 강국'이라는 이점을 살려 로봇 산업의 '몸집'을 키우고 있다. 물류, 서빙, 안내 등 특정 분야에 특화된 로봇을 상상을 초월할 만큼 저렴한 가격에 대량 생산하며, 전 세계 시장을 빠르게 잠식하고 있다. 푸두 로보틱스, 긱

플러스 같은 기업이 대표적으로, '가성비'와 '속도전'을 무기로 상용화 시장에서 무서운 저력을 보여주고 있다. 최근에는 AI 기술에도 막대한 투자를 단행하며, 기술 격차를 빠르게 좁혀가는 중이다.

일본과 독일은 전통적인 '산업용 로봇 강국'으로, 로봇의 '근육과 뼈대'에 해당하는 핵심 부품 기술을 장악하고 있다. 일본의 화낙과 야스카와, 독일의 쿠카 등은 수십 년간 자동차, 전자제품 공장의 자동화 라인을 지배해왔다. 이들은 로봇의 정밀도와 신뢰성 측면에서 세계 최고 수준의 기술력을 자랑하며, 최근에는 '스마트 팩토리' 흐름에 맞춰 자사 로봇에 AI와 데이터 분석 기술을 접목하는 데 총력을 기울이고 있다.

그렇다면 한국의 로봇 산업은 어떤 특징이 있을까? 한국은 강력한 제조업 기반과 세계 최고 수준의 자동화 수요(인구 대비 로봇 밀도 세계 1위)를 동시에 갖춘, 매우 독특한 시장이다. 이는 로봇 기업이 성장하기에 매우 유리한 토양이다. 국내 기업 중 가장 주목할 만한 곳으로 두산로보틱스를 빼놓을 수 없다. 두산로보틱스는 인간과 같은 공간에서 협력 작업이 가능한 '협동로봇Cobot' 분야에서 글로벌 5위권 내에 드는 강자다. 두산로보틱스의 협동로봇은 용접, 조립, 검사 등 다양한 산업 현장에서 이미 상용화에 성공해 시장을 넓혀가고 있다. 최근에는 치킨을 튀기고 커피를 내리는 등 식음료F&B 분야와 같은 서비스 산업에서도 활약 범위를 넓히고 있다.

한국과학기술원KAIST 휴머노이드로봇연구센터(휴보랩)에서 분사한 레인보우로보틱스는 최근 국내 로봇 기업 중 가장 주목받는 곳이다. 레인보우로보틱스는 2015년 미국 국방고등연구계획국DARPA이 주최한 재난대응로봇 대회DARPA Robotics Challenge에서 우승하며 국제적인 주목을 한 몸에 받았다. 최근에는 삼성전자가 대규모 지분 투자를 단행하며 다시 한번 이목을 끌었다. 이는 반도체, 가전, 모바일에 이어 로봇 분야를 차세대 성장 동력으로 삼겠다는 삼성의 전략적 의지를 보여주는 행보로 해석된다.

LG는 이미 수년 전부터 클로이CLOi 브랜드를 통해 안내, 배송, 살균 등 다양한 서비스 로봇 시장에서 꾸준히 사업을 전개해왔다. 이들 대기업의 자본력과 글로벌 유통망, 브랜드 파워는 국내 로봇 생태계 전체를 한 단계 성장시킬 강력한 기폭제가 될 수 있다. 로봇 전문 기업 로보티즈 역시 다양한 로봇 부품과 완제품을 개발·유통하며 많은 주목을 받고 있다. 특히 휴머노이드 로봇의 핵심 부품인 액추에이터 기술에서 두각을 나타내며, LG전자와의 협업을 통해 작업형 AI 로봇 'AI 워커'의 상용화에도 박차를 가하고 있다.

다만 한국 산업계가 안고 있는 고질적인 약점은 로봇 분야도 예외가 아니다. 로봇 완성품을 개발·유통하는 기업은 다소 존재하지만, 로봇의 핵심 소재 및 부품 분야에서는 여전히 경쟁국에 비해 열세다. 로봇의 '두뇌'에 해당하는 AI 기술력은 미국과 중국에 비해 크게 뒤처져 있으며, 완제품 로봇의 대량 생산과 유통 측면에서도 중국과의 격차를 좁히기 어렵다. 여기에 정밀 감속기, 고성능 모터, 센서 등 로봇을 만들기 위한 핵심 부품 기술력마저 독일과 중국에 밀리고 있어, 가히 '사면초가'의 상황이라 해도 과언이 아니다.

그렇다면 우리는 앞으로 어디에 집중해야 할까? 지금 시점에서 미국을 능가하는 AI 핵심 기술을 단기간에 확보하기는 어렵고, 중국의 대규모 물량 공세를 정면으로 돌파하기도 쉽지 않다. 이런 현실을 감안할 때, 우리가 집중해야 할 시장은 다름 아닌 '시스템' 분야다. 차세대 로봇의 경쟁력은 결국 'AI 두뇌'와 '하드웨어 몸체'의 융합에 달려 있는데, 한국은 바로 이 '시스템 설계' 영역에서 큰 강점을 지니고 있다. 2026년 국내 로봇 산업이 나아갈 방향도 이와 크게 다르지 않을 것이다.

Shift 2

반도체와 정밀공학 기술

AI와 로봇을 지탱하는 엔진

흔히 현시대를 '4차 산업혁명 시대'라고 한다. 왜 하필 지금을 '2차'나 '3차'가 아닌 '4차'라고 부르는 것일까. 이러한 기술 흐름에 대한 최소한의 이해는 필수이므로 반드시 짚고 넘어갈 필요가 있다.

1차 산업혁명의 촉발 원인은 '증기기관'의 등장이라는 사실을 모르는 사람은 그리 많지 않을 것이다. 이 시기 이전에는 사실 제대로 된 '기계장치'가 존재하지 않았다. 동력이 없던 시절, 사람들은 모든 일을 손으로 해냈다. 그나마 소나 말 같은 가축의 힘을 빌리는 것이 전부였다. 물론 풍차나 물레방아처럼 자연의 힘을 이용한 장치도 있었지만 이는 극히 예외적인 경우였고, 산업은 오로지 '인간의 노동력'에 의존했다. 이러한 상황에서 증기기관, 즉 최초의 인공 동력이 등장하자 산업은 뿌리부터 변화하기 시작했다. 1차 산업혁명을 '기계혁명'으로 부르는 이유가 바로 여기에 있다.

2차 산업혁명은 흔히 '전기혁명'이라고 불린다. '전기'가 등장하면서 산업 구조는 과거와는 비교할 수 없을 정도로 혁신적으로 변화했다. 이 기술적 도약 이후 우리 삶은 눈에 띄게 달라졌고, 전기의 보급으로 전파 활용이 가능해지면서 대중문화의 탄생으로 이어졌다. 이어지는 3차 산업혁명은 누구나 알고 있듯이 '정보화 혁명'으로 불린다. 컴퓨터와 인터넷이 보편화되면서 우리 삶이 얼마나 크게 바뀌었는지는 지난

Shift 2 반도체와 정밀공학 기술

수십 년간 피부로 체감했다. 그리고 지금, AI와 로봇 기술의 일상화 속에서 우리는 '4차 산업혁명'이라는 새로운 시대를 맞이하고 있다.

이러한 기본적인 이야기를 꺼내는 이유는 기술의 발전에는 분명한 흐름이 존재하기 때문이다. 기계 산업이 존재했기에 발전기를 만들 수 있었고, 전기의 보편화 덕분에 우리는 컴퓨터(스마트폰 등 모바일 기기 포함)와 인터넷을 사용할 수 있다. 이러한 기반 위에서 AI와 로봇을 사용할 수 있는 셈이다. 5차 산업혁명 시대가 언제 본격적으로 시작될지 알 수 없지만, 이는 분명 AI와 로봇 기술을 기반으로 한 '어떤 것'이 될 가능성이 매우 크다. 20~30년 이상 지나 4차 산업혁명 관련 기술이 더 무르익고 나서야 이 같은 시대가 도래할 것으로 예상된다.

이처럼 기술에는 분명한 '흐름'이 존재한다. 지금까지 발전해온 기술의 흐름을 충분히 이해하고 있을 때 현재 기술의 가치와 의미를 올바르게 인식할 수 있다. 물론 미래를 정확히 예측할 수 있는 사람은 존재하지 않는다. 이는 복잡한 인과 관계와 예측 불가능한 사건들이 뒤얽혀 있기 때문이기도 하다. 그럼에도 기술의 발전 방향에 대해서는 분명 유의미한 예측이 가능하다고 단언할 수 있다.

많은 사람이 흔히 오해하는 부분 중 하나는, '이미 4차 산업혁명 시대가 도래했으니 1·2·3차 산업혁명 시대의 기술들은 이제 구닥다리 기술이며, 기술 예측 과정에서 그다지 고려할 필요가 없다'고 여기는 점이다. 그러나 기계혁명은 여전히 현재진행형이다. 더욱 효율적인 고성능의 첨단 기계장치들은 지금도 끊임없이 등장하며, 이러한 기술 발전은 다시 산업 전반에 영향을 미친다. 최신 고효율 발전 기술도 계속해서 개발되고 있으며, 이는 다시금 컴퓨터와 인터넷 산업 전반의 기반이 된다. 과거보다 뛰어난 성능의 연산장치와 메모리장치가 계속해서 개발되지 않는다면, AI 시스템의 발전과 존립은 사실상 불가능하다.

앞 장에서는 AI와 로봇 기술의 현재 흐름을 살펴보았다. 이 장에서는 그 기술적 기반인 '컴퓨터 및 정밀공학 기술'의 현주소를 짚어보고 2026년을 전망한다. AI의 발전 속도는 알고리즘의 혁신만으로 결정되지 않는다. 알고리즘을 계산하는 반도체의 성능, 데이터를 처리하는 GPU의 구조, AI의 판단을 현실 세계에 구현하는 로봇의 기계적 정밀도에 의해 근본적으로 좌우된다. 소프트웨어의 진화는 하드웨어라는 물리적 실체의 한계 내에서만 이루어질 수 있기 때문이다.

우선 현대 문명의 쌀이라 불리는 반도체 기술의 심장부로 들어가 본다. 머리카락 굵기의 수만분의 1에 불과한 초미세 회로를 어떻게 새기는지, '1나노 시대'라는 말이 갖는 진정한 의미는 무엇이며 2026년 반도체 패권 경쟁은 어디로 향할지 짚어본다.

그다음에는 AI 시대의 핵심 자원으로 부상한 'GPU'에 대해 알아본다. 컴퓨터그래픽 처리장치였던 GPU가 어떻게 AI 개발의 필수 요소로 자리 잡게 되었는지 그 구조적 배경을 분석하고, 단순한 부품을 넘어 국가안보와 직결되는 전략 자산으로까지 확장된 이유를 짚어본다. 이어서 2026년을 기점으로 GPU 기술이 어떤 방향으로 진화해갈지 그 흐름을 전망한다. 이와 함께 AI와 인간을 연결하는 창이라고 할 수 있는 디스플레이 기술의 진화도 살펴본다. 이를 통해 2026년 이 기술들이 우리의 시각적 경험을 어떻게 변화시킬지 전망한다. 흐름상 '발전 기술'을 함께 짚어보고 싶었으나 이는 에너지 시스템, 환경 산업과 밀접한 관련이 있으므로 다음 장인 Shift 3에서 별도로 다룰 계획이다.

이 모든 첨단 기술은 결국 '기계'라는 물리적 형태로 구현되어야만 산업으로 이어질 수 있다. 로봇의 정밀한 움직임을 가능하게 하는 기계공학과 제어공학의 원리를 비롯해 현시대 기술 진보의 양상도 함께 살펴본다. 이 장에서는 기계(1차 산업혁명) - 전기(2차 산업혁명) - 정보화(3차 산업혁명)로 이어지는 산업의 흐름을 짚어보며, 기술 발전의 '근간根幹'을 이해하는 것이 왜 중요한지 되새겨본다. 이러한 기본 구조를 이해하지 못하면 결코 전체적인 기술의 흐름을 알 수 없다. 이 단순한 진리는 첨단 기술의 발전사를 살펴볼 때도 그대로 적용된다.

반도체 집적화 기술,
1나노의 벽을 돌파할 수 있을까?

1나노 경쟁이 바꿔놓을 기술 혁명과 새로운 물리학의 시대

많은 사람이 AI의 정체를 막연하게 생각하는 경우가 많은데, 그 원리를 들여다보면 의외로 단순하다. 당연한 이야기지만 컴퓨터는 결국 계산기다. 모든 성능 지표는 '계산을 얼마나 더 빠르게, 더 많이 할 수 있는지'에 맞춰져 있다. 결국 AI란, 이러한 '계산 능력'을 바탕으로 데이터를 확률적으로 분석하여 답을 도출하는 시스템일 뿐이다.

컴퓨터 시스템 내부에서 실제 연산을 수행하는 곳은 결국 '반도체 칩'이다. 이 중 전체 계산 시스템을 담당하는 부품을 '중앙처리장치CPU'라고 하며, 글씨를 쓰거나 그림을 그리고, 영상을 표시하는 과정에서 필요한 것이 '그래픽 처리장치GPU'다. AI는 방대한 데이터를 확률적으로 동시에 처리해 통계적으로 계산하는 시스템이다. 따라서 고도 연산 기능이 중시되는 CPU보다 대량의 데이터를 동시에 빠르게 처리할 수 있는 GPU의 성능이 더 중시된다. GPU 전문 기업인 '엔비디아'가 AI 시대를 맞아 세계 시장을 호령할 수 있는 이유가 여기에 있다. 최신형 컴퓨터에는 CPU와 GPU 이외에 AI 연산을 전담하는 신경망처리장치NPU, Neural Processing Unit를 추가로 설치하기도 한다. NPU도 사실 GPU의 병렬 처리 원리를 기반으로 하고 있다. AI 성능을 최대로 극대화할 수 있도록 일부 기능이 특화된 형태라고 이해하면 좋을 것 같다.

여기서 끝이 아니다. CPU나 GPU, NPU 모두 연산 과정에서 잠시 데이터를 보관해둘 필요가 있다. 이것을 '기억장치RAM'라고 부른다. 컴퓨터로 작업을 마쳤으면 데이터를 장기 보관하기 위해 '기억장치'에 저장하게 된다. 과거에는 자석의 N극, S극 원리를 활용해 금속판에 데이터를 저장하는 '하드디스크 드라이브HDD'를 주로 사용했는데, 최근에는 반도체 칩을 기반으로 한 '솔리드스테이트 드라이브SSD'가 대세로 자리 잡고 있다. 결국 CPU나 GPU, RAM, SSD 등 컴퓨터를 구성하는 거의 모든 부품은 반도체를 기반으로 만들어진다. 최근에는 컴퓨터 모니터나 스마트폰 화면

최근 GPU는 국가 전략 자산으로 취급받고 있다. 사진은 엔비디아의 대표 GPU 모델인 '블랙웰'. ⓒ 엔비디아

등, 디스플레이 장치까지도 반도체 회로를 이용해 제작된다.

컴퓨터 장치에는 이렇게 다양한 종류의 반도체 칩이 사용되며, 이 중 한 가지라도 성능이 떨어지면 전체적인 성능 저하로 이어질 수 있다. 컴퓨터의 성능이라는 것은, 결국 '반도체 기술'의 발전에 따라 결정된다고 볼 수 있다. 앞에서 언급했듯이, 오늘날의 혁신은 AI와 로봇 시스템을 중심으로 이루어지고 있으며, 이러한 기술들은 반도체 없이는 성립할 수 없다.

가끔 "컴퓨터 성능이 뭐 그리 중요한가. 전문적으로 컴퓨터 작업을 하는 사람이라면 모르겠지만, 나는 워드프로세서 앱 정도만 겨우 사용하는데, 그런 기술 발전이 나와 무슨 상관인가?"라고 말하는 사람들을 의외로 자주 볼 수 있다. 워드프로세서에 무슨 원한이라도 맺혀 있는지, 컴퓨터 이야기만 나오면 반사적으로 "나는 워드만 쓰면 되니까 다른 것은 몰라도 돼"라고 이야기하는 식인데, 개인적으로 이런 사고방식이 쉽게 이해되지 않는다. 본인이 어떤 방식으로 컴퓨터를 사용하는지는 개인의 습관일 뿐이고, 기술 트렌드를 이해하고 변화하는 시장에 대응하려는 노력은 그와는 별개의 문제다. 시대는 빠르게 변화하고 있다. 그런 흐름을 외면하며 "그까짓 것, 알 게 뭐냐"라고 이야기하면서 더는 생각하기를 멈춰버리는 태도는 결국 스스로의 가능성을 제한하는 것이다.

여담이지만, 워드프로세서 앱 한 가지만 사용한다고 해도, 고성능 시스템과 무관하다고 생각하는 것은 사실 설득력이 없는 주장이다. 2025년 현재 시판되고 있는 워드프로세서 앱을 쾌적하게 사용하려면,

최고 사양 기준으로 보더라도 적어도 2020년 이후에 출시된 컴퓨터가 필요하다. 즉 신형 보급형 제품이라 하더라도 그 기준 이상의 성능을 갖춰야만 쾌적한 사용이 보장된다. 워드프로세서 앱 역시 꾸준히 새로운 버전이 출시되며, 점점 고성능 컴퓨터를 요구하고 있기 때문이다. 그 성능을 충분히 활용하면서 남들보다 생산력을 높이고 싶다면, 최소한 현시대에 사용 가능한 시스템은 필요하다는 이야기다. 우리가 '구형' 혹은 '보급형'으로 부르는 시스템들도 어느 날 갑자기 생겨난 것이 아니다. 몇 년 전에는 분명히 '최신 기술'이었으며, 그 기술들이 발전해 오늘날 대중적인 수준의 제품으로 자리 잡은 것이다.

요즘은 컴퓨터뿐 아니라 거의 모든 전자제품이 '컴퓨터화化'되어가고 있다. 집 밖에서도 스마트폰으로 집안 조명을 켜고 끄거나, 각종 가전기기를 구동할 수 있게 되었고, 귀가 직전에 로봇 청소기를 구동하거나 보일러를 켜놓을 수도 있다. 오늘날 많은 제품이 집안의 무선 인터넷(와이파이)과 연결되어 있으며, 스마트폰 앱을 통해 원격으로 제어할 수 있는 시대에 접어들었다. 이른바 사물인터넷IoT 기술의 일환인데, 이를 실현하려면 각종 전자기기 내부에 초소형 컴퓨터 시스템이 설치되어 있어야 한다. 이는 가정뿐만 아니라 공장도 마찬가지다. 과거에는 공장에서 사용하는 각종 설비를 모두 사람이 조종했는데, 요즘은 공장 전체를 통합 제어하는 AI가 중앙 컴퓨터에 설치되어 있으며, 모든 공장 내 기기들이 AI의 지시에 따라 작동하는 방식으로 바뀌고 있다. 이 역시 모든 생산설비 속에 초소형 컴퓨터 시스템이 설치되어 있지 않으면 불가능한 일이다.

이렇게 초소형 시스템을 구현하는 방식에는 2가지가 있다. 우선 칩에 들어가는 회로의 수를 줄여서, 즉 성능을 낮춰서 작게 만드는 방법이 있다. 가전제품을 통제하는 것이 목적이라면 굳이 고성능 칩을 이용할 필요가 없기에 가능한 방법이다. 다음으로 반도체 성능을 그대로 두고, 칩의 '선폭'을 가늘게 만들어 집적도를 높이는 방식이 있다. 반도체는 말 그대로 도체와 부도체의 중간 성격을 가진다. 종류에 따라 한쪽 방향으로는 전기가 흐르지만 그 반대 방향으로는 전기가 흐르지 않는 것(다이오드), 전압이나 전류를 증폭하거나 스위칭하는 것(트랜지스터) 등이 자주 쓰인다. 이런 것들을 이용해 복잡한 '회로'를 구성한 다음, 여기에 전류를 흘려주면 연산장치, 기억장치, 기록장치 등으로 쓸 수 있게 된다. 특히 고성능 연산장치인 CPU의 경우에는 얼마나 많은 트랜지스터가 집적되어 있는지가 성능을 좌우한다. 대표적인 CPU 제조업체 인텔은 1975년 '8085'라는 이름의 CPU를 출시했는데, 여기에 들어간 트랜지스터가 6,500개 정도였다. 그런데 50년이 지난 2025년 현재, 최신형 고성능 개인용 컴퓨터 CPU에 들어가는 트랜지스터가 200~300억 개 정도이니 실로 엄청난 변화다.

컴퓨터 장치의 크기는 한정되어 있고, 한 대의 시스템에 공급할 수 있는 전력량 역시 제한적이다. 이러한 물리적 제약을 극복하기 위해, 여러 대의 컴퓨터를 연결해 하나의 초대형 시스템처럼 작동시키는 기술도 존재한다. 이렇게 만든 시스템을 흔히 HPC(하이퍼포먼스 컴퓨팅)라고 한다. 이런 HPC 중 가장 뛰어난 성능을 자랑하는 전 세계 상위 500대의 컴퓨터를 '슈퍼컴퓨터'라고 부른다. 다만 이러한 시스템을 운영하려면 전용 컴퓨터실(서버룸)을 설치하고, 필요한 전력을 미리 계산해서 충분히 공급해주어야 한다.

반도체 칩의 크기를 줄이고, 전력 소비를 낮추면서도 성능을 극대화하려면 어떻게 해야 할까. 여러 가지 방법이 있겠지만, 가장 기본이 되는 전략은 내부 전자 회로를 더욱 촘촘하게 설계하는 것이다. 같은 크기의 종이 안에 더 많은 정보를 담으려면, 방법이야 여러 가지지만 결국 글자를 최대한 작게 쓰는 것이 가장 기본적인 해법일 수밖에 없다.

반도체 칩 성능의 발전을 논할 때 빠지지 않는 개념이 바로 '무어의 법칙'이다. 이 용어는 반도체 기술의 가파른 성장 속도를 설명하는 대표적인 표현으로 자리 잡았다. 1965년 미국 인텔사의 고든 무어Gordon Moor는 "(칩셋의 크기가 같다고 가정할 때) 반도체 칩의 성능은 매년 2배씩 증가하고 있으며, 이런 추세가 계속되면 1975년경에는 최소 비용으로 얻을 수 있는 집적 회로의 부품 수가 6만 5,000개에 이를 것"이라는 내용의 논문 "Cramming more components onto integrated circuits"를 발표했다. 이후 여러 전문가가 발전 속도를 살펴보니, 실제로는 약 18개월마다 반도체 칩의 성능이 2배씩 증가했다. 즉 '반도체 칩의 성능은 18개월마다 2배로 증가한다'는 공식이 성립되면서 이를 '무어의 법칙'이라고 부르게 되었다. 실제로 무어는 "내가 18개월이라고 못 박은 적은 한 번도 없다"라고 했다.

무어의 법칙은 2000년대에 들어서면서 사실상 유명무실해졌는데, 비용 등의 문제로 반도체 개발자들이 굳이 이 법칙을 무리하면서까지 지키려고 하지 않았기 때문이다. 지금은 그보다 시장 상황과 요구에 따라 가장 합리적인 전략을 선택하는 방향으로 전환되고 있다. 형태나 방식이 어떻게 달라지든, 반도체 성능 향상을 위한 가장 본질적인 과제는 여전히 그대로다. 바로 '회로 선폭을 가능한 한 가늘게 만들어 더 많은 트랜지스터를 집적시키는 것'이다. 이러한 노력은 반도체 시스템 개발자들에게 영원히 끝나지 않는 숙제와도 같다.

선폭을 줄이면 어떤 이점이 따라올까. 첫째, 같은 구조에서도 속도 향상 효과가 있다. 초고성능 반도체 정도 되면 전기가 흐르는 속도 자체가 문제가 된다. 즉 반도체 칩 내부 회로 길이가 짧아질수록 전자가 이동하는 시간도 줄어든다. 이는 연산 속도의 직접적인 향상으로 이어진다. 둘째, 전력 효율 증가다. 선폭이 줄어든다는 말은, 칩 내부에 들어가는 반도체 연산 부위(소자)의 크기도 작아진다는 말인데, 이렇게 되면 작동에 필요한 전력도 감소한다. 수십억 개의 연산소자가 동시에 작동하는 반도체 칩에서 전력 효율은 대단히 중요한 요소다. 셋째, 비용 절감이다. 하나의 실리콘 웨이퍼(반도체의 원재료인 둥근 규소 소재의 판)에서 더 많은 칩을 생산할 수 있게 되므로, 생산 비용이 기하급수적으로 하락한다. 이처럼 컴퓨터, 나아가 AI와 로봇 기술의 발전 속도는 '더욱더 정밀한 반도체 칩을 만드는 기술'에서 비롯된다고 해도 과언이 아니다.

기술적으로 2025년 7월 현재 개발 중인 가장 가느다란 반도체 회로는 그 선폭이 2nm(나노미터, 1nm는 10억분의 1m, 이하 나노)에 달한다. 이렇게만 들으면 실감이 나지 않을 수 있는데, 원자의 크기는 종류에 따라 다양하지만 평균적으로 0.1~0.3나노 정도다. 즉 2나노라고 하면 원자 알갱이 10개 정도밖에 되지 않는다. 물론 실제로 반도체 회로를 뜯어 전자현미경으로 회로를 측정해보면, 실제로 딱 2나노 크기가 나오지는 않으며 보통 조금 더 큰 편이다. 그에 필적하는 초정밀 공정을 적용했다는 상징적 의미로 이해하는 것이 좋다.

0.1나노를 흔히 옹스트롬Å이라고 표기하는데, 이는 10^{-10}m에 해당한다. 옹스트롬은 주로 원자의 크기를 표기할 때 사용하는 규격이다. 2나노 이하 크기가 되면 Å을 단위로 사용할 수 있으므로, 마침내 반도체 회로 폭 단위가 원자를 세는 단위로 낮아진다는 상징적 의미이기도 하다.

새로운 고정밀 반도체 생산 기술만 확보할 수 있다면, 사실 판매에 대한 걱정은 할 필요가 없다. 이런 고정밀 제품을 원하는 곳이 많기 때문이다. 애플, 구글, 퀄컴, 미디어텍, 엔비디아, 인텔, AMD 등 첨단 기술 기업들이 자사 제품에 탑재할 고성능 반도체를 안정적으로 확보하기 위해 앞다퉈 주문을 하고 있다. 이들 기업이 자사 제품에 사용할 고성능 반도체를 모두 자체적으로 생산하려고 들면 투자 대비 이익이 크지 않을 수 있다. 따라서 대부분은 핵심 부품만을 직접 제조하고, 나머지 부품은 전문 반도체 제조업체에 설계도를 제공한 뒤, '이대로 만들어달라'고 생산을 위탁한다. 이를 흔히 '파운드리foundry 산업'이라고 부른다. 이 분야를 대표하는 기업은 잘 알려진 것처럼 한국 삼성전자, 대만 TSMC, 중국 SMIC 정도가 꼽힌다. 국내 2대 반도체 기업인 SK하이닉스도 파운드리 사업을 일부 운영 중이긴 하지만 메모리 반도체(기억장치)가 주력 분야이며, 파운드리 규모는 상대적으로 적다.

2024년 초반까지만 해도 7~9나노 수준 반도체 정도면 시장에서 최신 기술로 여겨졌지만, 불과 1년 남짓한 사이에 5~7나노 공정이 대세가 되었다. 그리고 스마트폰 등 고성능 제품군을 중심으로 3나노 반도체의 주문과 생산도 본격화되었다. 3나노 반도체는 대만 TSMC가 2024년 여름 처음 공급하기 시작했는데, 당시에도 애플, 엔비디아, 인텔, 퀄컴 등 세계적인 빅테크 기업들이 경쟁적으로 주문을 넣었다. 이후 삼성전자가 한발 늦게 3나노 칩 양산에 돌입하면서 현재의 시장 경쟁 구도가 형성되었다.

현재 시장을 살펴보면 스마트폰이든 노트북이든 내장형 AI 기능을 탑재한 제품들이 본격적으로 출시되면서, 3나노 이하 공정을 적용한 반도체 칩의 중요성이 점점 커지고 있다. 인터넷 연결 없이도 소형 언어 모델을 비롯해 다양한 생성형 AI 모델을 구동하려면, 고성능 연산 능력을 필요로 하면서도 전력 소비량을 대폭 낮추는 설계가 필수적이다. AI 분야 진입이 늦었던 애플도 2025년 상반기부터 아이폰에 AI 기능을 본격적으로 탑재하기 시작하면서 해당 분야 제품 수요는 점점 늘어나고 있다. 즉 '더 정밀하고 더 저전력으로 작동하는 반도체 칩'의 수요가 늘고 있다.

2026년 상반기부터 2나노 반도체의 본격적인 양산이 시작될 것으로 예상되며, 이 반도체 칩을 활용한 각종 컴퓨터, 스마트기기, 전자제품 등이 출시되는 것은 2026년 중반이 될 것으로 보인다. 2나노 반도체는 3나노 반도체 대비 성능이 약 15% 향상되고, 전력 효율은 30% 이상 개선될 것으로 기대된다. 2나노 반도체 공정의 도입은 차세대 스

AI 기능이 발전하면서 반도체 칩의 중요성이 더욱 커지고 있다.

마트폰의 두뇌가 될 AP(앱 프로세서), 그리고 엔비디아와 AMD가 내놓을 차세대 AI 가속기 성능의 핵심을 좌우하는 기술적 전환점이 될 것으로 보인다.

따라서 2026년 반도체 시장의 가장 큰 관전 포인트는 '2나노 고정밀 반도체 시장을 누가 장악하느냐'에 달려 있다고 보아도 현실적으로 무리가 없다. 애플, 퀄컴, 엔비디아, 미디어텍, 구글 등 첨단 반도체 제조사들은 2026년부터 2나노 공정으로의 전환을 예고하고 있다.

아쉽지만 삼성전자는 이 분야에서 2인자다. 현재 3나노 분야에서는 TSMC보다 한발 느린 상황이며, 5~8나노 시장에서는 아직 수요가 있으나 중국 SMIC 등의 거센 추격을 받고 있다. 2025년 상반기 삼성전자 파운드리 사업부는 2025년 여름 일본 닌텐도 등의 기업으로부터 7~8나노 분야 주문을 상당량 획득해 다소 호황이지만, 3나노 이하 정밀도를 가진 분야에서는 TSMC에 비해 상대적으로 열세다. 구글은 자사의 AI 반도체인 '텐서칩' 생산을 삼성전자에 맡기려 했으나, 결국 TSMC에 맡기기로 했다. 퀄컴, AMD 등 주요 고객사들도 삼성 파운드리를 선택지에서 제외하고 있는 상황이다. 이런 가운데 삼성전자가 성과를 거두고 있는 5~7나노 분야에서는 중국 SMIC가 잇달아 고객사 수주에 성공하면서 '샌드위치 형국'이 되어가고 있다.

그럼에도 최근 빠른 성능 개선을 보이고 있다. 2025년 여름 삼성전자 파운드리 3나노 공정의 수율은 50% 수준이었다. 즉 절반이나 불량이 나는 상황이어서 기술 개선이 시급하다는 지적도 있었다. TSMC의 경우 3나노에서 90% 이상의 수율을 확보한 것으로 알려졌다. 이런 기술적 흐름을 볼 때, 2나노 시장에서도 TSMC의 우위는 당분간 이어질 것으로 보였다. 그러나 삼성도 2025년 하반기 이후 수율을 빠르게 개선하고 있어 양사 간 각축이 예상되는 상황이다.

3나노 이하 반도체 개발에 필수적인 기술로는 '게이트올어라운드GAA, Gate-All-Around'가 꼽힌다. GAA 기술을 처음 도입한 것은 삼성전자인데, 삼성 내부에서는 이 기술을 '엠비시펫MBCFET, Multi-Bridge Channel FET'이라고 부르고 있다. 삼성전자는 GAA 기술을 3나노 공정에 이미 활용하고 있다. TSMC의 경우 기존 기술을 최대한 활용해 3나노 제품군을 생산하고 있으나, 2나노부터는 확실하게 GAA 기술을 도입할 것으로 보인다.

반도체 회로를 정밀하게 만드는 것은 단순히 '정밀 가공의 어려움'만을 의미하지 않는다. 워낙 회로 내부가 촘촘하게 구성되어 있다 보니 그 내부에서 전류의 흐름을 원하는 대로 통제하기가 쉽지 않다. 세상에 '전류가 완전히 흐르지 않는 물질'은 존재하지 않는다. 이 정도로 정밀하게 가공한 전자 회로 내부로 전류가 흘러가면 서로 끊임없이 간섭을 일으키는 현상이 발생할 수밖에 없다. 특히 트랜지스터 자체가 너무 작아지면 '단채널 효과Short Channel Effect'라는 물리적 문제가 발생한다. 스위치의 입구(소스)와 출구(드레인) 사이의 거리가 너무 가까워져, 게이트에서 전압을 걸어주지 않아도 전류가 마음대로 새어나가버리는 현상이 일어나는 것이다. 수압이 너무 강하면 수도꼭지를 꽉 잠갔는데도 물이 뚝뚝 새는 것과 비슷하다. 그러면서도 크기는 작아야 하므로 새로운 수도꼭지 구조를 개발하는 과정이 필요하다. 다양한 반도체 소자를 겹쳐보기도 하고, 가늘게 선처럼 뽑아내기도 하고, 극도로 얇은 판 형태로 가공해 겹쳐 붙이기도 하면서 최적의 효율을 찾아내려고 노력하는 것이다.

반도체 회로에서 특히 중요한 부분은 전류의 흐름을 제어하는 '게이트Gate'다. 반도체 크기를 작게 만들면 만들수록 전류의 흐름을 제어하는 것이 점점 더 까다로워지므로, 그에 적합한 소자 구조를 계속해서 고민하게 된다. 2014년에는 '핀펫FinFET'이라는 구조가 등장해, 이후 약 10년 동안 이 기본 구조를 지속적으로 개선하며 반도체 성능을 높여왔다. 그러다 한계에 부딪히면서 이제는 새로운 기술인 GAA가 등장하기에 이른다. 반도체 분야에서 GAA 관련 핵심 기술을 보유한 기업이 있다면, 그 기업의 미래는 상당히 유망하다고 평가해도 무리가 없다. GAA의 상세한 원리나 구조까지 깊이 기술하는 것은 '기술과 시장의 흐름을 이해한다'는 이 책의 목적과는 다소 거리가 있으므로, 더 구체적인 기술 정보가 필요하다면 별도로 전문 자료를 찾아볼 것을 권장한다.

TSMC는 GAA 기술을 적용한 2나노 공정 제품을 2025년 하반기부터 대만 신주과학단지 바오산 공장과 가오슝 공장에서 동시에 양산할 계획이다. 현재까지 2나노 공정 수율은 60~70% 정도여서 실용화가 가능한 단계에 도달한 것으로 평가된다. 삼성전자 역시 3나노 공정부터 GAA 기술을 선제적으로 도입해온 경험을 바탕으로, 2나노 시장에서도 빠르게 경쟁력을 확보해갈 것으로 보인다. 삼성전자는 2025년 1분기 보고서에서 "하반기에는 2나노 모바일용 제품을 양산해 신규로 출하할 예정"이라며 "성공적인 양산을 통해 주요 고객으로부터 수요 확보를 추진하고 있다"고 밝혔다.

2026년 하반기에는 GAA의 뒤를 이을 차세대 트랜지스터 구조인 CFETComplementary Field Effect Transistors(시펫)이 등장할 것으로 예상된다. 이 기술이 당장 2026년 말부터 GAA를 제치고 빠르게 새로운 표준으로 부상할지는 좀 더 두고 보아야 할 것 같다. GAA를 적용한 2나노 제품군조차 아직 완전히 실용화되지 않았다는 점을 감안하면, 다소 시간이 더 필요할 것으로 보인다.

다만 기술의 발전은 의외로 빠르다. CFET 기술은 한동안 실험실 수준에 머물러 있었지만, 최근 인텔과 TSMC가 실험적으로 CFET 소자를 구현하는 데 성공했다. 이제 이들 기업은 시장 상황에 따라 당분간 GAA 기술의 안정화에 집중할지, 적극적으로 CFET 기술을 도입해 빠르게 1나노 시장으로 진입할지를 결정하게 될 것이다.

여기에 GAA 기술도 계속 발전하고 있어 그 추이를 주의 깊게 살펴볼 필요가 있다. 인텔은 2025년 5월, 2027년부터 1.4나노급 미세공정을 도입하고 새로운 트랜지스터 구조 '터보 셀Turbo Cell'을 투입할 예정이라고 발표했다. '14A 공정'이라고 이름 붙였는데, 이 기술 역시 GAA 기술을 한 단계 더 발전시킨 응용 기술이다.

GAA 응용 기술이나 CFET 기술이 보편화되어 1나노급 공정이 상용화된다면 800억~1,000억 개 수준의 트랜지스터를 집적한 프로세서도 드물지 않게 볼 수 있을 것으로 예상된다. 단순 계산만으로도 현재보다 컴퓨터 성능이 서너 배 이상 향상되는 것이다.

물론 이러한 기술이 2026년에 곧바로 보편화될 것이라고 보기는 어렵다. 실제 양산에 들어가려면 성능과 내구성, 신뢰성 모두에서 합격점을 받아야 하는데, 그 과정에는 상당한 시간이 소요될 것으로 보인다. 다만 2026년 한 해 동안 그 동향을 엿볼 수 있는 기술적 성취 정도는 나타날 수 있기를 기대한다.

유독 GPU가 주목받는 이유는 무엇인가?

GPU의 반란, 그래픽 칩에서 국가 전략 자산으로

2025년 현재, 'AI'라는 단어에는 항상 'GPU'가 따라붙는다. 엔비디아의 고성능 GPU 시스템은 개당 가격이 수천만 원을 호가하지만, 없어서 못 팔 정도다. 미국 정부는 GPU의 중국 수출을 통제하며 이를 기술 패권 전쟁의 핵심 무기로 활용하고 있다. 한국 정부 역시 '국가적으로 고성능 GPU 장치 1만 개를 확보할 것'이라고 밝혔다. 이처럼 GPU는 이미 '국가 자원'으로 취급받고 있다.

본래 컴퓨터그래픽 처리를 위해 고안된 GPU가 어떻게 AI 시대를 지배하는 절대 반지가 되었을까? 그 답은 CPU(스마트폰에서는 주로 'AP'라고 부른다)와 GPU의 근본적인 차이에 있다. CPU는 소수의 고성능

'코어Core'로 구성되어 있다. 비유하자면 복잡하고 순차적인 작업을 순식간에 처리하는 '천재 셰프'와 같다. 메뉴를 개발하고, 요리의 전체 과정을 지휘하며, 예상치 못한 주문에 대처하는 등 고도의 지능이 필요한 작업을 순서대로 처리하는 데 최적화되어 있다. 우리가 사용하는 OS를 구동하고, 다양한 앱을 실행하는 복잡한 작업은 CPU의 몫이다. 반면 GPU는 단순한 연산만 할 수 있는 수많은 코어로 구성되어 있다. 복잡한 작업은 못 하지만, 단순한 일을 반복적으로 처리할 수 있는 '주방 보조'와 같다. 예를 들어 '양파 썰기'나 '감자 깎기'와 같은 똑같은 작업을 동시에 시키면 엄청난 효율을 발휘한다. 이처럼 수많은 데이터를 한꺼번에 처리하는 능력이 바로 GPU의 핵심이다. 흔히 이를 '병렬 처리 능력'이라 부른다.

 GPU의 병렬 처리 능력은 말 그대로 '그래픽 처리'를 위해 개발된 것이다. 컴퓨터 모니터를 확대해서 들여다보면 눈에 보이지 않을 만큼 아주 작은 전구(?)가 수없이 박혀 있는 것을 알 수 있는데, 이런 전구가 저마다 다른 색깔을 내면서 그림이나 사진을 표현한다. 우리는 이를 '픽셀'(혹은 화소)이라고 부른다. 고성능 게임용 컴퓨터는 1초에도 화면을 200~300번 이상 바꿔가며 보여주는데, 이런 일을 하려면 단순한 계산을 거의 동시에, 끊임없이 반복해야 한다.

 그런데 이러한 GPU의 연산 구조는 데이터를 동시에, 확률적으로 계산해야 하는 AI 연산에 완벽히 들어맞았다. 특히 LLM과 같은 대형 모델의 학습 과정은 본질적으로 방대한 규모의 '행렬 곱셈Matrix Multiplication'이 연속적으로 이루어지므로 GPU가 필수적인 역할을 한다.

가능하면 복잡한 수식 이야기는 피하고 싶지만, 수식이 더 이해하기 쉬운 사람도 있으므로 잠시만 짚고 넘어가보자. 1,000×1,000 크기의 행렬 A와 1,000×1,000 크기의 행렬 B를 곱한다고 가정해보자. 그 결과로 나오는 행렬 C의 결과를 하나하나 계산하기 위해서는 1,000번의 곱셈과 999번의 덧셈이 필요하다. 즉 행렬 C는 총 100만 개의 원소를 가지므로, 전체 연산량은 수십억 번에 달한다. 이것을 CPU로 처리하려면 이런 작업을 모두 순차적으로 해야 한다. 아무리 연산 속도가 빠른 고성능 CPU를 사용하더라도 엄청난 시간이 걸릴 것이다. 하지만 GPU는 이 계산을 여러 작업으로 나누어 동시에 처리할 수 있다. 이로 인해 AI 모델의 학습 속도는 CPU를 사용했을 때보다 수십 배에서 수백 배까지 빨라지는 혁명이 일어났다. GPU 전문 기업 엔비디아가 AI 시대에 없어서는 안 될 핵심 기업으로 거듭나게 된 것은 바로 이 때문이다.

엔비디아가 AI 시대에 독보적인 입지를 갖게 된 것은 단순히 GPU 칩셋을 잘 만들어서만은 아니다. 결정적인 요인은 바로 '쿠다CUDA, Compute Unified Device Architecture'라는 강력한 소프트웨어 생태계에 있다. 쿠다는 2007년 엔비디아가 공개한 병렬 컴퓨팅 플랫폼이자 프로그래밍 모델로, 자사의 GPGPUGeneral-Purpose computing on Graphics Processing Units를 활용할 수 있는 소프트웨어다. 이는 쿠다 코어가 장착된 엔비디아 GPU에서 작동하도록 만들어졌다. 이전까지는 GPU의 병렬 처리 능력을 일반적인 과학 계산에 활용하려면 복잡하고 전문적인 그래픽 프로그래밍 지식이 필요했는데, 쿠다를 활용하면서 이 작업이 굉장히 쉬워졌다. 기본적인 컴퓨터 프로그래밍 언어인 'C'와 유사한 쉬운 문법 덕분에 개발자들이 GPU를 손쉽게 제어할 수 있는 길이 열렸다. 엔비디아는 AI 시대를 대비해 GPU와 소프트웨어를 동시에 진화시키며, 자사의 기술을 누구나 활용할 수 있는 생태계로 키운 것이다.

엔비디아는 지난 15년간 쿠다 생태계에 막대한 투자를 쏟아부었다. 그 결과, 구글의 텐서플로TensorFlow와 메타의 파이토치PyTorch 등 딥러닝 프레임워크의 양대 산맥이 모두 쿠다 환경 위에서 개발되었다. 전 세계 AI 연구자와 개발자들이 자연스럽게 쿠다를 익숙하게 다루게 되었고, 이는 강력한 '락인Lock-in 효과'를 만들어냈다. 경쟁사인 AMD가 하드웨어 성능 면에서 아무리 뛰어난 GPU를 내놓더라도, 대부분의 AI 모델과 소프트웨어가 쿠다 기반으로 구축되어 있기 때문에 개발자들은 쉽게 플랫폼을 변경할 수 없다.

그 결과 엔비디아는 2025년 7월 장중 시가총액 4조 달러(약 5,500조 원)를 돌파하며 세계 기업 역사에 새로운 이정표를 세웠다. 불과 2년 만에 시총을 4배 이상 끌어올린 기록으로, 이는 세계 5위 경제대국 일본의 전체 GDP(4조 1,864억 달러)에 맞먹는 규모다.

2025년 GPU 시장을 관통하는 핵심 키워드는 단연 엔비디아의 '블랙웰Blackwell'이었다. 이는 엔비디아에서 개발한 새로운 GPU 설계 구조의 명칭으로, 컴퓨터그래픽 처리가 아니라 AI 구동에 특화된 전용 시스템이다.

엔비디아는 2024년 3월 미국 캘리포니아 산호세 컨벤션센터에서 열린 세계 최대 AI 컨퍼런스 'GTCGPU Technology Conference 2024'에서 블랙웰 기술을 적용한 차세대 GPU 칩 B100, B200, 그리고 B200 2개를 CPU와 연결해 만든 슈퍼칩 'GB200'을 차례로 공개했다. 기존 제품인 H100 대비 최대 30배에 달하는 성능 향상과, 비용·에너지 소비를 최대 25배까지 절감하는 혁신을 이루며 시장의 기준을 뒤흔들었다. 이미 GPU 시장을 선점한 엔비디아가 또다시 기존 제품을 훌쩍 뛰어넘는 제품군을 출시하면서 사실상 경쟁자들과의 격차를 확실히 각인시킨 셈이다. 당연히 블랙웰 관련 제품들은 날개 돋친 듯 팔려나가는 중이다.

2025년 3월 열린 연례행사 GTC에서 엔비디아 CEO 젠슨 황은 "블랙웰 초기 물량은 이미 매진 상태"라며 "출하 1년 만에 기존 제품군인 '호퍼'의 출하량을 넘어설 것으로 보인다"라고 밝혔다.

엔비디아는 2025년 하반기, 기존 블랙웰보다 메모리 용량을 1.5배 늘린 '블랙웰 울트라'를 출시할 예정이다. 2025년 7월 현재는 아직 발표 전인데, 새로운 제품군은 쿠다 라이브러리를 기반으로 '다이나모Daynamo'와 같은 AI 팩토리 전용 추론 최적화 도구를 지원하는 다양한 소프트웨어를 포함할 것으로 기대된다.

이것도 부족했는지, 엔비디아는 블랙웰의 뒤를 잇는 새로운 제품군 '루빈Rubin'을 선보일 계획이다. 엔비디아는 2025년 1월 세계 최대 전자제품 박람회인 CES에서 '루빈'이라는 이름만 언급했고, 이 계획은 3월 GTC에서 구체적인 윤곽을 드러냈다. 루빈은 고성능 4세대 고대역폭 메모리 반도체HBM4를 탑재해 성능을 크게 끌어올릴 예정이다. 이는 기존 3세대 제품군 대비 최대 50% 높은 대역폭을 제공한다. 이 핵심 메모리 반도체를 엔비디아에 공급하는 기업이 SK하이닉스라는 점은 짚고 넘어갈 필요가 있다. SK하이닉스는 GTC에 맞춰 새로운 HBM4 샘플을 엔비디아 등 주요 고객사에 제공하겠다고 발표했다. 삼성전자 역시 HBM 관련 기술을 보유하고 있고 생산도 진행 중이지만, 엔비디아는 '성능 기준에 미치지 못한다'는 이유로 공급 여부를 신중하게 검토 중인 상황이다.

루빈은 2026년 출시될 예정이며, 블랙웰과 마찬가지로 '루빈 울트라' 형태도 함께 선보일 것으로 보인다. 루빈 울트라는 △최대 576개의 GPU 장착 △초당 15엑사플롭스 연산(EF, 1EF는 1초에 퀸틸리언quintillion[100경]번의 연산) △초당 4.6페타비트(Pb, 1Pb는 1,000조 비트bit) 대역폭 등 압도적인 사양을 갖출 예정이다. 2026년 이후의 이야기가 되겠지만, 엔비디아는 벌써 루빈의 후속 제품까지 염두에 두고 있다. 차세대 제품은 '파인만Feynman'이라고 부를 예정이다. 이는 세계적인 물리학자 리처드 파인만의 이름에서 따왔다. 출시는 2028년으로 예상된다.

젠슨 황은 "AI가 변화하는 이 순간을 놓치지 말라"며 "AI가 '새로운 산업혁명New Industrial Revolution'을 불러올 것이며, 이를 통해 창출될 미래의 가치는 100조 달러에 이를 것"이라고 밝혔다. 이 말을 단순히 GPU를 파는 기업의 홍보성 발언으로 치부해서는 곤란하다. 실제로 세상은 이보다 훨씬 더 빠르고 급격하게 AI 중심으로 재편되고 있다.

GPU 시장에서는 여전히 엔비디아의 독주가 이어지고 있지만, 엔비디아 이외의 기업들도 GPU 생산에 힘을 쏟고 있다. 독점이 그리 바람직하지 않다는 점을 생각하면, 엔비디아 이외의 기업들이 존재

발표 중인 엔비디아 CEO 젠슨 황

감을 높이길 바라는 움직임도 적지 않다. 그렇다면 이들 경쟁 기업은 2026년 한 해 어떤 전략을 펼치게 될까.

AMD는 인텔과 함께 컴퓨터용 연산장치CPU를 개발·판매하는 기업으로, GPU 분야에서도 엔비디아의 유일한 대항마로 불린다. AMD는 2025년 중반 데이터센터용 GPU인 'MI350'을 출시했는데, 평가가 매우 긍정적이어서 2026년 시장 상황이 더욱 기대되고 있다. HSBC(홍콩상하이은행)는 보고서를 통해 "AMD의 최신 AI 칩 MI350은 엔비디아의 아성을 무너뜨릴 잠재력을 가졌다"라며 AMD의 목표 주가를 무려 45%나 상향 조정했다. HSBC는 MI350이 엔비디아의 최신 주력 제품인 '블랙웰 B200'과 동등한 수준의 성능을 발휘할 수 있다고 평가했다.

이 제품은 'CDNA 4'라 불리는 차세대 구조를 적용했으며, 이를 통해 연산 성능을 비약적으로 향상시켰다. 최근 AI 개발의 주된 흐름은 이른바 '추론Inference 능력'의 향상인데, 이 분야에 최적화된 구조라는 것이다. 엔비디아의 대안을 찾는 고객들에게 새로운 대안이자 강력한 선택지로 기대를 모으고 있다.

인텔도 GPU를 개발·판매하고 있으며, 자사 제품군에는 '아크Arc'라는 이름을 붙이고 있다. 최근에는 '배틀메이지Battlemage'라 불리는 새로운 아키텍처를 기반으로 한 '2세대 아크 시스템'을 공개했다. 다만 인텔은 엔비디아와 AMD 간의 GPU 주도권 전쟁에 직접 뛰어들기보다는 틈새시장을 공략하는 전략을 취하고 있다. 인텔의 AI용 GPU 시스템은 '가우디Gaudi'라는 이름으로 출시되고 있으며, 현재 3세대 제품군까지 선보인 상태다. 2025년 1월, 국내 기업 네이버와 인텔이 AI 반도체 협업을 진행하며 성능 실험 결과를 발표했는데, '가우디2'가 엔비디아의 '암페어 A100' 대비 더 높은 처리량과 짧은 처리시간을 기록했다. 엔비디아의 GPU 아키텍처는 암페어→호퍼→블랙웰 순으로 발전해왔으므로, 가우디2는 엔비디아의 이전 세대 제품과 유사한 수준의 성능을 제공하는 셈이다. 직접 경쟁하기는 어렵지만, GPU 자체가 부족한 현재 시장 상황에서는 충분히 유의미한 대안으로 평가받을 수 있다.

2025년의 기술적 토대 위에서 2026년 GPU 시장은 어떻게 변화하게 될까? 수많은 기기 속에 AI가 탑재되는 'AI의 전면화AI Everywhere'

AMD는 엔비디아의 유일한 대항마다.

가 빠르게 진행될 것으로 전망된다. 이 과정에서 고성능 GPU 시스템보다는 소형 NPU(신경망처리장치, GPU 시스템을 근간으로 일부 시스템을 수정·보완한 AI 구동에 최적화된 형태의 연산장치)가 더욱 주목받고 있다. 따라서 2026년은 PC, 노트북, 워크스테이션, 스마트기기 등 모든 컴퓨팅 환경에 AI가 본격적으로 스며드는 원년이 될 것으로 기대된다. 엔비디아는 개인용 컴퓨터에 탑재되는 '지포스' GPU에 루빈 기술을 일부 도입할 것으로 보인다. 이를 통해 게임뿐 아니라 AI 기반의 콘텐츠 생성, 실시간 통번역, 코딩 보조 등 다양한 앱에서 활용할 수 있도록 지원할 계획이다. AMD와 인텔 역시 AI 성능을 강화한 차세대 개인용 GPU를 출시하며 경쟁에 가세할 것으로 예상된다. 특히 인텔은 자사의 CPU, GPU, NPU를 아우르는 통합 플랫폼 전략을 통해 'AI PC' 시장에서의 존재감을 더욱 키워나갈 것으로 보인다.

그러나 고성능 AI를 인터넷상에서 서비스하기 위한 '데이터센터'용 차세대 제품군 경쟁 역시 치열해질 수밖에 없다. 이 분야에서는 엔비디아의 루빈과 AMD MI400 시스템의 격전이 예상된다. 엔비디아는 강력한 쿠다 생태계를 기반으로 시장을 선도하고 있지만, AMD는 '개방형 생태계'를 무기로 내세워 특정 기업에 종속되기를 원치 않는 클라우드 서비스 제공업체CSP와 대기업들을 집중 공략할 것으로 보인다. AMD가 지원하는 GPU 운영 표준은 '로쿰ROCm'인데, 다양한 하드웨어를 지원하는 개방성과 유연성을 무기로 개발자들의 참여를 유도하고 있다. 인텔 역시 '원APIoneAPI'를 통해 자사의 CPU, GPU, NPU 등 다양한 하드웨어를 아우르는 통합 소프트웨어 플랫폼을 제공하며 경쟁에 뛰어들 것으로 보인다. 2026년은 하드웨어 성능뿐만 아니라, 개발자들의 마음을 사로잡는 소프트웨어 플랫폼 경쟁이 더욱 치열해지는 한 해가 될 것으로 전망된다.

디스플레이 기술,
화면은 어디까지 진화할 수 있을까?

접히고, 휘고, 떠오르는 신개념 디스플레이의 세계

TV, 컴퓨터용 모니터, 노트북, 스마트폰 등에 탑재된 화면들을 통칭해 우리는 '디스플레이 장치'라고 부른다. 흔히 '이런 것은 부수적인 장치라서 실제로 첨단 기술 동향에 큰 영향을 미치지 않는 것 아니냐'라고 생각할 수 있을 것 같다. 그런데 실제 현실은 이와 다르다.

우리가 반드시 인식해야 할 점은, 일상에서 실감하는 대부분의 변화가 디스플레이 기술로부터 비롯된다는 사실이다. 30여 년 전 가정의 모습을 떠올려보면, 의외로 많은 것이 그리 바뀌지 않았다. 식탁이나 소파, 침대의 모습도 디자인적 요소가 일부 진보하긴 했지만, 기능적으로는 큰 차이가 없다. 바뀐 것은 대부분 디스플레이 장치다. 거실 한쪽을 차지하던 뚱뚱하고 커다란 TV는 얇고 가벼워져 벽걸이 형태로 자리 잡았다. 슬림한 모니터의 등장으로 책상 위 공간의 효율도 높아졌다. 자동차 내부 역시 디스플레이의 발전에 따라 디자인이 근본적으로 달라졌다.

이처럼 디스플레이 기술이 중요한 이유는, 우리가 살아가는 세상이 이미 컴퓨터 시스템을 기반으로 작동하고 있기 때문이다. AI의 등장과 로봇 시스템의 확산으로 사람 대신 일을 수행하는 시대가 다가오고 있지만, 이러한 장치를 조작하고 제어하기 위해서는 디스플레이가 반드시 필요하다. 우리와 컴퓨터 시스템을 연결해주는 장치가 바로 디스플레이기 때문이다. 이 점을 고려하면, 앞으로도 우리 삶은 디스플레이를 통해 직접적인 변화를 맞이하게 될 것이 분명하다. 따라서 디스플레이 기술의 흐름을 짚어보는 일은 전반적인 기술 트렌드를 이해하는 데 있어 필수적인 과정이라 할 수 있다.

그렇다면 현재 디스플레이 기술은 어떤 방향으로 발전하고 있을까? 디스플레이의 성능을 결정하는 기준은 화질, 화면의 크기, 해상도, 화면 리프레시Refresh 속도 등이다. 이러한 모든 요소에 절대적인 영향을 끼치는 기본적인 기술 체계가 존재하는데, 그것이 바로 디스플레이의 기본 형식이다. 이 형식이 먼저 정해져야 나머지 조건들이 의미를 갖게 된다. OLED(유기발광다이오드)와 퀀텀닷Quantum Dot(양자점) 디스플레이는 현재 시장에서 첨단 디스플레이로 불리며 빠르게 발전하고 있다. 이러한 기술의 발전 동향을 살펴볼 필요가 있다. 책상 위 컴퓨터용 모니터나 스마트폰, 웨어러블 장치 등에 적용되는 초소형 디스플레이

TV, 노트북, 컴퓨터용 모니터, 스마트폰 등에 탑재된 디스플레이 장치

에 이르기까지, 사실상 현재 시장에 유통되는 거의 모든 디스플레이 장치의 성능 향상이 바로 이러한 첨단 기술 발전을 통해 이루어지고 있다.

이른바 '첨단 디스플레이 기술'로 꼽히는 장치들은 예외 없이 '자체 발광 디스플레이'라는 특징이 있다. 이는 색을 표현하는 소자 자체가 빛을 내는 방식이기 때문이다. 흔히 저가형 모니터에 주로 사용되는 LCD(액정 디스플레이)는 색을 내는 소자(일명 화소)가 영상을 표시해주기는 하지만, 스스로 빛을 발하지는 않는다. 따라서 뒤쪽에서 빛을 비춰주는 발광층을 한 겹 더 넣어야 한다. 이런 부품을 '백라이트'라고 부른다. LCD는 부피가 크고 무거운, 구식 TV 등을 만들 때 주로 사용하던 '브라운관' 방식의 디스플레이를 거실과 책상에서 치우는 데 큰 역할을 했고, 지금도 나름대로 고성능 제품이 계속 개발되면서 여러 분야에서 쓰이고 있다. 하지만 백라이트 방식으로 뒤편에서 빛을 비춰주다 보니 색감이나 화질 면에서 손해를 볼 수밖에 없다. 밝은 빛을 뒤에서 비추면 전체적으로 물 빠진 듯한 색감이 나는 경향이 있다. 색 조정을 정밀하게 한다면 약점을 최대한 극복할 수 있지만, 아무래도 검은색이 회색이 되는 문제만큼은 해결하기가 어려웠다. 뒤에서 빛을 비춰주는 백라이트 부품으로 인해 디스플레이가 더 두껍고 무거워지는 단점도 있다.

반대로 '자체발광 디스플레이'는 각 화소가 스스로 빛을 내므로 별도의 백라이트가 필요 없다. 이로 인해 짙은 검은색 표현이 가능해져 화질 개선에 큰 도움이 된다. 백라이트가 필요 없으므로 디스플레이 장치도 더 얇고 가벼워지는 장점이 있다. 이러한 구조를 대표하는 기술이 바로 반도체 발광 원리를 활용한 'OLED'다. OLED와 유사하지만, 양자역학적 원리를 통해 빛을 내는 '퀀텀닷'도 자체발광 디스플레이 기술의 일종이다. 국내에서는 삼성디스플레이가 퀀텀닷 관련 기술 개발에 앞장서고 있다.

현재 실용화 가능한 자체발광 디스플레이는 OLED와 퀀텀닷, LED 방식인데, 각각 장단점이 있다. 이 중 OLED 방식은 화질이 뛰어나고, 백라이트가 필요 없어 디스플레이를 극도로 얇게 만들 수 있다. 특히 접거나 구부릴 수 있는 '플렉서블 디스플레이'를 만들 때도 유리하다. 2025년 현재 기준으로 OLED를 제외하면 플렉서블 디스플레이 제품을 실제로 제작·판매할 방법을 찾는 것이 쉽지 않다. 다만 OLED는 내부 유기물질이 강한 에너지에 취약해, 장시간 사용할 경우 색상이 점

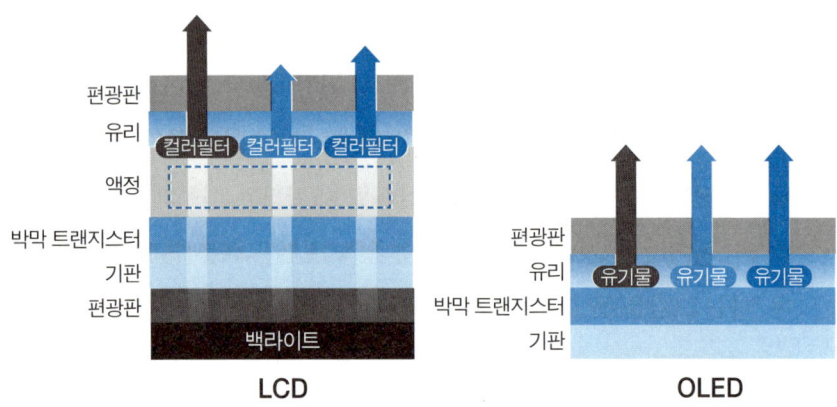

액정디스플레이LCD와 유기발광다이오드OLED 디스플레이 기술의 차이점을 나타낸 이미지. OLED를 필두로 한 '자체발광' 디스플레이 장치가 얼마나 효율적인지 알 수 있다.

차 변하는 '번인Burn-in' 현상이 생기는 단점이 있다. 이러한 문제를 최소화하기 위한 기술적 개선이 진행 중에 있다. OLED가 다채로운 색상을 구현할 수 있는 이유는, 빛의 삼원색인 빨강, 초록, 파랑을 표현하는 화학물질을 발광층에 첨가하기 때문이다. 이 물질을 '도판트Dopant'라고 부른다. OLED 내부에서 빛을 내는 '발광층'을 제작할 때 필요한 핵심 소재다. 여기서 가장 까다로운 색상이 바로 파란색이다. 파란빛은 파장이 짧고 에너지가 커서 유기 소재의 분자 결합을 쉽게 파괴해 번인 현상을 유발한다. 따라서 더 효율적이고 수명이 긴 청색 도판트를 개발하기 위한 연구가 진행 중이다. 실제로 OLED 디스플레이의 수명은 과거에 비해 크게 향상되었다. 블루 도판트를 제작할 때 주로 질소와 탄소 성분을 사용하는데, 최근에는 빛의 파장 제어에 유리한 '붕소Boron

화합물' 기반 기술이 주목받고 있다. 이 기술은 2019~2020년 사이 등장했는데, 최근 들어 실제 제품에 활용하는 사례가 늘고 있다. 현재 OLED는 3대 자체발광 디스플레이 기술 중 가장 성공적으로 상용화된 방식이다. 2026년에도 도판트 성질 개선을 통한 '번인 현상 최소화'가 업계의 핵심 과제로 부각될 것으로 보인다.

2026년 한 해 동안 디스플레이 업계에서 가장 주목받을 기술로 '퀀텀닷'을 빼놓을 수 없다. 퀀텀닷은 얼핏 보면 OLED와 상당히 닮았다. 반도체 소자에 전압을 가했을 때 생겨나는 양자 현상에 기반해 빛을 내는 점도 사실상 대동소이하다. 그러나 OLED와 달리 '유기물'을 사용하지 않으면서도 빛을 낸다. 즉 이론적으로 번인 현상이 발생하지 않으므로 우수한 화질을 장시간 유지할 수 있다. 색 정확도 역시 OLED보다 뛰어난 것으로 알려져 있다. 다만 제조가 까다로운 것이 단점이다. 빛을 내는 발광층 내 전자 이동을 완벽하게 통제해야 하는데, 이 과정이 기술적으로 까다롭다. 이에 제조 난이도가 높아 상용화의 걸림돌이 되고 있다.

2025년 현재 시중에 나와 있는 퀀텀닷 계열 제품은 대부분 'QLED'라 불리는 제품으로, 퀀텀닷 기술의 원리를 일부 채용한 변형 방식이다. 뒷면에 LED 램프로 만든 백라이트 장치가 들어 있으며, 화소자를 만들 때 퀀텀닷 기술을 응용한 것이다. 정확히는 'QD-LCD'(퀀텀닷-LCD) 기술이라고 부르는 것이 더 적합하다. 한편, 일부 제품군에서는 QD-OLED(퀀텀닷-OLED)라는 방식도 등장하고 있다. QLED가 LCD 방식을 퀀텀닷 기술로 개선한 것이라면, QD-OLED는 OLED

구조를 기반으로 퀀텀닷 기술을 활용해 보급형 OLED 기술을 개선한 것이다. 완전한 형태의 OLED 기술은 빛의 3원색인 R(레드), G(그린), B(파랑) 3가지 색을 각각 독립적으로 표현하는 구조다. 하지만 일부 방식은 뒷면에서 OLED로 흰빛만을 만들고, 그 위로 필터를 덧씌워 RGB 3색을 표현한다. 즉 흰색 OLED 소자를 백라이트처럼 활용하는 방식이다. 이 방식은 보통 WOLED_{White OLED}라고 불린다. 그런데 QD-OLED는 블루 OLED를 백라이트로 사용한다. RGB를 표현할 때 B는 그대로 빛을 통과시키고, R과 G는 앞에 필터를 붙여 다시 색을 만든다. 이때 퀀텀닷 기술이 필터에 적용되므로 'QD-OLED'라는 이름이 붙는다.

자체발광 원리에 충실한, 소자 하나하나가 모두 빛을 발하는 '진짜 퀀텀닷 디스플레이'는 'EL-퀀텀닷'(전계발광 퀀텀닷)이라 불리며, 2026년은 이 기술의 본격적인 상용화 원년이 될 것으로 기대된다. 삼성디스플레이는 2025년 5월, 미국 새너제이 맥에너리 컨벤션센터에서 열린 '디스플레이 위크 2025'(이하 SID 2025) 전시회에서 완전한 형태의 EL-퀀텀닷 디스플레이를 공개했다. 이 제품은 2026년 출시될 것으로 전망되며, 2025년 11월 현재는 아직 시판되지 않았다. 제품이 출시된다면 차세대 고성능 디스플레이의 표준으로 자리매김할 수 있을지 업계의 관심이 집중되고 있다.

다음으로 주목할 만한 기술이 LED 디스플레이 기술이다. LED(발광다이오드)는 본래 램프, 즉 조명장치로 활용하기 위해 만든 기술이다. 최근에는 집에서 쓰는 형광등이나 백열전구 등을 LED 조명으로 대체하는 경우가 많다. LED는 수명이 길고, 밝은 빛을 낼 수 있으며, 다양한 색상을 표현할 수 있는 데다, 전력 소비도 적어 여러 면에서 장점이 있다. LED 소자는 기존 전구나 형광등에 비하면 크기가 매우 작지만, 디스플레이 화소로 쓰기에는 상당히 큰 편이다. 이 때문에 이런 소자를 이용해 디스플레이를 구현하는 데는 제약이 있었지만, 멀리서 바라보는 초대형 디스플레이에서는 이러한 단점이 크게 문제되지 않는다. 실제로 건물 외벽에 설치된 대형 전광판이나 옥외 광고판 등에는 LED 디스플레이가 널리 활용되고 있다. 최근에는 도심 곳곳에서 눈에 띄게 화려해진 '사이니지Signage'(광고판이나 안내판) 구조물이 늘어나는 것을 눈여겨본 사람들이 많을 것이다.

LED 디스플레이를 활용한 대형 전광판

LED의 장점을 눈여겨본 사람들은 '그렇다면 초소형 LED 소자를 만들면 디스플레이 화소로 활용할 수 있지 않을까?'라는 아이디어를 떠올렸다. 그렇게 등장한 기술이 바로 마이크로LED Micro LED 기술이다. 그렇다고는 해도 여전히 OLED나 퀀텀닷 디스플레이보다는 화소가 큰 편이라, 주로 대형 TV 등을 만들 때 많이 쓰인다. 이 기술은 이미 실용화 직전 단계에 접어들었으며, 삼성전자는 2025년 6월 마이크로 LED를 이용한 115인치(2.921m) TV 시험 생산에 돌입했다. 여기서 한발 더 나아가, 아예 화소 크기를 훨씬 더 줄인 '나노 LED Nano LED' 기술도 연구 중이다. 이렇게 화소를 줄이면 스마트폰이나 웨어러블 기기 등 소형 디스플레이 등에도 활용할 수 있다.

퀀텀닷 기술과 LED 디스플레이 기술을 합쳐 '무기발광 디스플레이 iLED'라고 하는데, 이에 대한 기술적 도전이 최근 부쩍 거세다. 산업통상자원부는 2025년 7월 '무기발광 산업육성 얼라이언스' 워크숍을 개최했다. 정부 부처가 나서 iLED 시장에 적극적으로 대응하기로 한 것이다. 산업부는 해당 분야 시장이 오는 2035년까지 약 320억 달러(약 44조 원) 규모로 성장할 것으로 전망했다. 여기에 맞춰 산업부는 2025~2032년까지 총 4,840억 원 규모의 '무기발광 디스플레이 기술개발 및 생태계 구축 사업'을 본격적으로 추진하고 있다. 이러한 정부 차원의 노력은 iLED 분야의 국내 산업 경쟁력이 크게 낮아지고 있어 대응 마련이 시급하기 때문으로 풀이된다. 한국과학기술평가원 KISTEP 이 2000~2023년 국가별 iLED 화소·패널·모듈 등 핵심 특허를 분석한 결과, 한국의 특허 건수는 총 234건으로 중국(430건)의 54.4%에 불과했다. 대표 iLED 기술인 '마이크로 LED'의 경우 한국의 특허 건수는 184건으로 미국(375건), 중국(318건), 대만(204건)에 이어 4위에 그쳤다. 따라서 2026년 이후 해당 기술은 미국과 중국 주도로 이루어질 것으로 보인다. 현재 세계 디스플레이 시장에서 국내 기업, 즉 삼성과 LG의 위상이 낮지 않으나, 향후 이 입지는 점차 줄어들 여지가 크다.

추가로 짚고 넘어가고 싶은 기술이 머리에 착용하는 안경형 디스플레이 장치, 즉 HMD(Head Mounted Display)다. 최근 급속하게 발전 중인 메타버스 기술 분야에서 필수적인 장치로, 향후 컴퓨터 사용 환경에 큰 변화를 가져올 핵심 요소로 주목받고 있다.

HMD는 크게 2가지 형태로 나뉜다. 하나는 눈을 완전히 덮어 외부 환경을 차단하는 폐쇄형으로, 가상현실(VR)에 적합하다. 다른 하나는 투명한 안경 형태로 착용해 현실 위에 정보를 덧붙이는 개방형으로, 증강현실(AR)에 어울린다.

다만 2025~2026년 현재 기준으로는 AR보다는 VR 장비가 시장의 주류를 이루고 있다. AR 장비도 일부 개발되어 판매 중이지만, 아직까지는 대중화되지 못하고 있으며 시장에서 주도적인 위치를 차지하지는 못하고 있다.

이는 기술적 한계 때문이다. 인간의 눈은 먼 곳을 집중해서 보고 있으면 가까운 곳을 잘 볼 수 없다. 그 반대도 마찬가지다. 투명한 안경알에 그림이나 글자 등을 표시하는 기술은 OLED나 퀀텀닷 디스플레이를 응용한 투명 디스플레이를 통해 구현할 수 있다. 하지만 표시된 정보를 보면서 동시에 다른 활동을 하는 것은 사실상 거의 불가능하다.

예를 들어 길을 걷다가 아는 사람을 만나면, 안경 위로 그 사람의 이름과 직업 등이 '삐릭' 하고 떠오르는 AR 기술을 개발했다고 치자. 그러나 실제로 그 사람의 얼굴을 바라보는 순간, 초점거리의 차이 때문에 안경 위에 표시된 글자가 흐릿하거나 잘 보이지 않게 된다.

물론 이런 문제를 해결하기 위해 여러 가지 기술적 시도가 이루어지고 있다. 두꺼운 특수 안경 속에 렌즈를 여러 개 넣어 원근감을 무시하도록 만드는 방법, 안경 렌즈에 작은 구멍을 여러 개 뚫고, 그 사이로 빛을 통과시켜 '핀홀렌즈 효과'를 만들어내는 방법 등이 공개되었다.

2024년 애플은 새로운 HMD 시스템인 '비전 프로'를 공개했는데, 초점거리 문제를 기발한 방식으로 해결했다. 비전 프로는 기본적으로 폐쇄형 HMD인데, 안경 외부에 장착한 카메라를 이용해 주변 시야를

애플이 공개한 HMD '비전 프로'

제공한다. 이렇게 하면 주위 풍경과 HMD 속 정보를 항상 일정한 초점 거리로 제공할 수 있다. 그런데 문제는 이렇게 만든 비전 프로 자체가 대단히 무겁고 많은 배터리를 요구하기에 다양한 활동을 하면서 편리하게 사용하기는 사실상 불가능하다는 점이다.

최근 '공간 컴퓨팅spatial computing'이 관심을 얻고 있다. 애플에서 '비전 프로'를 공개하면서 이 단어를 언급해 화제가 됐기 때문이다. 이 용어는 종종 '메타버스'와 혼용되기도 하지만, 엄밀히 구분할 필요가 있다. 메타버스라는 단어는 '가상현실 세계' 그 자체를 뜻하는 경우가 많다. 이와 달리 공간 컴퓨팅은 '현실 속에서 다양한 디지털 콘텐츠를 활용할 수 있는 신개념 컴퓨터 활용 방식' 정도로 설명할 수 있다.

공간 컴퓨팅이라는 단어는 2003년 '사이먼 그린월드Simon Greenwold'가 매사추세츠공과대학교MIT 미디어랩에서 석사 논문을 작성하면서 처음으로 쓰였다. 그는 공간 컴퓨팅을 '기계가 실제 물체와 공간에 대한 참조를 유지하고 조작하는 인간과의 상호작용'이라고 정의했다. 말이 어려우니 쉽게 풀어보면 △앞으로 안경형 컴퓨터를 착용하고 다양한 디지털 콘텐츠를 활용하는 세상이 오게 되는데 △그것을 손짓과 발짓, 음성 등으로 제어할 수 있게 되며 △그런 서비스는 현실 사회와 상호 보완적이어야 한다는 의미로 해석할 수 있다. 즉 VR 장비를 쓰고 영화나 게임을 수동적으로 감상하는 것은 공간 컴퓨팅 개념과 차이가 크다. 현실과 연관되어 있지 않기 때문이다.

공간 컴퓨팅 개념은 2024년 이후 크게 주목받았다. 미국의 정보 기술 연구 및 자문 회사 가트너가 2024년 말 공간 컴퓨팅 관련 기술을

'2025년 10대 트렌드'에 포함할 정도였다. 한 해가 지난 지금 생각해보면, 공간 컴퓨팅 개념 및 HMD 관련 시장이 기대만큼 큰 주목을 받았다고 보기엔 다소 무리가 있다. 현실적으로 실생활에서의 활용도가 아직 제한적이고, 본격적인 시장 형성으로 이어지기엔 다소 시간이 필요한 상황이다. 그럼에도 최근 공간 컴퓨팅 관련 콘텐츠나 사용자 수는 꾸준히 증가하는 추세다.

2026년 한 해 동안 이 분야가 급격히 주목받을 가능성은 크지 않지만, 컴퓨팅 환경의 본질적인 변화는 피할 수 없는 흐름이다. 미래에는 점차 공간 컴퓨팅이 중요해질 것으로 보인다. 컴퓨터 장치는 점점 더 인간의 눈과 가까워지고 있다. 컴퓨터는 과거 방을 가득 채우던 거대한 장치에서 책상 위(데스크톱), 무릎 위(노트북), 손 위(스마트폰)로 점점 더 작아지고 가까워졌다. 따라서 미래형 컴퓨터는 결국 눈 바로 위, 즉 안경 형태로 발전할 거라는 예측은 대단히 자연스럽다.

공간 컴퓨팅 시장은 2030년 약 650조 원 규모로 성장할 것으로 전망되며, HMD 시장만 따로 봐도 2030년 100조 원가량에 이를 것으로 예상된다. HMD 및 공간 컴퓨팅 시장은 급격한 기술 혁신보다는, 문화적 변화가 점진적으로 축적되는 흐름으로 이해하는 것이 더 적절하다. 2026년 역시 이러한 잔잔한 진화의 흐름이 지속될 것으로 보인다.

Shift 2 반도체와 정밀공학 기술

'기계'는 어떻게
새로운 산업을 탄생시키는가?

공학 기술의 발전이 산업에 미치는 영향

앞서 설명했듯이, AI 시대의 특징으로 로봇 기술이 크게 부각될 수밖에 없다. 이 과정에서 두뇌 역할을 하는 반도체와 GPU, 인간과의 소통을 담당하는 디스플레이 기술과 더불어, 기술 트렌드를 이해하기 위해 반드시 짚고 넘어가야 하는 분야가 있다. 바로 산업의 근간이라 할 수 있는 '공학 기술'이다. 첨단 부품들이 제 역할을 하려면, 결국 이들을 담고 움직이게 하는 정밀한 '몸체', 즉 '기계' 기술이 뒷받침되어야 하기 때문이다. 특히 로봇 분야는 정밀 기계공학의 뒷받침 없이는 지속적인 발전이 불가능하다.

2025년 현재, 기계공학 분야는 '디지털 전환Digital Transformation'과

'지속 가능성Sustainability'이라는 2가지 거대한 흐름 속에서 빠르게 발전하고 있다. 과거에는 강성, 정밀도, 내구성 중심의 기계 기술이 주를 이루었지만, 오늘날과 미래의 기계 기술은 지능화, 경량화, 고효율화, 맞춤화를 핵심 가치로 삼아 AI, 사물인터넷, 첨단 소재, 새로운 설계 방법론과 융합되며 그 영역을 무한히 확장하고 있다.

기계 기술의 발전 상황을 이해하려면 무엇보다 먼저 '액추에이터' 분야부터 짚어볼 필요가 있다. 엔진, 전기모터, 유압식 구동장치 등은 대표적인 '동력을 생성하는 부품'으로, 기계장치를 움직이게 하는 가장 기본적인 요소다. 그중에서도 전기모터는 가장 널리 사용되며, 실제로 다른 액추에이터도 점차 전기모터로 대체하려는 경향이 강하게 나타나고 있다. 따라서 먼저 모터 분야 기술의 동향을 살펴볼 필요가 있다. 그다음으로 소재 및 가공 기술에 대한 이해가 필요하다. 마지막으로 기계장치의 '눈과 피부' 역할을 하는 센서 기술도 반드시 짚고 넘어가야 할 핵심 분야다.

액추에이터 기술 중 가장 널리 활용되는 부품은 단연 '전기모터'다. 최근에는 에너지 효율 규제 강화와 공급망 안정성 확보라는 2가지 과제에 직면하면서, 기술 혁신의 속도가 더욱 빨라지고 있다. 특히 친환경 정책의 영향으로 산업용 모터의 '최저 효율 기준MEPS'이 강화되면서, 더 적은 전력으로 더 효율적으로 작동하는 전기모터의 장착이 의무화되는 추세다.

이 효율 기준은 국제전기기술위원회IEC에서 제정한 'IE 단계'를 중심으로 적용되며, △IE1(표준 효율), △IE2(고효율), △IE3(프리미엄 효율), △IE4(슈퍼 프리미엄 효율)로 분류된다. 2020년 이후 전 세계적으로 전기모터 시스템 전력의 76% 이상을 소비하는, 전력 소비가 많은 국가 중심으로 IE2 또는 IE3 수준의 MEPS가 적용되고 있으며, 한국도 여기에 포함된다. 유럽연합EU은 이를 더욱 엄격하게 적용하고 있다. 2021년 7월 1일부터 0.75~1000kW(킬로와트) 출력의 모터는 최소 IE3 효율을, 0.12~0.75kW의 소형 모터는 IE2 효율을 요구하고 있다. 2023년 7월부터는 75~200kW의 대형 모터에 IE4 기준까지 적용하고 있다. 이 같은 규제 강화는 결국 '저전력 모터 기술'의 발전으로 이어지는 추세다. 상대적으로 전력 소모가 적은 '영구자석 동기전동기PMSM', 특히 '브러시리스BLDC 모터'가 새로운 표준으로 자리매김하고 있다.

 모터를 제작하려면 기본적으로 자석이 필요하며, 이 과정에서 고성능 자석을 생산하기 위해 '희토류 금속'이 필수적으로 사용된다. 그런데 최근에는 희토류의 사용량을 줄이려는 기술적 움직임이 나타나고 있다. 일례로 한국기계연구원은 2025년 6월에 희토류를 사용하지 않고도 10.5MGOe(메가가우스에르스테드, 자석의 자기력을 나타내는 지표)의 자기력을 달성한 비희토류 기반의 'Mn-Bi'(망간-비스무트) 영구자석 기술을 개발했다고 발표했다. 이는 비희토류 계열 자석의 대표 격인 '페라이트 자석의 자력' 성능이 3~5MGOe에 불과하다는 것을 감안하면 대단한 성능의 향상을 보이고 있다. 물론 네오디뮴Nd 기반 희토류 자석은 35~52MGOe에 달하는 자기력을 보여 아직까지 성능 격차가 존재한다. 그러나 자석의 함량을 조절하고 소재를 최적화하는 방식으로 실제 제품에 적용할 가능성이 충분하므로 최근 '희토류 없는 전기 모터' 개발에 대한 관심이 높아지고 있다. 예를 들어 세륨$_{Ce}$ 등을 활용해 20~30MGOe 수준의 자기력을 확보하려는 연구가 활발히 진행 중이다. 한편, 전기차 기업 테슬라는 2023년 "차세대 차량의 파워트레인에는 희토류 자석을 사용하지 않겠다"고 공식 발표했다. 시장조사기관 MRFR에 따르면 희토류 영구자석 시장은 2032년까지 연평균 5.89%의 성장률을 기록할 것으로 전망되며, 2026년 이후에도 관련 시장은 지속적인 성장세를 이어갈 것으로 전망된다.

AI는 모터 기술 발전에도 큰 영향을 미치고 있다. 특히 'AI 기반 예지보전Predictive Maintenance' 기술이 주목받고 있다. 이는 모터에 내장된 센서가 전류, 전압, 진동, 온도 등의 데이터를 수집하고, 이를 AI 알고리즘이 분석해 고장 시점을 예측하고 적절한 유지보수 시점을 안내하는 방식이다. 최근 이 기술이 다양한 산업 분야에 도입되면서, 공장이나 전기차 등에서 다운타임을 최소화하고 생산성을 극대화하는 데 기여하고 있다. 주요 학회에서는 모터의 미세한 전류 신호 패턴을 학습해 베어링 결함이나 권선 문제 등을 조기에 진단하는 연구 결과가 계속 발표되고 있으며, 이미 관련 솔루션을 상용화한 기업들도 등장했다.

모터 외에도 가장 널리 활용되는 액추에이터 장치로 단연 '유압 시스템'을 꼽을 수 있다. 기름의 압력을 이용해 기계장치를 움직이는 방식이다. 이는 강한 힘을 비교적 정밀하게 전달할 수 있어 건설기계, 공작기계, 항공기 등 다양한 분야에서 필수적인 기술로 자리 잡고 있다. 전통적인 유압 시스템은 에너지 효율이 낮고 누유나 소음 등의 문제가 있었지만, 최근에는 전력전자 및 제어 기술과 융합하며 '스마트 유압'으로 진화하고 있다. 특히 주목받는 형태는 '전기-유압 액추에이터EHA, Electro-Hydraulic Actuator'다. 기존의 중앙 집중식 유압 시스템(대형 유압 펌프와 복잡한 배관) 대신 기름을 밀어 넣는 모터, 펌프, 실린더, 밸브를 하나의 독립된 모듈로 통합한 구조다. 이 기술은 차세대 항공기 제어 시스템이나 산업용 로봇의 관절 구동 등에서 활용이 확대되고 있다. 또한 이러한 차세대 유압 시스템은 전자제어 기술과 AI를 접목함으로써 실시간 예지보전이 가능해지고 있으며, 유지보수 효율성과 시스템 안정성을 크게 향상시키고 있다.

소재와 가공 기술의 발전은 기계 성능의 한계를 돌파하는 핵심 기반이다. 금속을 원하는 형상대로 정밀하게 가공하는 기술, 레이저 간섭 현상을 활용해 나노미터 단위의 길이를 측정하는 기술, 그리고 외부의 미세한 진동이 로봇에 전달되는 것을 차단하는 제진Vibration Control 기술 등이 유기적으로 결합되어야만 최고 수준의 가공 기술을 구현할 수 있다. 스위스, 독일, 일본 등이 세계적인 로봇 및 첨단 장비 강국으로 자리매김할 수 있었던 배경에는 수십 년간 축적된 정밀공학 기술이 있었다는 점은 널리 알려진 사실이다.

AI 시대에는 다양한 첨단 가공 기술이 새롭게 등장하고 있으므로 이러한 흐름을 짚어볼 필요가 있다. 먼저 적층 제조Additive Manufacturing, 즉 3D 프린팅 기술을 들 수 있다. 이 기술은 과거에는 불가능했던 복잡한 형상을 구현해내며 제품 설계 및 생산 방식에 혁명을 일으키고 있다. 과거 3D 프린터는 플라스틱 소재 중심의 시제품 제작에 머물렀

3D 프린터로 제품을 찍어내는 모습

는데, 이제는 티타늄Ti, 알루미늄Al 합금, 니켈계 초합금Inconel 등은 물론이고 공구강(절삭 공구나 금형 등 공구 제작에 사용되는 특수 강철)에도 활용할 수 있게 되었다. 이를 통해 기존 절삭 가공으로는 구현하기 어려웠던 내부 유로Internal Channel나 격자 구조Lattice Structure 등을 정밀하게 제작할 수 있으며, 경량화와 기능 최적화를 동시에 달성할 수 있다. 또한 '다중 소재Multi-material' 적층 기술도 활발히 연구되고 있다. 하나의 부품 내에서 위치에 따라 서로 다른 물성을 갖도록 적층 제조 기술이 연구되고 있다. 예를 들어 강성이 필요한 부분은 금속으로, 유연성이 필요한 부분은 고무로 동시에 출력해 한 번의 프린팅으로 제품을 찍어내는 기술이다. 이러한 기술은 2026년경부터 일부 상용 장비에서도 제한적으로 구현될 것으로 기대된다.

적층 제조 기술이 새롭게 부상하고 있지만, 사용 목적이 기존 방식과는 다르므로 전통적인 절삭 가공 기술의 발전 역시 더욱 중요해지고 있다. 특히 반도체, 디스플레이, 광학 부품 시장의 성장에 따라 나노미터급 정밀도를 요구하는 사례가 점차 늘어나고 있다. 이에 CNC(컴퓨터 수치제어), 레이저 가공, 연마Polishing 기술 등 기존의 정밀 가공 기법에 대한 관심이 다시 높아지고 있다. 최근에는 절삭 가공과 적층 가공을 하나의 장비에서 동시에 수행할 수 있는 '하이브리드 가공 기술'도 등장해, 복잡한 형상의 부품을 더욱 효율적으로 생산할 수 있는 대안으로 주목받고 있다.

이 과정에서 특히 주목받는 흐름은 AI와 제조 기술의 통합이다. 먼저 '생성형 설계Generative Design' 기술을 들 수 있다. 이 기술은 설계자가 "이 부품은 50킬로그램의 하중을 견뎌야 하고, 무게는 1킬로그램 미만이어야 하며, 특정 위치에 장착되어야 한다"와 같은 조건만 입력하면, AI가 최적화된 설계안을 자동으로 생성해주는 방식이다. AI가 만든 설계는 인간의 직관으로는 상상하기 어려운, 마치 자연의 뼈 구조처럼 유기적이고 효율적인 형태를 띤다. 최소한의 재료로 최대한의 강도를 구현할 수 있어, 완전히 새로운 차원의 경량화 설계가 가능해질 것으로 기대된다. 이 기술은 생성형 AI의 등장 이후 빠르게 확산되고 있으며, 이미 산업 현장에서 적용을 시작한 사례도 적지 않다. 2026년에는 이를 본격적으로 도입·운영하려는 움직임이 더욱 활발해질 전망이다. 또한 공정 모니터링과 AI 기반 품질 관리 기술도 다양한 분야에 도입되고 있다. AI가 산업용 로봇을 제어하며, 공장 내 실시간 데이터를 분석해 생산 상황에 맞는 최적의 운영 전략을 수립하는 방식이다.

생산 공정에서 빼놓을 수 없는 흐름 중 하나가 바로 '디지털 트윈'의 보편화다. 실제 유압 시스템과 동일한 가상 모델을 컴퓨터상에 구현함으로써, 실제 장비에 적용하기 전에 다양한 시나리오를 시뮬레이션하고 제어 로직을 최적화할 수 있는 기술이 빠르게 확산되고 있다.

마지막으로 짚고 넘어가야 할 분야는 바로 센서 기술이다. 사람이 뛰어난 운동 능력을 발휘할 수 있는 것은 눈으로 보고, 귀로 소리를 듣고, 피부로 감각을 느끼는 등 다양한 감각기관이 있기 때문이다. 마찬가지로 로봇을 비롯한 모든 기계장치도 정확하게 움직이기 위해서는 이러한 감각 기능이 필요하다. 센서는 열, 빛, 압력, 소리, 움직임 등 현실 세계의 물리적 신호를 컴퓨터가 이해할 수 있는 전기 신호로 변환해 주는 장치다. 우리가 사용하는 스마트폰만 해도 카메라, 마이크, 가속도계, 자이로스코프, 지자기 센서 등 10여 개의 센서가 내장되어 있다.

센서의 기본 원리는 의외로 단순하다. 바로 '감지Sensing'와 '변환Transduction'이다. 온도 센서는 열을 전압으로, 압력 센서는 누르는 힘을 전류로, 마이크는 소리의 파동을 디지털 데이터로 변환한다. 이 중에서 관성측정장치IMU, Inertial Measurement Unit는 사람의 '전정기관'에 해당한다. 여기에 가속도 센서와 자이로스코프(각속도 센서)를 결합하면 기계의 움직임, 기울어짐, 회전 상태를 실시간으로 측정할 수 있다. 드론의 자세 제어, 스마트폰의 기울임 감지, VR 헤드셋의 움직임 추적 등이 모두 IMU 기술에서 비롯된다.

최근 입체 카메라와 '라이다LiDAR, Light Detection and Ranging'(레이저 측정장치)의 성능도 눈에 띄게 향상되고 있다. 자율주행차의 눈 역할은 물론 로봇의 지도 작성Mapping에도 필수적으로 사용된다. 촉각 역할을 하는 힘·토크 센서Force·Torque Sensor도 빼놓을 수 없다. 주로 로봇의 손에 장착하는데, 물건을 잡을 때 얼마나 많은 힘이 가해지는지, 어느 방향으로 비트는 힘이 작용하는지를 정밀하게 측정한다. 최근에는 이러한 센서들을 복합적으로 운영해 다양한 정보를 수집하고, 이를 기반으로 AI가 기계장치를 정교하게 제어하는 '센서 퓨전Sensor Fusion' 기술이 빠르게 발전하고 있다.

AI와 로봇 기술의 급속한 발전이 예상됨에 따라, 센서 분야 역시 2026년에도 급성장할 것으로 전망된다. 특히 '신축성 센서'의 실제 상용화 여부에 대한 기대가 높아지고 있다. 고무처럼 늘어나는 이 센서는

지붕에 5개의 벨로다인 라이다 유닛을 탑재한 자율주행차

웨어러블 로봇, 전자 피부, 스마트 섬유 등과 같이 인체나 사물의 표면에 밀착되어 생체 신호나 움직임을 정밀하게 감지하는 데 활용된다. 이 기술은 2020년대 초반부터 실험적으로 등장했으며, 현재는 기술적 성숙도가 상당히 높아졌다. 이에 따라 2026년에는 다양한 제품군의 출시로 이어질 수 있을 것으로 기대된다. 예를 들어 경북대학교 연구팀은 2023년 8월 센서의 패턴화와 민감도 제어가 동시에 가능한 '초박형 신축성 미세동작 감지 센서'를 개발했는데, 두께가 불과 $100\mu m$(마이크로미터)에 불과하면서도 자유롭게 늘어나 다양한 응용이 가능하다. 또한 연세대학교 연구팀은 2025년 2월 '실' 형태의 신축성 열 센서를 개발했다. 이 센서는 온도, 인장력, 압력을 독립적이면서도 동시에 감지할 수 있어 웨어러블 헬스케어 기기나 스마트 섬유 분야에서의 활용 가능성을 확장하고 있다.

최신 기계 기술의 흐름은 '융합Convergence'이라는 키워드로 요약할 수 있다. AI라는 두뇌, 센서라는 신경망, 첨단 소재라는 피부와 근육을 갖춘 기계 시스템은 이제 마치 살아 있는 생명체처럼 지능적이고 효율적으로 진화하고 있다. 2026년의 기계 기술은 AI 기반의 자율성, 환경을 고려한 지속 가능성, 디지털 트윈과 결합한 초정밀 생산 기술, 구조 혁신을 통한 '생산 혁신'이라는 흐름 속에서 더욱 고도화될 것으로 전망된다.

더 알아보기 ①

주판부터 양자 시스템까지, '컴퓨터'라는 기계가 갖는 의미

드라이버는 볼트를 조이거나 풀 때 사용한다. 톱은 나무 등을 자를 때, 대패는 나무 표면을 매끈하게 다듬을 때 사용한다. 가방은 물건을 담을 때, 볼펜은 글씨를 쓸 때 사용한다. 인간이 만든 물건은 예외 없이 정해진 쓸모가 있다. 단 한 가지 물건만 제외하고 말이다.

인류의 역사 중 가장 위대한 도구를 하나만 꼽는다면, 단연 '컴퓨터'일 것이다. 본래 컴퓨터는 기본적으로 계산기다. '컴퓨터Computer'라는 단어의 어원 자체가 '계산하는 사람'을 뜻한다.

그런데 컴퓨터 시스템이 발전하면서, 이제는 무수히 다양한 일을 하기 시작했다. 그 용도는 사용자에 따라 달라진다. 계산하는 사람, 문서를 작성하는 사람, 그림을 그리는 사람, 영상을 제작하는 사람, 전화 통화를 하는 사람, 은행 업무를 보는 사람까지, 그 쓰임새는 헤아릴 수 없을 정도로 많다. '정보화 혁명'의 불씨가 컴퓨터로부터 시작된 것은 필연적인 일이었다.

이 '계산장치'는 첫 등장 이후 끊임없이 발전해왔다. 진정한 의미의 '자동 계산 기계'는 17세기 블레즈 파스칼Blaise Pascal의 톱니바퀴식 계산기에서 시작되었는데, 19세기 찰스 배비지Charles Babbage(1791~1871)에 이르러 현대 컴퓨터의 개념적 청사진이 완성되었다. 배비지가 설계한 '해석 기관Analytical Engine'은 연산을 수행하는 '처리부Mill'와 데이터를 저장하는 '기억부Store'를 갖추고, 천공카드에 적힌 명령어를 순서대로 실행하는, 즉 '프로그램'이 가능한 기계였다. 비록 당시 기술력의 한계로 완성되지는 못했지만, 오늘날 모든 컴퓨터가 따르는 기본 구조를 100년이나 앞서 제시한 혁명적인 발상이었다. 이후 컴퓨터는 전자기술과 만나며 급속도로 발전하기 시작한다. 1946년 등장한 최초의 전자식 컴퓨터 '에니악ENIAC'은 1만 8,000개의 진공관을 사용해, 기계식 계산기와는 비교할 수 없는 속도로 포탄 궤도를 계산해냈다. 이러한 진공관의 한계를 극복한 위대한 발명이 바로 1947년 벨 연구소에서 탄생한 '트랜지스터'다. 트랜지스터는 진공관의 기능을 훨씬 작고 빠르며 안정적인 반도체 소자로 대체하며, 컴퓨터 혁명의 기폭제가 되었다. 이후 수십, 수백 개의 트랜지스터를 하나의 칩에 집적한 '집적회로IC'가 등장하면서 컴퓨터는 마침내 개인이 소유할 수 있을 만큼 작고 저렴해지기 시작했다. 이는 본문에서 살펴본 '무어의 법칙'이 작동하기 시작한 시점이기도 하다. 이 시기에 정립된 '폰 노이만 구조'는 프로그램과 데이터를 동일한 메모리에 저장하는 방식으로, 컴퓨터가 특정 작업만 수행하는 계산기에서 벗어나 무한한 작업을 처리할 수 있는 '범용 기계'로 거듭나는 이론적 기반이 되었다. 2025년 현재, 우리가 사용하는 모든 컴퓨터는 이 폰 노이만 구조와 트랜지스터 집적 기술의 연장선상에 있다.

현대적인 컴퓨터가 세상에 태어나고 아직도 100년이 채 되지 않았지만, 이미 세상은 '컴퓨터'라는 개념을 중심으로 움직이고 있다. 그렇기에 오늘날을 살아가는 사람이라면, 기본 교양 수준에서라도 컴퓨터 시스템의 원리와 구조를 이해할 필요가 있다.

Shift 2 반도체와 정밀공학 기술

오늘날에는 과거에 컴퓨터와 무관했던 다양한 물건들조차 '컴퓨터화', 즉 스마트 기기화되고 있다. TV, 세탁기, 게임기, 청소기, 손목시계, 이어폰까지, 모두 컴퓨터 기술을 기반으로 작동하는 시대가 되었다. 사실 컴퓨터는 단순히 계산을 엄청난 속도로 할 수 있을 뿐이다. 그런데 바로 이 '탁월한 계산 능력' 하나가 놀라운 파급력을 만들어낸다. 그림을 그리거나 음악을 작곡하는 등 다양한 작업에 쓰이기 시작하더니, 이제는 사람의 '지능'조차도 어느 정도 흉내 낼 수 있게 되었다. 여기서 우리가 알아야 할 점은, 앞으로 세상을 크게 바꿀 것으로 기대되는 AI 역시 컴퓨터의 계산 능력을 바탕으로 작동한다는 사실이다. 미래 사회에서 AI와 함께 중요한 기술로 '로봇'을 빼놓을 수 없다. 로봇 역시 컴퓨터 시스템의 연산 기술을 기반으로 작동하는 기계장치다. 이제는 로봇에도 AI가 탑재되면서 점점 더 지능화되고 있다. 과거에는 공장에서 정해진 프로그램대로만 움직이던 로봇이, 이제는 사람의 일상 속에서도 일정 부분 역할을 수행할 수 있게 된 것이다. 컴퓨터 기술의 발전이 AI를 탄생시켰고, AI는 다시 로봇을 일상 속으로 끌어들이는 동력이 되었다.

앞으로 양자컴퓨터가 상용화된다고 한다. 기존 컴퓨터 연산 시스템의 한계를 돌파할 수 있으며, 특히 AI 연산 성능이 크게 높아질 것으로 보인다. 2025년 노벨물리학상 수상 주제가 양자역학 분야인 것은 이러한 흐름을 반영한다.

미래 사회에서는 다양한 AI 프로그램과 AI가 탑재된 로봇을 얼마나 능숙하게 활용하느냐에 따라 개인의 경쟁력이 크게 달라질 것이다. 이 모든 혁신의 기본이 바로 컴퓨터 시스템이다. 컴퓨터 시스템이 없으면 AI도, 고성능 로봇 시스템의 개발도 불가능하다. 2026년 이후, 이 '생각하는 기계'가 어떤 모습으로 진화하든, 그 본질은 인류의 지적 탐험을 돕는 위대한 도구라는 사실에는 변함이 없을 것으로 보인다.

더 알아보기 2
'스마트 기기' 기술은 어디로 가고 있을까?

가끔 "스마트폰은 컴퓨터인가, 아닌가?"라는 질문을 받곤 한다. "무슨 말이야 당연히 컴퓨터지"라고 답하려다 보면 뭔가 꺼림칙한 느낌이 든다. 컴퓨터는 로봇에도 들어가 있다. 그렇다면 로봇은 로봇인가, 아니면 컴퓨터인가? 최신형 세탁기나 TV도 컴퓨터일까? 이런 경우에는 '컴퓨터 기능이 들어 있다'고 하지, 그 자체를 컴퓨터라고 부르지는 않는다. 스마트폰이나 태블릿 PC, 스마트워치 등 각종 '스마트 기기' 역시 기존의 일반 컴퓨터와는 기능 면에서 차이가 있다.

이처럼 경계가 모호해 정답을 내리기 어렵지만, 분명한 사실 하나는 있다. 바로 누구나 손에 들고 다니는 개인용 스마트 기기의 등장이, 우리의 삶을 개인용 컴퓨터PC의 첫 등장만큼이나 크게 변화시켰다는 점이다. 사실 스마트 기기가 없었다면, AI 시대를 이토록 빠르게 맞이하기 어려웠을지도 모른다. 언제 어디서나 고성능 컴퓨터 기능을 사용할 수 있는 사회 환경은, AI가 뿌리내리기에 최적의 토양이 되었기 때문이다.

이처럼 컴퓨터는 책상 위를 벗어나 주머니 속으로, 손목 위로, 안경 위로 올라서며 '스마트 기기'라는 이름으로 우리 일상에 깊숙이 들어왔다. 이러한 변화는 단순한 소형화가 아니라, 21세기 사회·경제·문화 전반을 재편한 일대 혁명이었다. 그 혁신의 본질은 컴퓨터를 작게 만든 데 있는 것이 아니라, 스마트 기기가 3가지 핵심 기술의 융합체였다는 데 있다. 첫째는 '시스템 온 칩SoC, System on a Chip' 기술이다. CPU, GPU, 통신 칩, 메모리 컨트롤러 등 컴퓨터의 핵심 부품들을 단 하나의 칩에 집약시켜, 강력한 성능을 낮은 전력으로 구현했다. 이를 흔히 'APApplication Processor'라고 부른다. 둘째는 GPS, 가속도계, 자이로스코프, 카메라 등 다양한 센서다. 이 센서들은 스마트 기기에 자신이 어디에 있고(위치), 어떻게 움직이며(동작), 무엇을 보고 있는지(시각)를 인식하는 '상황 인지Context Awareness' 능력을 부여했다. 셋째는 언제 어디서나 네트워크에 연결된 '초연결성'이다.

이제 스마트 기기는 단순한 컴퓨터 기능을 넘어, 현실 세계와 디지털 세계를 연결하는 강력한 '포털'로 자리 잡았다. 스마트폰 터치 한 번으로 택시를 부르고, 은행에 가지 않고도 송금할 수 있으며, 전 세계 친구들과 실시간으로 소통하는 세상이 열렸다. 손목에 찬 스마트워치는 언제 어디서나 혈압과 맥박을 측정하고, 수면 패턴을 분석해준다. 스마트 기기가 없던 시절에는 상상조차 할 수 없었던 '온디맨드(요구가 있을 때 즉시 제공) 경제'와 '플랫폼 경제'도 이로 인해 탄생했다.

이러한 변화는 지금도 계속되고 있다. 스마트 기기는 2025년을 넘어 2026년에도 끊임없이 진화 중이며, 그 핵심 키워드는 단연 '온디바이스 AI'다. 지금까지의 AI 기능이 대부분 클라우드 서버의 연산에 의존했다면, 이제는 스마트 기기 자체에 탑재된 강력한 NPU(신경망처리장치)를 통해 AI 연산을 직접 수행하는 시대로 넘어가고 있다. 이는 속도, 보안, 에너지 효율성 등 여러 측면에서 중요한 변화를 예고한다.

이제 스마트 기기는 단순히 '수동적인 도구'를 넘어, '능동적인 비서'로 진화하고 있다. 사용자가 명령을 내리기 전에 먼저 생활 패턴과 상황을 학습해, 필요한 정보를 먼저 제안하는 단계에 도달하기 시작했다. 예를 들어 아침에 일어나면 별도의 조작 없이도 오늘의 날씨, 주요 일정, 출근길 예상 소요 시간을 자동으로 요약해서 알려주고, 퇴근 시간이 되면 평소 즐겨 듣던 음악을 자동으로 재생해주는 식이다. 이 모든 과정이 개인 정보를 외부 서버로 보내지 않고 기기 내부에서 처리되므로, '프라이버시'는 더욱 강화될 것이다.

스마트 기기는 AI가 어디서나 활약할 수 있는 '만능 단말기'로 진화하고 있다. AI 기능의 중요성이 날로 커지는 가운데, 스마트 기기 없이 언제 어디서나 AI를 활용하는 것은 사실상 불가능하다. 예를 들어 스마트폰 카메라로 외국어 간판을 비추면 실시간으로 번역된 텍스트가 화면에 표시되고, 낯선 꽃을 비추면 이름과 정보를 즉시 확인할 수 있다. 이러한 기능은 이제 일상에서 당연하게 여겨질 만큼 보편화되었다. 앞으로는 이러한 기능들이 더욱 정교해지고 반응 속도도 빨라지면서, XR(확장현실) 기기와의 연동을 통해 현실과 디지털의 경계를 허무는 방향으로 발전할 것으로 기대된다.

스마트 기기의 형태를 결정하는 '폼팩터' 혁신은 앞으로도 지속될 전망이다. 접거나 구부릴 수 있는 폴더블 스마트폰은 이미 일상적인 제품으로 자리 잡았다. 손목에 척 감기는 스마트워치, 돌돌 말아서 보관하는 태블릿 PC 등 새로운 기기들의 등장도 기대된다. 이는 '휴대성'과 '대화면'이라는 모바일 기기의 오랜 딜레마를 해결하기 위한 기술적 시도라 할 수 있다. 2026년 이후에는 이러한 기술들이 더욱 안정화되고 가격도 하락하면서, 일부 마니아층의 전유물을 넘어 더 많은 사용자가 자신의 사용 패턴에 맞는 새로운 형태의 스마트 기기를 선택하게 될 것으로 보인다.

최근 몇 년간 스마트 기기 개발 경쟁은 다소 정체된 모습을 보였다. 더 많은 카메라 렌즈, 더 빠른 연산장치를 내세우는 '스펙 경쟁'이 반복되었기 때문이다. 그러나 이러한 흐름에도 변화가 감지되고 있다. 2026년부터는 AI 기술의 혁신이 본격화되며, 얼마나 '똑똑하고 개인화된 경험'을 제공할 수 있는지가 핵심 경쟁 요소로 떠오를 것으로 예상된다. 스마트 기기 시장은 이제 '지능 경쟁'의 시대로 접어들고 있다.

Shift 3

산업의 뿌리,
에너지와 화학

ESG의 빛과 그림자

2025년 현재, 'ESG'는 경제와 산업 기술 분야에서 빼놓을 수 없는 핵심 화두로 자리 잡았다. ESG는 익히 알려져 있듯이 환경Environment, 사회Social, 지배구조Governance의 영문 첫 글자를 딴 용어로, 기업이 장기적인 관점에서 환경 보호, 사회적 책임, 투명한 지배구조를 실천하며 지속 가능한 성장을 추구하는 경영 전략을 의미한다. 이 개념은 재무적 성과뿐만 아니라 비재무적 요소까지 고려해 기업의 가치를 평가하고 투자하는, 지속 가능한 발전을 위한 중요한 요소로 작용한다.

하지만 기업이 경제 활동을 지속하려면 자금이 필요하며, 그 자금의 근본적인 공급자는 기업의 제품과 서비스를 이용하는 소비자다. 표면적으로는 자금을 직접 기업에 제공하는 투자자가 주요 공급자로 보일 수 있지만, 결국 소비자의 선택과 지출이 기업의 수익을 결정짓는 핵심 요소다.

오늘날의 소비자들은 환경과 사회 문제를 결코 가볍게 여기지 않는다. 기업의 재무적 성과뿐만 아니라 환경 보호를 위한 노력, 사회적 책임의 이행, 그리고 투명한 경영 여부를 기업 가치 판단의 중요한 척도로 삼는다. 이러한 흐름 속에서 기업에 투자하고, 이를 통해 수익을 얻는 '투자자' 역시 ESG 요소를 적극적으로 고려할 수밖에 없게 되었다. 이제 ESG는 기업의 지속 가능성을 보장하는 새로운 표준이자, 윤리적 기업을 식별하는 일종의 '신뢰의 라벨'처럼 인식되고 있다.

하지만 이처럼 세련된 ESG라는 '포장지'의 이면을 제대로 이해하려면 상당한 노력이 필요하다. 오늘날 기업이 환경 보호와 사회적 책임을 충실히 수행하려면 그에 상응하는 과학기술적 역량이 필수적이다. 이러한 활동에 대한 깊은 이해 없이 기업, 단체, 국가의 ESG 정책을 올바르게 해석하기란 쉽지 않다. 특히 에너지, 화학, 환경, 산업 구조 등과 관련된 기본적인 지식은 물론, 해당 기술의 최신 동향과 한계에 대해서도 명확히 짚고 넘어갈 수 있어야 한다.

무엇보다 이러한 기술들은 첨단 산업을 직간접적으로 떠받치는 주춧돌이라 할 수 있다. AI와 로봇, 그리고 이를 구동하는 반도체와 컴퓨터는 모두 막대한 양의 전기를 소비하는 '에너지 집약형' 기술이며, 스마트 기기의 외장재와 부품 대부분은 석유화학 산업의 산물이다. 다시 말해, 21세기 첨단 산업의 눈부신 발전은 인류 문명의 가장 근본적이고 전통적인 기반 산업인 에너지와 화학 분야 위에 구축되어 있다.

Shift 3에서는 ESG라는 시대적 요구와 산업 현실 사이에서 벌어지는 거대한 줄다리기를 탐색하고자 한다. 현대 문명의 핏줄이라 할 수 있는 '전기'를 생산하는 2가지 상반된 방식, 즉 기후변화의 주범으로 지목되면서도 여전히 주요 에너지원으로 자리한 석탄 화력, 그리고 위험성을 안고 있지만 강력한 대안으로 재조명받고 있는 원자력의 2025년 현주소를 짚어본다. 동시에 이러한 문제에 대한 대안으로 주목받고 있는 '신재생에너지'의 가치와 기술적 현황을 분석한다. 태양광과 풍력이 에너지 시장에서 어떤 역할을 하고 있으며, 이들이 가진 치명적인 약점인 '간헐성'을 극복하기 위한 기술적 노력은 어디까지 진전되었는지도 살펴본다. 당장의 산업 동향과는 직접적인 연관성이 없어 보일 수 있지만, 가까운 미래에 현실화될 것으로 예측되는 차세대 에너지 기술의 방향 역시 짚어볼 필요가 있다. 여기서는 이러한 기술들의 현재 가치와 2025년 한 해 동안의 흐름을 집중적으로 소개할 것이다.

이어서 현대 사회의 기반이라 할 수 있는 '석유화학' 산업의 기본 원리를 짚어보고, 산업적 의미와 발전 방향, 최신 기술 동향, 그리고 이 산업이 직면한 기회와 위기에 대해 함께 살펴보고자 한다.

마지막으로, 이 모든 에너지 전환의 성패를 좌우할 핵심 열쇠인 '배터리'의 세계로 들어가본다. 전기차와 에너지 저장장치ESS의 심장이라 불리는 배터리 기술의 원리를 살펴보고, 이 시장을 선점하기 위한 치열한 소재 경쟁의 현장을 조명한다. 특히 2026년을 기점으로 시장 판도를 뒤흔들 것으로 기대되는 차세대 배터리 기술의 가능성을 타진하며, 향후 1~2년 사이 눈앞에서 벌어질 기술 경쟁과 함께 미래를 이끌 신개념 배터리의 청사진까지 폭넓게 알아둘 필요가 있다.

　ESG라는 흐름을 올바르게 이해하기 위해서는 결국 산업의 근간을 들여다볼 수 있어야 한다. 각 산업 분야의 과학기술 동향에 대한 이해 없이 산업과 경제, 그리고 사회 현상을 제대로 파악하는 것은 불가능에 가깝다. 지금부터 펼쳐질 이야기가 이러한 사회 구조에 대한 통찰을 제공하는 작은 단서가 되기를 기대한다.

대규모 발전 기술, 문명은 무엇으로 돌아가는가?

현대 문명의 근간, 석탄화력·원자력발전 기술

'증기기관'은 현대 과학기술 문명과 어떤 관련이 있을까? 과거 1차 산업혁명 당시 주목받았던, 이 케케묵은 기술이 AI 로봇이 돌아다니는 현시대와 관련이 있다고 생각하는 사람은 그리 많지 않다. 하지만 실제로 기술 발전의 흐름과 원리를 제대로 이해한다면, 증기기관을 단순한 옛 기술로 치부하기는 어렵다. 실제로 현대의 대형 발전기 시스템은 여전히 증기기관의 기본 원리를 채택하고 있기 때문이다.

증기기관의 원리는 다음과 같다. 먼저 석탄을 태워 물을 끓이면, 물은 수증기로 변하면서 부피가 팽창하고 강한 압력이 발생한다. 이 압력을 이용해 기차의 바퀴를 돌리면 증기기관차가 되고, 공장 기계에 연결하면 산업 생산에 활용할 수 있다. 이러한 원리는 이후 전기를 생산하는 발전기(제너레이터) 기술로 이어졌다. 발전기의 핵심은 고압의 수증기로 터빈을 회전시키는 것이다. 터빈은 유체의 흐름을 이용해 축을 회전시키는 장치로, 이 축에 연결된 자석이 코일(여러 번 감긴 금속선) 속에서 빠르게 회전하면 전자기 유도 현상에 의해 전기가 생성된다. 이 방식은 '증기터빈 발전 방식'이라 불린다.

이 구닥다리 방법은 오늘날에도 대형 발전소를 설계할 때 가장 먼저 고려되는 선택지다. 열에너지를 전기로 전환하는 가장 손쉬운 방법이기 때문이다. 이때 어떤 연료로 물을 끓이느냐에 따라 발전소의 이름만 달라질 뿐, 기본적인 원리는 거의 동일하다. 석탄을 사용하면 석탄화력발전소, 석유를 사용하면 석유화력발전소, 우라늄을 사용하면 원자력발전소가 된다. 결국 대용량 발전장치의 증기기관 원리와 크게 다르지 않다. 증기기관차의 바퀴를 굴리는 대신, 전기를 만드는 점이 다를 뿐이다.

물론 터빈을 돌릴 수만 있다면, 증기기관 방식 외에도 다양한 발전 방식이 가능하다. 예를 들어 높은 곳에서 떨어지는 물의 낙차를 이용해 터빈을 회전시키는 수력발전은 증기기관과는 직접적인 관련이 없다. 또 다른 방식으로는 연료를 태울 때 발생하는 고온 가스를 이용해 터빈을 돌리는 '가스터빈' 방식이 있다. 이는 주로 천연가스나 액화석유가스를 연료로 사용하며, 자동차 엔진과 유사한 원리다. 최근에는 수소 등 연료를 화학적으로 반응시켜 직접 전기를 생산하는 '연료전지' 방식도 각광받고 있다. 이 방식은 터빈을 거치지 않고 전기를 얻는다는 점에서 기존 발전 방식과 차별화된다. 이러한 기술들에 대해서는 다음 장에서 더 자세히 살펴볼 것이다.

이처럼 다양한 발전 방식 가운데, 현대 사회에서 가장 많은 전기를 생산하는 방식은 무엇일까. 다소 안타깝게 느껴질 수도 있지만, 현실적으로는 가장 오래된 방식인 '석탄화력발전'이 여전히 중요한 위치를 차지하고 있다. 경우에 따라 전체 전력 생산의 절반 이상을 차지하기도 한다. 예를 들어 국내 전력 공급망에서 석탄이 차지하는 비율은 2017년과 2018년에 각각 52.4%에 달했으며, 2019년에도 51%를 기록했다. 이는 당시 정부가 원자력발전 비중을 크게 줄이면서 석탄화력발전의 비율이 상대적으로 높아졌기 때문이다. 그러나 그 이전과 이후에도 석탄화력발전은 꾸준히 30~40% 수준을 유지했다. 2023년까지만 해도 석탄의 비중은 37.9%에 달했다.* 2025년 9월 현재 확인할 수 있는 가장 최신 통계인 2024년 자료에 따르면, 국내 발전 비중 1위는 원자력(32.5%), 2위는 천연가스(LNG, 29.8%), 3위는 석탄(29.4%)이었다.** 우리나라 전체 소비 전력의 약 30%가 여전히 석탄을 태워 생산되고 있는 셈이다. 이러한 현상은 비단 한국만의 문제가 아니다. 신재생에너지 비중이 높은 유럽 국가들조차 석탄화력발전의 비율을 20~30% 수준으로 유지하는 경향이 있다. 이는 석탄이 여전히 안정적이고 대규모 전력 생산이 가능한 에너지원으로 기능하고 있음을 보여

---

* 　에너지경제연구원, 「2024 에너지통계연보」.
** 　전력거래소, 「전력통계정보시스템」.

준다.

 그렇다면 석탄화력발전이 오늘날까지도 주력 발전원으로서의 지위를 유지하는 이유는 무엇일까. 단순히 미세먼지와 이산화탄소를 내뿜는 구식 연료였다면, 전 세계적으로 이토록 널리 사용되지는 않았을 것이다. 석탄은 여전히 대체하기 어려운 강력한 장점을 지니고 있다. 무엇보다 가격이 저렴하고, 대규모 전력 생산이 안정적이라는 점은 다른 에너지원에서는 쉽게 찾기 힘든 매력이다.

 두 번째로 많이 활용되는 발전 방식은 단연 '원자력'이다. 사실 원자력도 넓은 의미에서 '불'을 이용하는 방식이라서, 기본적으로 증기기관과 같은 원리로 전기를 생산한다. 물을 원자력(우라늄)으로 끓이느냐, 아니면 석탄으로 끓이느냐의 차이일 뿐이다. 다만 효율 면에서는 압도적인 차이를 보인다. 발전 연료인 우라늄 1g은 석탄 약 3t에 해당하는 열량을 낼 수 있으며, 연료 무게 기준으로 보면 석탄보다 약 300만 배나 많은 에너지를 생산할 수 있다. 이론적으로는 한 번 연료봉을 장착하면 최대 8년까지 발전이 가능하며, 실제 운용에서는 약 1.5년마다 연료봉의 1/3을 교체하는 방식으로 약 4.5년간 발전한 뒤 전체 연료봉을 교체한다. 이는 지속적으로 연료를 공급해야 하는 석탄화력발전과 비교할 수 없을 정도로 높은 편의성을 제공한다. 또한 원자력발전은 운전 과정에서 이산화탄소나 미세먼지를 거의 배출하지 않기 때문에, 기후변화 대응 측면에서도 큰 장점으로 평가받는다. 그러나 단점도 분명히 있다. 발전 과정에서 발생하는 사용후핵연료(일명 핵폐기물)는 고준위 방사성 물질로, 장기간 안전하게 보관해야 하는 부담이 크다. 게다가 만에 하나 사고가 발생할 경우 그 피해는 상상을 초월할 수 있어, 사회적 합의가 쉽지 않은 점 등이 단점으로 꼽힌다.

국내에서는 석탄화력발전과 원자력발전, 이 두 방식만으로 전체 전력의 60% 이상을 충당하고 있다. 다양한 발전 방식이 존재함에도 이 2가지에 높은 의존도를 보이는 데는 분명한 이유가 있다. 가장 큰 이유는 대용량 전기를 24시간 365일 안정적으로 생산할 수 있는 '상시 발전 능력'이 뛰어나기 때문이다.

이 단계에서 천연가스나 석유가스를 이용한 '가스터빈' 방식의 발전도 짚고 넘어갈 필요가 있다. 이 기술 역시 24시간 상시 발전이 가능한 것으로 보일 수 있지만, 이는 절반은 맞고 절반은 틀린 이야기다. 예를 들어 난로 위에 주전자를 올려놓고 물을 끓이는 상황을 떠올려보자. 연료와 물만 계속 보충해준다면 몇 년이고 안정적으로 물을 끓일 수 있을 것이다. 하지만 자동차에 시동을 걸어놓고 24시간 내내 가동시킨다면 어떻게 될까? 그리 오래가지 않아 결국 엔진에 문제가 생길 것이라는 점은 쉽게 예상할 수 있다. 발전기도 마찬가지다. 가스터빈 발전장치는 일정 수준까지 대형화가 가능하고, 단기간에는 안정적인 전력 공급이 가능하다. 그러나 이를 주력 발전 시스템으로 활용하려면 고도의 정밀 설계가 필요하며, 충분한 예비 시스템을 갖추는 것도 필수적이다. 이는 결국 높은 비용으로 이어진다. 이처럼 석탄이나 원자력이 여전히 주력 발전 방식으로 자리하고 있는 것은 단순한 관성 때문이 아니다. 대용량 전력을 안정적으로, 장기간 생산할 수 있는 기술적 기반과 경제성이 뒷받침되어 있기 때문이다.

그렇다면 왜 전기는 24시간 내내 끊임없이 생산되어야 할까. 어차피 전기가 나오기만 하면, 부족하면 부족한 대로 아껴 쓰면 되는 것 아닌가 싶지만, 현실은 전혀 다르다.

우리가 일상에서 사용하는 전기는 건전지처럼 일정하게 흐르는 '직류전기'가 아니라, 파도처럼 진동하며 흐르는 '교류전기'다. 나라마다 전압과 주파수가 조금씩 다르지만, 우리나라의 경우 가정용 전기는 220V의 전압에 60Hz(헤르츠, 초당 60번의 진동) 주파수로 공급된다.

문제는 전기 공급이 부족해지면, 교류전기의 특성상 전체 전력량을 유지하기 위해 주파수가 저절로 떨어지게 된다는 점이다. 이때 전자제품이 오작동하거나, 심할 경우 전력 공급 자체가 중단될 수 있다. 만약 이런 현상이 개별 가정이 아닌 전력망 전체에서 발생한다면, 지역 전체가 암흑에 빠지는 '블랙아웃' 사태로 이어진다.

우리나라도 비슷한 사례를 겪은 바 있다. 많은 이가 기억하고 있을 2011년 9월 15일의 정전 사태, 이른바 '9.15 정전'이다. 당시 기록적인 폭염으로 전력 수요가 급증했지만, 발전소 정비와 공급 시스템의 문제로 인해 순간적인 전력 예비율이 0.35%까지 떨어지는 위기 상황이 발생했다. 이는 전국적인 대규모 정전, 즉 블랙아웃을 막기 위한 긴급 대응이 필요한 순간이었다. 결국 한국전력은 국가 전체 전력망의 붕괴를 막기 위해 '순환정전'이라는 조치를 단행했다. 이는 전국 각 지역의 전기를 일정 시간씩 돌아가며 차단하는 방식으로, 일부러 전력을 끊어가며 전체 시스템을 보호한 것이다.

이러한 위험은 전력망의 구조적 특성에서 비롯된다. 그렇기 때문에 전력망을 설계하는 입장에서는 이른바 '재생에너지'를 꺼리는 것이 어쩌면 자연스러운 반응일 수 있다. 예를 들어 태양광발전은 해가 지거나 구름이 끼면 전기를 생산할 수 없고, 풍력발전은 바람이 멈추면 작동하지 않는다. 그 외에도 조수간만의 차를 이용한 조력발전, 파도의 움직임을 활용한 파력발전 등 다양한 재생에너지 기술이 존재하지만, 대부분은 24시간 365일 안정적으로 전력을 공급하기에는 한계가 있다. 지열발전처럼 비교적 상시 발전이 가능한 재생에너지 방식도 있긴 하지만, 지질 조건 등 까다로운 환경적 요건을 만족해야 하므로 적용 범위가 제한적이다. 재생에너지의 이러한 특성과 기술적 동향에 대해서는 이어지는 내용에서 좀 더 자세히 살펴보도록 하겠다.

이러한 이유로 석탄화력발전과 원자력발전을 국가의 양대 발전 축으로 삼는 전략은 많은 나라에서 채택되고 있으며, 실제로 매우 유효한 방식으로 평가받고 있다. 효율, 발전 단가, 운영 안정성 등 여러 측면에서 원자력이 석탄화력보다 우위에 있다는 분석이 많지만, 석탄 역시 가격 경쟁력이라는 강점을 지니고 있다. 무엇보다 원자력발전은 부정적인 사회적 인식과 핵연료 관리라는 복잡한 리스크를 동반한다. 여기에 에너지 안보 측면도 중요한 고려 요소다. 한국의 경우 대부분의 에너지를 수입에 의존하고 있다. 이 상황에서 '원자력이 가장 효율적'이라며 원자력의 비율을 70~80% 이상으로 높일 수 있을까? 이는 현실적으로 어려운 이야기다. 이렇게 하다가 원자력 연료의 수입이 제한되거나 중단되는 상황이 발생한다면, 국가 전체의 전력 공급이 위협받을 수 있다. 이는 곧 사회 시스템의 근간이 흔들릴 수 있다는 의미이며, 자국의 에너지 안보를 타국의 손에 맡기는 결과가 될 수도 있다.

한국이 석탄화력발전, 원자력발전, 기타 발전 수단을 각각 약 1/3씩 분배해 전력 시스템을 유지하고 있는 것도 이러한 복합적인 이유에서 비롯된다. 이 전략은 '전력 믹스'라고 불리며, 전력 공급원을 다변화함으로써 수요 변동성과 공급 리스크에 유연하게 대응하려는 구조다. 하지만 이러한 배경에 대한 이해 없이, "석탄화력발전을 30%나 운영하다니 환경을 고려하지 않는다"거나 "핵폐기물이 발생하는 원자력의 비중이 왜 이렇게 높냐"라며 정부를 비난하는 목소리도 적지 않다. 더 나아가 "외국은 이렇게 하더라", "어느 나라는 원자력을 거의 쓰지 않더라"는 식의 비교를 통해, 우리나라의 정책 결정자들을 문제 삼는 경우도 종종 있다. 물론 다양한 시각과 비판은 필요하지만, 때로는 이러한 지적이 정치적 목적에 따라 과장되거나 왜곡되는 경우도 있어 안타깝다.

나라마다 에너지 수급 조건과 경제적·지리적 형편은 서로 다르기 때문에, 전력 믹스의 비율 역시 각국의 사정에 맞춰 조정되는 것이 당연하다. 예를 들어 호주는 친환경 국가라는 이미지가 강하지만, 의외로 석탄화력발전의 비중이 매우 높은 편이다. 2020년 기준으로 호주는 전체 발전 연료의 약 70%를 석탄에 의존했는데, 이는 자국 내에서 고품질 석탄을 안정적으로 확보할 수 있기 때문이다. 당시 전력 시스템을 설계할 때 석탄이 가장 안정적이고 효율적인 선택지였던 셈이다. 최근 들어 호주도 환경적 고려에 따라 에너지 전환을 추진하고 있으며, 풍력과 태양광 등 재생에너지의 비율을 점차 확대하고 있다. 그러나 여전히 석탄의 비중은 절반을 넘는 수준이다. 이는 원자력발전에 필요한 연료를 굳이 수입할 필요가 없다는 판단에서 비롯된 것으로, 자국 내에서 생산되는 석탄을 활용하는 것이 경제성과 에너지 안보 측면에서 더 유리하다는 계산이다. 재생에너지 확대 역시 호주의 지리적 조건을 반영한 전략이다. 넓은 국토와 풍부한 일사량 덕분에 태양광발전 시설을 설치하기가 용이하며, 사방이 바다로 둘러싸여 있어 풍력 자원도 충분히 확보할 수 있다.

에너지 산업의 동향을 이해하려면 이러한 기본적인 구조와 흐름을 바탕으로, 기술 발전의 중요성을 함께 살펴볼 필요가 있다. 석탄화력발전과 원자력발전은 앞으로도 수십 년간 주력 발전 방식으로서의 역할을 지속할 것으로 보이며, 기술적·경제적 가치 역시 여전히 굳건하다. 이에 따라 해당 발전 시스템을 더욱 안정적으로 운영하고, 효율을 높이며, 환경적 부담을 줄이기 위한 기술 개발도 꾸준히 이어지고 있다. 예를 들어 석탄화력발전의 경우 배출가스 저감 기술이나 고효율 보일러 시스템이 개발되고 있으며, 원자력발전은 안전성 향상과 소형모듈원자로 SMR 같은 차세대 기술이 주목받고 있다.

그렇다면 국내 석탄화력발전의 동향은 어떨까. 국가적으로는 석탄화력발전소의 비중을 점차 줄여가는 방향으로 정책이 전개되고 있다. 이는 탄소 배출이라는 구조적 문제를 안고 있는 석탄이라는 연료 체계를 지속적으로 유지하는 것이 지구 환경 보호 측면에서 바람직하지 않기 때문이다. 하지만 현실적으로 아직까지 석탄을 완전히 대체할 수 있는 '적절한 대안'이 부족한 상황이다. 이에 따라 정부는 급격한 전환보다는 점진적인 변화 전략을 택하고 있으며, 석탄발전 정책 역시 '폐쇄'

와 '연명'이라는 상반된 목표를 동시에 추구하는 이중적인 전략을 채택하고 있다.

한국 정부는 2025년 4월 한국서부발전의 태안석탄화력 1호기를 2025년 말까지 폐쇄한다고 밝혔다. 이를 시작으로 서부발전 태안발전본부는 2026년 2호기, 2028년 3호기, 2029년 4호기, 2032년 5~6호기 등 6개 호기가 단계적 폐지에 들어갈 예정이다. 설비 용량만 3GW(기가와트)로 원전 2기보다 많다. 최종적으로 2036년까지 국내 보유 중인 석탄화력발전소 59기 중 28기를 폐지한 후, 액화천연가스LNG 연료 발전으로 전환할 계획이다.

동시에 '연명' 정책도 병행되고 있다. 정부는 노후화된 석탄화력발전소 12기를 대상으로 2037~2038년 사이에 무탄소 중심의 전환을 추진할 계획이다. 이를 위해 대규모 성능 개선(리트로피팅)과 환경 설비 교체 작업이 예정되어 있다. 기존 설비의 효율을 높이고 탄소 배출을 최소화하려는 시도다. 신규 석탄화력발전소 건설도 여전히 진행 중이다. 강원도 삼척에 자리한 삼척블루파워는 국내 마지막 석탄화력발전소로 주목받고 있으며, 1호기는 2024년 5월 17일에, 2호기는 2025년 1월 1일에 각각 상업 운전을 시작했다.

석탄화력발전 기술은 이러한 이중적 흐름을 가장 잘 보여주는 사례 중 하나다. 세계적으로 석탄화력발전의 비중은 점차 줄어들고 있지만, 동시에 새로운 수요에 따라 소규모 특수 목적 발전 시설이 증가하고 있다. 특히 AI 데이터센터, 전기자동차 충전 인프라 등 고출력·상시 전력 공급이 필요한 분야에서 석탄 기반 발전이 여전히 활용되고 있다. 이러한 흐름 속에서 전통적인 대형 석탄화력 설비의 축소가 진행되는 반면, 전체 석탄발전 용량은 오히려 증가하는 추세를 보이고 있다. 실제로 최근 통계에 따르면, 전 세계적으로 폐쇄된 석탄발전 용량은 25.2GW였던 반면, 신규로 증설된 용량은 44GW에 달해 총 18.8GW의 순증가를 기록했다.*

따라서 2025년 현재까지의 기술 동향을 종합해보면, 석탄화력발전 산업은 '고효율화'와 '무탄소 전환'이라는 투트랙 전략을 중심으로 재편되고 있다고 볼 수 있다. 석탄을 완전히 배제하기 어려운 현실 속에서, 발전 효율을 극대화하고 탄소 배출을 최소화함으로써 석탄을 더 유용하고 지속가능한 에너지원으로 전환하려는 기술적 노력이 이어지고 있다.

우선 짚어볼 기술은 증기 압력과 온도를 물의 임계점 이상으로 높여 발전 효율을 획기적으로 개선하는 '초초임계압USC, Ultra Super Critical' 방식이다. 이 기술은 이미 완전히 실용화된 상태이며, 최근 건설되는 석탄화력발전소의 상당수가 USC 방식으로 설계되고 있다. 기존 발전 방식과 비교해 황산화물SOx과 질소산화물NOx 배출량이 각각 85%와 82% 감소하며, 500MW(메가와트)급 발전소 기준으로 연간 약 7만 톤의 석탄 사용량을 절감할 수 있다. 이는 곧 온실가스 약 17만 톤에 해당하는 감축 효과로 이어진다. USC 기술은 2010년대 말부터 2020년

---

* IEA, "Energy and AI."

대 초반 사이에 본격적으로 석탄화력발전소 건설에 적용되기 시작했다. 대용량 설비의 특성상 건설에 수년이 소요되므로 2026년 이후에도 그 흐름은 지속될 것으로 전망된다.

국내에서 대용량 발전소 사업을 사실상 총괄하고 있는 한국전력은 석탄화력발전 설비를 3가지 용량으로 나누어 설치하고 있으며, 모든 설비에 초임계압 기술을 적용하고 있다. 표준형 설비에는 '초임계압$_{SC}$' 기술이 적용되며, 용량이 클수록 '초초임계압$_{USC}$' 기술을 적극적으로 도입하고 있다. 대표적인 사례로는 당진화력발전소 9·10호기가 있다. 이 두 호기는 국내 최초의 1,000MW급 대용량 석탄화력발전소로, 2015년에 준공되었으며 초초임계압 기술을 적용한 고효율 설비로 평가받는다. 현재 연간 약 171억 kWh의 전력을 안정적으로 생산하고 있다.

현시점에서 석탄화력발전의 '연명' 전략으로 추진되고 있는 기술은, 암모니아나 수소 등 청정 연료를 석탄과 함께 사용하는 '무탄소 혼소$_{co-firing}$' 발전 방식이다. 현재 실증 단계에서 가장 주목받는 연료는 암모니아이며, 이를 석탄과 혼합해 사용하는 방식은 '암모니아 혼소'라고 불린다. 정부는 2030년까지 석탄화력발전소 24기에 대해 암모니아 20% 혼소를 적용할 계획이며, 이로 인해 약 20% 수준의 탄소 감축 효과가 기대된다. 그러나 기술적 과제도 존재한다. 혼소 과정에서 미연소 암모니아$_{slip}$가 발생할 수 있는데, 이는 대기 중에서 황산염 및 질산염과 반응해 황산암모늄·질산암모늄 형태의 미세먼지를 형성하게 된다. 또한 발전 비용이 기존보다 높아지는 문제가 있어, 2026년에는 해당 기술의 상용화 여부가 주요 정책 쟁점으로 떠오를 가능성이 크다. 이에 따라 정부는 보조금 규모와 지원 방식에 대한 근본적인 재검토에 나설 것으로 전망된다.

이외에도 석탄화력발전의 미래형 기술로 자주 언급되는 것이 바로 석탄가스화 복합화력발전소IGCC, Integrated Coal Gasification Combined Cycle다. 이는 석탄을 고온·고압 상태에서 가스화하여 합성가스를 만들어 연료로 사용하는 청정 석탄화력발전 기술이다. 발전 과정만 놓고 보면, 기존의 증기터빈을 이용한 전통적인 석탄화력발전이 아니라, 석탄에서 뽑아낸 '가스'를 연료로 이용하는 가스터빈 발전 방식으로 보아야 한다.

석탄가스화 복합화력발전IGCC은 장점이 많은 기술이다. 특히 가스화 과정에서 환경오염 물질의 약 70%를 제거할 수 있어, 기존 석탄화력발전에 비해 친환경적이다. 또한 중질유 등 다른 화석 연료도 가스화하여 발전에 활용할 수 있어서, 전력 시장에서 다양한 응용 가능성을 지닌 기술로 주목받고 있다. 국내에서는 한국전력기술이 해당 기술을 개발했으며, 한국서부발전이 이를 채택해 충청남도 태안에 국내 최초의 300MW급 IGCC 실증플랜트를 2016년 8월에 준공했다. 이 플랜트는 현재 실제로 전력을 생산 중이며, 다양한 실증 운전을 통해 기술 안정성과 상용화 가능성을 검증하고 있다.

다만 이 기술은 한계보다는 경제적 효율성 때문에 실용화가 쉽지 않다. 실제로 IGCC 기술은 1970~1980년대 오일쇼크 당시, 석유와 천연가스 가격이 4배 이상 폭등하자 비산유국들이 대체 에너지원 확보를 위해 관심을 갖고 연구를 시작한 방식이다. 하지만 최근 들어 원유와 천연가스 가격이 안정되면서, IGCC의 실효성에 대한 의문이 제기되고 있다. 특히 건설 비용이 과도하게 높다는 점이 가장 큰 걸림돌이다. 예를 들어 충남 태안에 건설된 IGCC 실증 발전소에는 약 1조 3,000억 원이 투입되었는데, 이는 동일 용량의 LNG 발전소 건설 비용의 6배 이상에 해당한다. 이 기술이 전력 시장 내에서 가치 있는 대안으로 자리매김하기 위해서는, 향후 기술 발전을 통해 건설비와 유지비를 획기적으로 절감할 수 있는지 여부를 지켜볼 필요가 있다. 적어도 수년 내에 본격적인 상용화가 이루어질 가능성은 낮다는 것이 현재의 평가다.

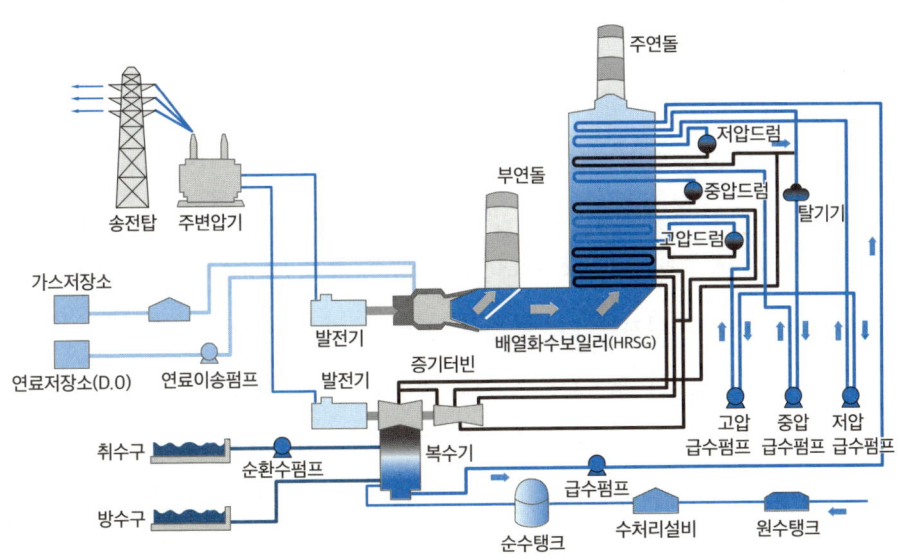

태안 IGCC 실증플랜트 개념도 ⓒ 한국전력기술

현 에너지 시장에서 가장 주목해야 할 발전 분야는 단연 원자력이다. 최근 원자력은 다시금 전성기를 맞이하고 있다. 그 배경에는 AI 산업의 급성장과 전기차 보급 확대로 인한 전력 수요의 폭증이 있다. 이러한 수요를 안정적으로 감당할 수 있는 현실적인 수단으로 원자력이 각광받고 있는 것이다. 또한 당면 과제인 지구온난화에 대응하기 위해서는 탄소 배출을 최소화해야 하는데, 대용량 상시 발전이 가능하면서도 탄소를 배출하지 않는 발전 방식은 현재로서는 원자력 외에 마땅한 대안이 없다. 이러한 이유로 유엔 산하 IPCC(기후변화에 관한 정부 간 협의체)는 원자력의 확대 활용을 권고하고 있다. 국제에너지기구 IEA 역시 2050년까지 원자력발전량이 현재의 2배 이상으로 확대될 것으로 전망하고 있다.

이러한 흐름은 당분간 꾸준히 이어질 것으로 보인다. 골드만삭스 리서치에 따르면, 전 세계 원자력발전 설비 용량은 현재 378GW 수준에서 2040년까지 575GW로 약 200GW 이상 증가할 것으로 전망된다. 세계 전력 믹스에서 원자력이 차지하는 비율은 현재 약 9%인데, 향후 12%까지 확대될 것으로 예상된다. 2025년 현재, 전 세계 15개국에서 총 61기의 원자로가 건설 중이며, 이 가운데 절반 이상이 중국에 집중되어 있다. 이 중 59기는 2032년 이내에 가동될 예정이며, 추가로 약 85기의 원자로가 계획 단계, 359기가 제안 단계에 올라 있다. 향후 20~30년 이내에 전 세계적으로 수백 기의 신규 원전이 건설될 가능성이 높다. 이는 원자력이 다시금 글로벌 에너지 전략의 핵심 축으로 자리 잡고 있음을 보여준다.

현재 건설 중이거나, 혹은 신규로 건설을 추진 중인 원전은 대다수가 3+세대로 건설될 것으로 보인다. 1900년대 후반 등장한 3세대 기술을 한층 안정적으로 다듬은 형태로, 2000년대 들어 본격적으로 3+세대로 접어들었다.

원전은 크게 경수로와 중수로로 나뉜다. 가장 큰 차이는 냉각재로 사용하는 물의 종류에 있다. 경수로는 일반적인 물인 경수H_2O를 사용하고, 중수로는 수소의 동위원소인 중수D_2O를 사용한다. 현재 세계적으로 가장 널리 사용되는 원자로는 경수로 방식이며, 특히 3세대 원전 기술 이후에는 경수로가 사실상 표준 형태로 자리 잡았다. 이 3세대 원전을 흔히 'LWRs Light Water Reactors'라고 부른다. 이후 등장한 3+세대 원전은 안정성과 효율을 더욱 강화한 진화형 모델이다. 우리나라가 세계 원전 시장에서 자랑하는 '한국형 신형 가압경수로' APR-1400 역시 3+세대에 해당하며, 높은 안전성과 경제성을 바탕으로 국제적 경쟁력을 인정받고 있다. 따라서 현재 원전 건립을 검토하고 있다면, 3+세대 경수로 원전은 가장 현실적이고 전략적인 선택지가 될 수 있다.

현재 원자력 산업은 4세대 원자로 도입을 눈앞에 두고 있으며, 향후 차세대 원전은 빠르게 4세대 기술로 전환될 것으로 전망된다. 비록 2026년의 핵심 기술 흐름은 아니지만, 중장기적 관점에서 반드시 짚고 넘어가야 할 분야다. 4세대 원자로 기술은 2000년대 초, 미국 에너지부DOE와 9개국 전문가들이 주축이 되어 결성한 GIF Generation IV International Forum를 통해 제안되었다. 이 포럼은 차세대 원자로의 안전성, 지속 가능성, 경제성, 핵비확산 저항성 등을 목표로 국제 공동연구를 추진하고 있다. 2025년 현재 아르헨티나, 오스트리아, 브라질, 캐나다, Euratom(유럽연합), 프랑스, 일본, 중국, 한국, 남아공, 러시아, 스위스, 영국, 미국 14개국이 참여하고 있다.

원자력발전의 세대별 발전에서 가장 핵심적인 특징은 안전성의 향상이다. 4세대 원자로는 기존 시스템에 비해 '더 안전하고, 더 지속 가능하며, 더 경제적이고, 더 높은 핵비확산 저항성'을 개발 목표로 삼고 있다. 원전의 안전성 지표는 '연간 중대사고 빈도CDF, Core Damage Frequency'로 가늠하는 경우가 많은데, 4세대 원자로에서 중대사고가 날 확률은 최대 10^{-7} 정도로 추정된다. 이는 천만 년에 한 번 중대사고가 발생할 확률에 해당하며, 소행성이 지구에 충돌해 인류가 멸망할 확률(5×10^{-8})과 비슷한 수준이다.

원자력이 열을 내는 원리는 '핵분열'이다. 우라늄이 분열되는 과정에서 핵 내부에 있던 중성자가 튀어나와 주변의 다른 원자핵을 충돌시키고, 그 충격으로 또 다른 핵이 분열된다. 이러한 반응이 순식간에 폭발적으로 일어나면 원자폭탄이 되고, 반대로 인간이 이를 제어해 서서히 진행되도록 만든 것이 원자력발전소다. 이때 발생하는 열에너지를 이용해 물을 끓이고 증기를 만들어 터빈을 돌리는 방식으로 전기를 생산한다는 점에서 원자력발전은 화력발전과 유사하지만, 열의 발생 방식이 다르다.

그리고 4세대 원전 기술의 핵심이 바로 고속로다. 고속로Fast Reactor란 이러한 핵분열 반응 속도가 기존 원자로보다 더 빠르게 진행되도록 설계한 원자로다. 4세대 원전에 해당하는 형태는 크게 6가지다. 각각 △소듐냉각고속로SFR, Sodium-cooled Fast Reactor △납냉각고속로LFR, Lead-cooled Fast Reactor △가스냉각고속로GFR, Gas-cooled Fast Reactor △용융염로MSR, Molten Salt Reactor △초임계압수냉각로SCWR, Super-Critical Water-cooled Reactor △초고온가스로VHTR, Very High Temperature Reactor다.

4세대 원자로는 총 6가지로 분류되며, 이 중 3개는 명확한 고속로Fast Reactor에 해당한다. 여기에 용융염로도 설계에 따라 고속 중성자를 활용할 수 있어 고속로 개념으로 확장이 가능하다. 초임계압수냉각로SCWR 역시 설계 방식에 따라 '유사 고속로'로 활용될 수 있다. 결과적으로 초고온가스로를 제외한 나머지 5개 원자로가 고속로 기술을 염두에 두고 개발되고 있는 셈이다.

이처럼 고속로 기술이 주목받는 이유는 바로 사용후핵연료(핵폐기물)의 최소화에 있다. 기존 3+세대 이전의 원자로는 사용후핵연료가 다량 발생하며, 이들은 수만 년 이상 격리 보관해야 하는 고준위 방사성 폐기물로 분류된다. 하지만 고속로를 활용하면, 이러한 사용후핵연료조차 재활용 가능한 연료로 전환할 수 있다. 경수로에서 나온 사용후핵연료를 파이로프로세싱 등으로 처리해 다시 핵연료로 만들고, 이를 고속로에서 연소시켜 발전하며, 이 과정에서 나온 폐기물도 다시 연료로 활용하는 순환적 재활용 구조가 가능하다. 이러한 과정을 여러 차례 반복할 수 있다. 최종적으로 발생하는 폐기물은 전체의 5% 미만으로 줄어들고, 격리 보관 기간도 기존 수만 년에서 약 300년 수준으로 단축될 수 있다. 고속로의 또 다른 장점은 연료의 다양성이다. 꼭 우라늄이 아니더라도, 토륨Th과 같은 자연 상태에서 연쇄반응이 일어나지 않는 핵물질도 활용할 수 있어, 핵연료 자원의 선택 폭을 넓히고 핵확산 위험도 줄일 수 있는 기술적 유연성을 갖추고 있다.

4세대 원자로는 미래형 기술로 분류되지만, 실제로는 이미 실용화 단계에 접어들었으며 다양한 실증 사례가 존재한다. 그 선두 주자는 의외로 러시아다. 1980년 구소련 시절에 준공된 소듐 냉각 고속증식로 BN-600은 당시 개발된 고속증식로 중 가장 큰 규모를 자랑하며, 30년 이상 안정적으로 운전 중이다. 출력은 약 600MW 수준으로, 현재도 상업적 전력 생산에 활용되고 있다. 이후 러시아는 BN-800을 개발해 2016년부터 상업 운전을 시작했으며, 안정적인 가동을 이어가고 있다. 러시아는 해당 기술을 적극적으로 채택하고 있다. 차세대 모델인 BN-1200M의 건설을 2025년 중에 시작할 예정이었으나, 러시아-우크라이나 전쟁의 여파로 현재 중단된 상태로 보인다. 또한 러시아는 BN-1600이라는 차기형 고속증식로를 현재 개발 중이다.

이 밖에 주목할 기술로는 소형 모듈 원자로SMR, Small Modular Reactor가 있다. 원래 SMR이라는 용어는 '소형 및 중형 원자로Small and Medium Reactor'를 의미했지만, 현재는 모듈화된 소형 원자로를 지칭하는 용어로 주로 사용된다. 사실 소형 원자로 기술은 핵잠수함이나 항공모함 등 군용 플랫폼에서 이미 실용화되었으며, 이를 민간 발전용으로 확장한 것이 SMR이다. 주요 기기를 모듈화해 공장에서 제작한 뒤, 현장에서 빠르게 조립할 수 있도록 설계되어, 건설 기간 단축과 비용 절감이 가능하다. 이러한 구조 덕분에 SMR은 전력망이 부족한 지역, 산간·도서 지역, 산업단지, 데이터센터, 해양 플랫폼 등 다양한 환경에 빠르게 대량의 전력을 공급할 수 있는 장점을 지닌다. 특히 피동형 안전 시스템, 소형 부지 활용, 다목적 열공급 기능 등으로 탄소중립 시대의 전략적 에너지원으로 각광받고 있다. 2025년 현재, 전 세계적으로 70종 이상의 다양한 SMR이 경쟁적으로 개발되고 있다.

SMR(소형 모듈 원자로)은 원자로 출력이 낮아서 공기냉각만으로도 폭발 위험이 거의 없는 형태인데, 이를 '피동 안전성passive safety'이라고 부른다. 예를 들어 미국의 누스케일사는 물의 자연순환만으로 냉각되는 'VOYGR'라는 이름의 SMR을 개발 중인데, 출력은 50~77MW 정도다. 하지만 이처럼 출력이 낮을 경우, 설치비 대비 전력 효율이 떨어지는 문제가 발생할 수 있어, 최근에는 출력을 높이려는 기술적 시도도 활발하다. 한국에서 개발 중인 'i-SMR'은 170MW 정도의 출력을 목표로 한다. 다만 SMR의 출력을 너무 높이면 피동 안전성은 크게 낮아지므로 균형을 맞출 필요가 있다.

2026년에는 전 세계적으로 신규 대형 원전 건설 계획이 본격화되는 동시에, 북미와 유럽을 중심으로 소형 모듈 원자로SMR 착공을 위한 부지 선정 및 인허가 절차가 활발히 진행될 것으로 전망된다. 이러한 흐름은 곧 우라늄 수요 증가로 이어질 것으로 예상된다. 실제로 2024년 기준 전 세계 우라늄 수요는 약 9만 톤 수준이지만, 2045년에는 약 16만 4,000 톤까지 증가할 것으로 전망된다.

에너지 공급 체계와 환경 기술, 균형을 이룰 수 있을까?

지구온난화 시대, 재생에너지가 열어가는 새로운 혁신

지구온난화를 일으키는 온실가스는 모두 7종류다. 메탄CH_4, 아산화질소N_2O, 수소불화탄소$HFCs$, 과불화탄소$PFCs$, 육불화황SF_6, 삼불화질소NF_3까지가 6개로, 이름조차 생소한 사람이 적지 않을 것이다. 그런데 마지막 하나, 이산화탄소CO_2는 누구나 잘 알고 있다. 온실가스라고 하면 가장 먼저 이산화탄소부터 떠올리는 경우가 많은데, 실제로도 지구의 온실효과에서 이산화탄소가 차지하는 비율은 90%를 넘어선다. 즉 이산화탄소 하나만 제대로 통제할 수 있어도 기후변화 문제에서 상당 부분 자유로워질 수 있다고 해도 과언이 아니다.

그렇다면 이산화탄소는 왜 이렇게 많이 발생할까. 인류는 에너지를 얻기 위해 지금까지 화석 연료, 즉 자연에서 채취한 연료를 사용해 왔다. 석탄, 석유, 천연가스, 목재, 사탕수수, 동물성 기름 등이 대표적이다. 이러한 연료에 불을 붙이면 빛과 열을 얻을 수 있었다. 이를 정제하고 가공해 자동차를 움직이거나 난방에 사용하거나 전기를 생산하는 데 활용해왔다. 현대 문명은 대부분 이런 과정을 거쳐 얻은 에너지를 소비하며 유지되고 있는 셈이다.

그런데 이렇게 화석 연료를 불태우면, 연료에 포함된 탄소C 성분이 산소O_2와 반응하면서 이산화탄소CO_2를 생성한다. 이는 이미 널리 알려진 것처럼 온실효과를 유발해 기후변화의 주요 원인이 된다. 이 과정에서 미세먼지, 질소산화물NO_x 등 다양한 환경오염 물질도 함께 발생한다. 에너지 기술과 환경 분야는 떼려야 뗄 수 없는 관계에 있는 셈이다. 따라서 에너지 기술을 제대로 이해하는 것은 지구 환경을 지키는 가장 근본적인 해결책을 찾는 일과 직결된다.

지구온난화는 더 이상 먼 미래의 이야기가 아니다. 지금 이 순간에도 이를 완화하거나 극복하기 위해 수많은 연구자가 총력을 기울이고 있다. 지구 연평균 기온이 단 1~2도만 상승해도 이상기후 현상이 빈번해지고, 전 세계가 그 여파로 몸살을 앓는다. 이 때문에 국제사회에서는 "지구의 평균 기온 상승을 섭씨 1.5도 이내로 억제해야 한다"는 경고가 반복되고 있다. 인류는 지금까지 기준값인 약 14도보다 2도 이상 높은 기후에서 살아본 적이 없다. 만약 이 임계점을 넘는다면, 인간이라는 종種은 지금껏 경험해보지 못한 환경에서 살아가야 하는 상황에 직면하게 된다. 그 결과가 어떤 재앙으로 이어질지 인류는 아직 정확히 알지 못한다.

이러한 문제를 해결하는 가장 좋은 방법은 인간이 산업 활동을 중단하는 것이다. 하지만 이는 현실적으로 불가능하다는 사실을 누구나 알고 있다. 따라서 지금 당장 실천할 수 있는 현실적인 대안은 2가지 중 하나다. 첫째는 '에너지 소비를 최대한 줄이는 것'이다. 탄소 배출을 낮추기 위해, 생산 및 서비스 시설의 설계 단계부터 제품의 생산, 유통에 이르기까지 에너지 사용을 최소화하는 구조적 노력이 필요하다. 이러한 노력은 단순한 절약을 넘어, 시스템 전반의 효율을 높이는 방향으로 이어져야 한다. 특히 에너지를 직접 생산하고 유통하는 기업의 경우, 적은 탄소 배출로 더 많은 에너지를 생산하는 방법을 끊임없이 고민할 필요가 있다. 예를 들어 전력회사가 발전소 운영 효율을 극대화하려는 시도는 바로 이러한 노력의 일환이다.

둘째는 탄소 배출이 상대적으로 적거나, 전혀 없는 에너지원으로의 전환을 추구하는 것이다. 에너지 생산 과정 자체를 이러한 친환경 체계로 바꾸게 되면, 사회 전체의 에너지 소비량이 동일하더라도 탄소 배출량은 획기적으로 줄어들 것이다. 궁극적으로는 에너지를 충분히 사용하면서도 사회 전체적인 탄소 배출을 '제로(0)'에 가깝게 줄이는 것이 목표다. 이러한 목표를 실현하기 위해 인류는 다양한 신에너지와 재생에너지를 개발해왔다. 이 둘을 합쳐서 흔히 '신재생에너지'라고 부른다. 재생에너지라고 하면 흔히 폐기물, 혹은 사용하고 남은 찌꺼기 연료 등을 재활용하는 기술이라고 생각하기 쉬운데, 실제로는 자연에서 얻을 수 있는 에너지를 다시 활용하는 방식을 이야기한다. 대표적으로 태양광발전, 풍력발전, 수력발전 등이 이에 해당하며, 모두 환경에 부담을 주지 않는 친환경에너지 기술이다. 신에너지는 기존의 석유, 석탄, 원자력, 천연가스 등 전통적인 에너지원이 아닌, '새로운 방식으로 개발된 에너지'를 의미한다.

신재생에너지의 종류는 대단히 많지만, 기술에 대한 검증이나 범용성 등을 고려할 때 이에 대한 기준을 제시할 필요가 있다. 우리나라 정부도 신재생에너지의 종류를 법적으로 명확히 구분하고 있다. 재생에너지는 △태양열 △태양광발전 △바이오매스 △풍력 △소수력 △지열 △해양에너지 △폐기물에너지의 8개 분야가 있으며, 신에너지는 △연료전지 △석탄액화·가스화 △수소에너지의 3개 분야가 있다.

새삼스럽지만 신재생에너지라고 해서 무조건 탄소 배출 문제에서 자유로운 것은 아니다. 앞 장에서 언급한 석탄화력발전 기술 중 하나인 석탄가스화 복합화력발전소IGCC는 신에너지로 분류되지만, 기본적으로 석탄을 연료로 사용한다. 이 기술은 탄소 배출 효율이 조금 높을 수는 있지만, 석탄에서 가스를 추출하는 과정과 그 가스를 연소해 전기를 생산하는 과정에서 모두 탄소가 배출될 수밖에 없다.

재생에너지는 탄소 배출 측면에서 상대적으로 유리하지만, 상시 발전 능력이 떨어지므로 보완책이 필요하다. 그나마 태양광발전과 풍력발전은 여러 나라에서 두루 활용되고 있으며, 이를 보완하기 위한 기술과 시스템도 어느 정도 갖춰져 있다. 그러나 그 밖에 기타 재생에너지는 아직까지 현실적으로 전력 공급에서 큰 비중을 차지하지 못하고 있다. 물론 기술 개발 측면에서 다양한 시도가 이루어지고 있고, 소규모 전력 공급 체계를 보완하는 역할도 하고 있지만, 실제로 전력망 전체를 안정적으로 유지하는 데는 충분한 역할을 하지 못하고 있다. 지열발전은 예외적으로 아이슬란드 등 일부 지역에서 안정적인 전력 공급원으로 활용되고 있다. 재생에너지 중에서는 드물게 24시간 상시 발전이 가능한 기술로 평가받는다. 그러나 지열발전소를 건설할 수 있는 지리적 조건이 제한적이고, 잘못된 운영으로 지진을 유발할 위험도 있다. 2017년 포항에서 발생한 규모 5.4의 지진, 일명 포항지진은 인근 지열발전소에서 과도하게 물을 주입한 것이 원인이 되어 일어났다. 결국 다양한 재생에너지를 활용해 충분한 전력을 안정적으로 확보하려면, 더 큰 비용과 자원, 그리고 지속적인 유지·보수 에너지가 필요하다.

현시점에서 재생에너지 중 가장 현실적인 선택지는 태양광발전과 풍력발전이다. 아직까지 이들을 주력 에너지원으로 삼기에는 여전히 기술적·경제적 한계가 존재하지만, 적어도 '하지 않는 것보다는 낫다'는 평가를 받을 만큼의 기초적인 역할은 충분히 수행하고 있다. 게다가 재생에너지 관련 기술은 계속 발전하고 있으며, 이러한 흐름 속에서 '우선은 공급부터 늘리자'는 전략이 점점 더 설득력을 얻고 있다.

현재 우리나라를 비롯해 세계 각국은 '일단 석탄화력발전만이라도 줄이자'는 공통된 기조를 가지고 있다. 그런데 석탄화력발전의 비중을 줄이게 되면, 현실적으로 24시간 안정적인 전력 공급 체계를 유지할 수 있는 대안이 반드시 필요하다. 이에 따라 각국 정부는 감소한 석탄발전량을 천연가스를 활용한 '가스터빈 방식'으로 보완하고 있다. 동시에 태양광과 풍력 중심의 재생에너지 확대를 통해 부족한 전력을 채우려는 움직임도 활발하다. 물론 이러한 에너지원의 구성 비율은 국가별로 상이할 수밖에 없다. 예를 들어 일조량이 풍부하거나 바람이 자주 부는 지역에서는 태양광이나 풍력의 비중을 상대적으로 높게 설정할 수 있어, 재생에너지 중심의 전력 체계 구축이 더 유리하다.

천연가스 역시 연소 과정에서 이산화탄소를 배출하므로, 궁극적인 해결책이라고 보기는 어렵다. 그러나 다행히도 성분 면에서 천연가스는 자연에서 채굴되는 에너지원 중에서는 환경 부담이 상대적으로 적은 편이다. 천연가스의 주성분은 메탄CH_4으로, 탄소 원자 1개와 수소 원자 4개가 결합한 구조다. 반면 석탄은 주성분이 거의 순수한 탄소C로, 전체 성분의 80~90%를 차지한다. 따라서 같은 양의 전기를 생산한다고 가정할 때, 천연가스를 사용하는 가스터빈발전은 석탄화력발전보다 탄소를 절반 정도 적게 배출한다. 이러한 이유로, 천연가스로의 전환은 현실적인 대안으로 보인다.

물론 이 과정에서 반드시 고려해야 할 점이 있다. 천연가스를 활용한 '가스터빈' 방식은 24시간 발전이 가능하며 이산화탄소 배출도 상대적으로 적지만, 발전 방식 자체가 석탄화력발전이나 원자력발전과는 구조적으로 상당히 다르다. 사실 천연가스를 그대로 연소시켜 물을 끓이고 증기터빈을 돌리는 방식으로도 전기를 생산할 수 있다. 이는 석탄화력발전이나 원자력발전과 유사한 원리지만, 물을 데우는 과정에서 상당한 에너지 손실이 발생한다. 그래서 일반적으로는 천연가스를 연소할 때 발생하는 고온의 연소가스를 이용해 직접 터빈을 돌리는 '가스터빈 방식'을 주로 이용한다. 이 방식은 에너지 효율이 높고 24시간 안정적인 발전이 가능하다. 특히 단기적으로는 전력 공급 안정성 확보에 효과적인 대안이다.

문제는 가스터빈 방식의 발전기가 장기간 운전 시 부담이 크다는 점이다. 정기적인 점검이 필요하며, 그 과정에서 전력 생산이 일시적으로 중단될 수 있다. 이를 방지하기 위해 한 발전소 내에 여러 대의 발전기를 마련해 순차적으로 점검해야 한다. 이러한 운영 방식은 추가적인 비용과 자원 투입이 불가피하다. 가스터빈 방식의 발전기가 오랜 기간 '완전한 주력 발전 수단'으로 자리매김하지 못한 이유는 이러한 구조적 불편함 때문이다.

재생에너지는 전력망 유지 차원에서 단점이 더 크다. 석탄이나 원자력처럼 기본적인 발전 용량을 안정적으로 확보할 수 있는 에너지원 없이, 재생에너지만으로 전체 전력 수요를 충당하는 것은 현실적으로 매우 어려운 일이다. 그나마 기술적으로 검증된 것이 태양광과 풍력으로, 세계 각국은 이 2가지를 현실적인 대안으로 채택해 점진적인 에너지 전환을 시도하고 있다. 특히 태양광과 풍력발전은 재생에너지 중에서도 가장 기술적 안정성이 높고, 설비 구축과 운영 경험이 축적되어 확장 가능성도 상대적으로 높다. 각국은 이 두 에너지원에 집중하고 있다. 탄소 배출이 전혀 없고 24시간 안정적으로 저렴한 전력을 공급할 수 있는 차세대 에너지 기술(핵융합발전 등)이 실용화될 때까지 시간을 벌고 있는 셈이다.

우선 태양광발전에 대해 짚고 넘어가보자. 사람에 따라 태양광발전의 중요성을 크게 평가하지 않는 경우도 있다. 실제로 주력 전원으로서의 안정성과 출력 면에서 석탄, 원자력, 천연가스 등에 비해 부족한 점이 있는 것은 사실이다. 하지만 재생에너지 중에서 가장 강력하고 현실적으로 활용 가능한 에너지원을 꼽으라면, 결국 태양광발전을 빼놓고는 이야기하기 어렵다.

태양광발전은 대표적인 친환경에너지 생산 방식이다. 지구상의 거의 모든 에너지는 기본적으로 태양에서 비롯된다. 태양에너지가 지표면을 데우면 바람이 불고, 바다를 데우면 해류가 생겨난다. 수증기를 만들어 비를 내리게 하고, 그 비는 강과 호수를 이룬다. 태양 빛을 받아 식물이 성장하고, 동물은 그 식물을 먹고 자란다. 심지어 석탄과 석유 같은 화석 연료도 동식물의 사체 등이 땅속에서 오랜 시간 변성된 결과물이다. 태양광발전은 이러한 태양에너지를 즉시 전기로 변환하는 방식이다. 중간에 일체의 환경오염 없이, 즉각적이고 깨끗하게 전기를 얻을 수 있다는 점에서 친환경적이다.

물론 태양광발전 역시 한계는 존재한다. 해가 지거나 구름에 가려지면 발전이 불가능하고, 대규모 발전을 위해서는 넓은 부지 확보가 필수적이다. 하지만 이러한 제약에도 불구하고, 다른 재생에너지에 비교할 수 없을 정도로 효율이 높다. 일반적으로 $1m^2$당 10W의 전력을 생산할 수 있는 경우가 많은데, 이 정도면 풍력발전(약 $2.5W/1m^2$)의 4배에 해당하는 수치다. 태양광발전 효율을 높이기 위한 노력도 계속되고 있으므로, 앞으로 이 격차는 점점 더 벌어질 것으로 보인다.

다른 재생에너지와 비교해 취급이 용이한 것도 태양광발전의 가장 큰 장점이다. 어디든 '태양전지판'만 설치하면 그 즉시 발전이 가능하므로 발전 시설을 지을 때 대규모 공사를 할 부담이 줄어든다. 또한 빛이 닿는 곳이라면 어디든 소규모 전력 생산이 가능하다. 예를 들어 각 가정의 지붕, 벽, 창문(투명 태양광 셀도 생산되고 있다) 등에 태양광 모듈을 설치하면, 주택 자체에 소규모라도 전기를 생산할 수 있다. 이러한 방식은 전체 전력망의 부담을 줄일 수 있으므로 큰 장점이다.

실제로 미국, 호주, 중동 일부 지역 등 일조량이 풍부한 나라에서는 이러한 가정용 태양광 모듈 시장이 크게 활성화되어 있다. 참고로 이 분야 미국 1위를 국내 기업 한화큐셀이 차지하고 있다. 미국 가정에서 볼 수 있는 태양광 모듈 3개 중 1개는 한화큐셀 제품이다.

태양광발전이 이루어지는 원리는 다음과 같다. 특정 소재에 빛을 비추면 전자가 튀어나와 전기가 발생한다는 사실이 밝혀졌고, 이 현상을 설명한 이론이 바로 '광전효과Photoelectric Effect'다. 이 개념을 정립한 인물이 바로 '상대성 이론'으로 유명한 물리학자 앨버트 아인슈타인이며, 그는 이 업적으로 노벨물리학상을 받았다. 오늘날 우리가 태양전지를 이용해 전기를 생산할 수 있는 것도, 바로 아인슈타인이 마련한 이론적 토대 덕분이다. 오늘날 태양광 패널을 만드는 방법은 반도체 공정과 비슷하다. 폴리실리콘Polysilicon, 카드뮴 텔루라이드Cadmium Telluride 등 광전효과를 가진 재료를 가공해 얇은 판Wafer으로 만든 다음, 이것을 잘라 붙여 셀Cell(태양전지 역할을 하는 최소 단위)을 만든다. 여러 개의 셀을 사각 틀 안에 배열해 제품 형태로 만들면 모듈Modul, 모듈을 여러 개 연결한 것을 '패널'이라고 부른다.

2020년대 초반까지 태양광발전 분야에서 시장을 주도한 기술은

'퍼크PERC, Passivated Emitter and Rear Cell' 구조였다. 이는 태양전지의 후면에 전자의 재결합을 막고 빛을 반사시키는 얇은 절연막Passivation layer을 추가해, 전기로 바뀌지 못하고 셀을 통과한 빛을 다시 앞쪽으로 반사시켜 재활용하여 효율을 높인 기술이다.

하지만 2024년부터 태양광발전 기술의 주류는 기존의 퍼크보다 효율이 한 단계 높은 차세대 기술인 '탑콘TOPCon, Tunnel Oxide Passivated Contact'과 '헤테로정션HJT, Heterojunction'으로 빠르게 전환되고 있다. 탑콘은 기존 퍼크 구조 위에 매우 얇은 산화막을 추가해, 전자가 불필요한 위치에서 소멸되는 현상(재결합)을 더욱 효과적으로 억제해 효율을 한층 더 끌어올렸다. 현재 24~25% 수준의 효율을 보인다. 일반적으로 상용 패널의 효율이 20% 내외인 점을 고려하면 상당한 향상을 보인다고 할 수 있다. HJT는 실리콘 박막을 샌드위치처럼 덧붙인 구조로, 서로 다른 성질의 반도체가 더 넓은 파장대의 햇빛을 흡수하므로 25%를 넘어서는 고효율 발전이 가능하다.

물론, 실험실 수준에서는 이보다 더 높은 성능을 보이는 경우도 있다. 기존 실리콘 구조를 벗어난 '페로브스카이트Perovskite' 태양전지 형태인 경우다. 지금은 태양전지 셀의 원료 물질로 '실리콘Silicon'(규소)이 주로 사용되는데, 암석이나 모래 등에서 성분을 추출해 초순도로 가공하는 과정을 거쳐야 하므로 단가가 높다. 반면 페로브스카이트는 유·무기 원소로 구성된 광흡수 반도체로, 이 성분이 함유된 화학물질을 플라스틱 필름에 바르기만 하면 셀을 만들 수 있다. 셀의 두께도 기존 대비 1,000분의 1 수준으로 매우 얇다. 기존의 알려진 물질에 비해 흡광 계수(빛을 흡수하는 정도)가 매우 높고 광전자 이동도도 뛰어나다. 상용화만 된다면 태양광발전 시장의 판도가 바뀔 것으로 예상된다. 해당 기술은 해마다 빠르게 갱신되고 있으며, 현재 한국은 기술 개발에서 가장 앞서 있는 국가 중 하나다. 실용화의 관건은 '짧은 사용시간'을 극복하는 것이다. 최근에는 1,000시간 이상 사용 가능한 기술이 공개되는 등 상용화 직전 단계라는 평가가 많다. 2026년 실용화를 목표로 삼는 기업이 적지 않으므로 추이를 지켜볼 필요가 있다.

풍력발전 기술도 빠르게 발전하고 있다. 앞서 이야기한 것처럼, 자국의 지리적·기후적 특성에 가장 적합한 재생에너지 형태를 선택하는 것이 가장 중요하다. 넓은 사막 지역에서 많은 바람을 확보할 수 있는 중국이 풍력발전 분야에서 세계 1위의 설치 용량을 자랑한다. 그다음으로 많은 바닷바람을 확보할 수 있는 유럽이 이 분야에 높은 관심과 투자를 이어가고 있다. 반면 미국은 일조량이 풍부한 지역이 많아 태양광발전에 더 집중한다. 2023년 아시아와 유럽에서는 각각 41GW와 34GW의 해상풍력발전 용량을 가동 중인데, 이 두 지역을 합치면 전 세계 해상풍력발전 용량의 99.9%를 차지한다.

풍력에너지는 바람 속도의 세제곱에 비례해 발전량이 결정되므로, 조금이라도 더 강하고 꾸준한 바람이 부는 지역에 설치하는 것이 무엇보다 중요하다. 이러한 이유로 현재 풍력발전의 중심은 육지를 넘어 바다로 나아가는 '해상풍력Offshore Wind Power'으로 빠르게 기울고 있다. 해상은 육지보다 바람이 훨씬 강하고 일정하며, 소음이나 경관 훼손, 공간 제약 등의 문제에서도 상대적으로 자유롭다는 장점이 있다.

해상풍력 기술의 핵심은 '터빈의 대형화'를 통해 규모의 경제를 실현하는 데 있다. 터빈이 커질수록 더 높은 고도에서 강한 바람을 안정적으로 확보할 수 있고, 날개의 길이가 길어질수록 더 넓은 면적의 바람을 포착해 발전 효율이 기하급수적으로 증가한다. 대표적인 사례로, 2025년 초 독일의 풍력발전 기업 지멘스 가메사Siemens Gamesa는 덴마크 외스테릴 지역에 21.5MW급 해상풍력발전기 설치 승인을 덴마크 당국으로부터 받았다. 이 풍력발전기는 날개의 지름이 276미터나 된다. 바람을 받는 면적이 축구장 12개와 맞먹는 초대형 크기다. 이러한 대형화 추세는 전 세계적으로 확산되고 있다. 날개 길이가 120미터를 넘는 풍력발전기 설치가 이제는 드물지 않다.

먼 바다로 나아가 더 많은 바람을 확보하기 위한 기술로, 풍력발전기 자체를 바다 위에 띄우는 '부유식 해상풍력Floating Offshore Wind Power' 기술이 최근 주목받고 있다. 기존의 고정식 해상풍력은 해저에 기초 구조물을 설치해야 하므로, 수심 50~60미터 이내의 얕은 바다에만 설치할 수 있다. 그러나 풍력발전기를 바다 위에 띄워서 설치하는 '부유식 해상풍력'은 바람이 훨씬 강한 먼 바다에도 설치할 수 있어 효율이 훨씬 크다. 2023년 노르웨이 국영 에너지 기업 에퀴노르Equinor가 세계 최대 규모의 부유식 해상풍력단지인 '하이윈드 탐펜Hywind Tampen'을 완전 가동하기 시작했는데, 이는 부유식 기술이 상용화 단계에 진입했음을 알리는 신호탄으로 보인다. 이 단지는 노르웨이 해안에서 약 140킬로미터 떨어진 북해에 위치하며, 발전설비 용량은 88MW에 달한다.

물론 이렇게 하더라도 재생에너지는 본질적으로 간헐적 전력 생산이라는 치명적 단점을 안고 있다. 따라서 재생에너지를 실질적인 전력원으로 활용하려면 2가지 핵심 기술의 지원이 필수적이다. 첫째는 '에너지 저장장치ESS, Energy Storage System'를 충분히 확보하는 것이다. 생산된 전기를 저장했다가 필요할 때 꺼내 쓰는 방식으로, 간헐적인 발전을 연속적인 전력 공급으로 전환할 수 있는 직접적인 해결책이다. 둘째는 AI 기반의 전력망 관리 기술이다. 발전량과 전력 사용량을 예측해, 전력 수요와 공급을 최적화하여 불균형을 최소화하는 기술이다.

ESS의 기본 원리는 '전기가 풍부할 때 저장했다가, 부족할 때 꺼내어 공급한다'는 것이다. 이러한 원리를 바탕으로 ESS는 저장 매체의 종류에 따라 전기화학적 ESS(리튬이온 배터리 등), 물리적 ESS, 기계적 ESS, 열적 ESS, 화학적 ESS 등으로 나뉜다. 예를 들어 물리적 ESS로 가장 잘 알려진 것이 '양수 발전'이다. 전기가 충분할 때 물을 퍼 올려 댐에 보관했다가, 전기가 부족해지면 수문을 열고 수력발전 원리를 이용해 전기를 생산하는 방식이다. 국가에 따라서는 이 방식이 굉장히 유용하며, 국내에서도 청평양수, 삼량진양수, 무주양수, 산청양수, 양양양수, 청송양수, 예천양수 7개 소가 운영 중이다. 대용량 발전소를 운영하면서, 전기가 풍부한 밤 시간에 물을 퍼 올렸다가, 낮에 수문을 여는 방식으로 전력 오차를 줄이기 위해 사용해왔다.

이외에도 다양한 형태의 에너지 저장 기술이 활발히 연구되고 있다. 대기를 고압으로 압축해두었다가 이를 분사하면서 터빈을 돌리는 '압축 공기 저장' 기술, 고압으로 액체탄산 등을 만들었다가 이를 다시

기체로 바꾸면서 생겨나는 압력을 이용해 전력을 얻어내는 '액체 공기 저장', 물을 전기분해해 수소를 만든 다음, 전기가 필요할 때 이 수소를 이용해 발전하는 '지하 수소 저장' 방법 등이 연구되고 있다. 실리콘, 그래파이트 등의 특수 소재를 이용해 전기를 '열'로 바꿔 보관하려는 시도도 있다.

하지만 이런 방법으로는 시시각각 전력 생산량이 변하는 재생에너지 발전 시설에 대응하기 어려우므로 최근에는 '배터리 방식'의 ESS가 가장 널리 사용되고 있다. 배터리Battery의 약자를 따서 BESS라고 적기도 한다. 흔히 ESS라고 하면 대부분은 BESS를 지칭하는 경우가 많다.

배터리에도 다양한 종류가 존재하는데, 각각의 특성에 따라 에너지 저장 방식이 달라진다. 특수 배터리로 배터리액을 순환하면서 전력을 저장하는 '바나듐 레독스 흐름 배터리VRFB', 모듈형이어서 확장이 쉬운 '아연-브롬 배터리ZNBR'가 있다. 신개념 배터리인 '나트륨 이온 배터리Na-ion'를 ESS에 적용하려는 방식도 있다. 그러나 현재 ESS 시장에서 가장 널리 사용되는 배터리는 여전히 리튬 계열 배터리다. 효율이 비교적 높고, 구하기도 쉽다.

ESS의 중요성을 보여주는 대표적인 사례로 영국을 들 수 있다. 스코틀랜드는 약 10GW의 풍력발전 용량을 보유하고 있지만, 전력 수요는 영국 전체의 10% 수준에 불과하다. 이에 따라 스코틀랜드에서 생산된 전력 대부분은 잉글랜드로 송전되어 소비되고 있다. 영국 싱크탱크 카본트랙커Carbon tracker의 보고에 따르면, 2022년 영국 전력망의 혼잡 현상으로 인해 스코틀랜드 풍력발전소의 출력 제한이 200회 이상 발생했다. 그러니 수요가 많은 잉글랜드에서는 가스 발전소를 가동해 그 부족분을 채울 수밖에 없었다. 이로 인해 약 8억 파운드의 경제적 손실이 발생했고, 온실가스 배출량은 130만 톤 증가했다는 통계가 있다.* 이에 따라 영국 정부는 이러한 전력망 혼잡 현상에 따른 출력 제한 문제를 해소하기 위해 송전망 증설과 ESS 도입을 적극적으로 추진하고 있다.

두 번째로 주목해야 할 것은 전력망 관리 기술이다. ESS를 활용하면서 더욱 중요해진 것이 바로 AI 기반의 '가상발전소VPP, Virtual Power Plant' 기술이다. VPP는 물리적인 발전소 없이, 소프트웨어를 통해 여러 지역에 분산된 소규모 신재생에너지 발전 설비와 ESS, 전기차 등의 자원을 하나의 통합된 발전소처럼 제어하는 시스템이다.

이 과정에서 AI는 핵심적인 역할을 수행한다. 기상 데이터와 과거 발전량 패턴을 분석해 신재생에너지의 발전량을 높은 정확도로 예측하고, 각 가정과 공장의 전력 소비 패턴도 함께 분석해 실시간으로 전력망의 공급과 수요를 최적화하는 데 기여한다.

이런 예측이 가능한 것은 AI의 발전 덕분이다. AI는 전력망 유지와 운영 전반에 활용되므로 모든 재생에너지에 두루 적용할 수 있다. 그럼에도 태양광발전보다 풍력발전에 더 유리한 측면이 있다. 태양광 발전은 하루 중 낮에만 전기를 생산할 수 있는 반면, 풍력발전은 바람이 멈

---

* 안재균·임덕오, 「효율적 탄소중립 실현을 위한 에너지저장장치비용LCOS 전망 및 최적믹스 수립 시스템 구축 연구」, 2024. 12. 31.

추지 않는다면 대개 24시간 내내 발전기를 가동할 수 있다. 반대로 어느 순간 바람이 멎으면 전기가 생산되지 않는다. 따라서 전력망에 끼치는 영향 역시 크다. 또한 일기예보 기술의 발전으로 일조량 예측은 어느 정도 가능해졌지만 시시각각 바뀌는 바람의 세기나 방향을 계속 예측하기는 여전히 쉽지 않기에, 풍력발전에서 발전량 예측 기술은 더욱 강조되고 있다.

더욱이 풍력발전의 물리적 효율은 곧 기술적 한계에 부딪힐 것으로 예상된다. 풍력발전 기술은 본질적으로 대기 중의 바람을 이용해 블레이드를 회전시키고, 이를 통해 전기를 만드는 것이다. 날개(블레이드) 앞에서 불어오는 바람의 힘이 터빈을 돌리고, 힘을 잃은 바람은 일부 뒤쪽으로 빠져나가는 방식이다. 이 둘의 힘이 3:1이 될 때 최적의 효율을 낸다는 연구 결과가 있는데, 이를 '베츠의 법칙Betz's law'이라고 부른다. 이 이론에 따르면 풍력발전의 최대 에너지 효율 한계는 59.26% 정도다. 현재 판매 중인 풍력발전기의 효율은 45~50% 정도로 이미 이론적 한계에 근접한 상태다. 이 같은 상황에서 발전 효율을 더 높이는 방법은 예측 기술의 최적화를 통해 '운영의 묘'를 최대한 살리는 것이다.

따라서 세계 여러 기업이 저마다 AI를 통한 재생에너지 발전량 예측 기술을 경쟁적으로 개발 중이다. 보통 AI가 날씨 예보와 과거 데이터를 바탕으로 발전 가능한 전력량을 사전에 예측하는 방식으로 작동한다. 대표적인 사례로 바둑 인공지능 알파고AlphaGo 개발자이자 2024년 노벨화학상 수상자인 데미스 허사비스Demis Hassabis가 이끄는 AI 전문업체 구글 딥마인드가 개발한 AI 시스템이 있다. 이 시스템은

36시간 전에 풍력발전량을 예측할 수 있다. 미국 중부의 700MW 규모 풍력발전단지에 적용한 결과, 풍력발전의 경제적 가치가 20% 이상 향상하는 성과를 거뒀다. 또 다른 예로, 중국의 풍력 터빈 제조기업 골드윈드Goldwind는 AI가 일기예보와 바람 궤적 시뮬레이션 데이터를 결합·분석함으로써 터빈 가동 효율을 높이는 솔루션을 운영하고 있다. 국내 기업의 기술 역량 역시 세계적인 수준이다. GS E&R은 AI 머신러닝 기반 풍력발전량 예측 솔루션을 상용화해 예측 오차율을 10% 미만으로 낮추는 데 성공했고, 정부와 기업들은 '디지털 예측 모델'을 구축해 재생에너지 예측을 체계적으로 관리하고 있다.

2026년은 신재생에너지가 단순한 양적 팽창을 넘어 질적 성숙으로 나아가는 중요한 변곡점이 될 것이다. 그동안 따라붙던 '불안정한 에너지'라는 꼬리표를 떼어내고, ESS와 AI 기반 예측·제어 기술이라는 강력한 파트너와 함께 명실상부한 미래의 주력 에너지원으로 도약하기 위한 본격적인 시험대에 오를 것으로 보인다.

수소는 에너지 체계의 판도를 바꿀 수 있을까?

수소를 알아야 미래 에너지 체계를 이해할 수 있다

미래 에너지에 관한 논의에서 수소H를 빼놓고 이야기하기는 어렵다. 수소는 그 자체로 환경오염 물질을 배출하지 않는다. 불태우면 에너지를 발생시키고, 그 과정에서 물H_2O이 생겨날 뿐이다. 이런 수소를 이용해 전기를 만들거나, 자동차 등 운송 수단의 연료로 사용하면 탄소 배출을 크게 줄일 수 있다. 에너지 유통 구조 전체를 수소 기반으로 전환할 수 있다면, 이는 기후변화 문제를 근본적으로 해결할 수 있는 강력한 수단이 될 것이다.

그런데 수소를 어디서 확보할 것인가가 문제다. 수소는 석탄이나 천연가스처럼 자연 상태에서 직접 채굴할 수 없기에, 사람이 인위적으로 생산해야 하는 에너지원이다. 최근에는 천연가스처럼 지하에 수소가 매장되어 있을 수 있다는 '천연수소'의 존재 가능성이 제기되며 주목받고 있다. 그러나 현실화 가능하다고 해도 탐사 방법이나 채굴 기술, 유통 체계 등이 확보되려면 10~20년 정도의 기간으로는 턱없이 부족할 것이라는 전망이 지배적이다.

즉 현시점에서 수소는 어디까지나 '2차 에너지'다. 자연 상태에서 직접 채굴되는 1차 에너지원이 아니라, 다른 에너지원(전기, 화석 연료 등)을 활용해 인위적으로 생산된 후 사용되는 '에너지 전달물질'이다. 쉽게 말해, 수소는 충전한 다음에야 사용할 수 있는 '배터리' 같은 개념이라는 의미다.

이 때문에 수소는 생산 방식에 따라 다양한 이름으로 구분된다. 태양광발전이나 풍력발전 등 재생에너지로 만든 수소는 '그린수소'라고 불린다. 수소 생산 과정에서 발생하는 이산화탄소를 숨아내는 '블루수소'도 있다. 원자력발전은 전기 생산 과정에서 탄소를 배출하지 않으므로, 이를 통해 얻어낸 전기로 만든 수소를 '핑크수소'라고 따로 구분하기도 한다.

현재 생산되는 수소 대부분은 화석 연료를 써서 생산되는 '그레이수소'다. 그레이수소 비율은 전체의 99% 정도로, 사실상 전 세계 수소 생산량의 대부분을 차지한다. 생산 과정에서 배출되는 이산화탄소의 양은 연간 8만 3,000톤에 달한다(IRENA, 2020). 문제는 가격이다. 그레이수소의 가격은 1kg당 1.50달러지만, 그린수소의 가격은 1킬로그램당 5달러로 3배 이상 비싸다(IEA, 2021). 이러한 현실 때문에 일부 전문가들은 "수소가 청정에너지라는 건 그저 허상일 뿐"이라고 이야기하기도 한다.

수소 관련 연구자들도 이러한 현실을 잘 인식하고 있다. 그래서 많은 전문가가 1차적으로 '부생수소'를 활용하자고 제안한다. 부생수소는 석유 정제 과정에서 발생하는 부산물로, 석유화학 산업의 규모가 큰 나라일수록 부생수소도 많이 발생한다. 부생수소는 어차피 공정 중에 생기는 것이므로, 이를 적극적으로 활용해 우선 수소 산업을 키워야 한다는 것이다.

그렇다면 부생수소는 정말 충분할까. 2020년 기준, 국내 전체 수소 생산량은 256만 1,000톤으로, 이 중 52% 정도가 부생수소에 해당한다. 이 수치는 상당한 양처럼 보일 수 있지만, 현재 수소 사용량 자체가 석유나 석탄, 천연가스 등 기존 에너지원에 비해 매우 적기 때문이다. 부생수소만으로도 현재의 수요를 어느 정도 충당할 수 있는 상황이라는 뜻이지, 현재 생산 중인 부생수소 양이 수소 실용화를 감당할 만큼 충분하다는 의미는 아니다.

결국 부생수소 역시 석유 정제 과정에서 얻어지는 부산물이므로, 탄소중립과는 거리가 있는 그레이수소일 뿐이다. 부생수소 외에 현재 가장 널리 사용되는 수소 생산 방식은 천연가스(의 주성분인 메탄, CH_4)를 열화학적으로 개질SMR, Steam Methane Reforming하여 탄소 원자 하나를 분리하고 수소만 남기는 방법이다. 즉 현대 사회에서 수소란, 특별한 경우가 아니면 '석유나 천연가스를 한 번 더 처리해 얻는 에너지'라는 이야기가 된다.

물론 그렇다고 해서 그레이수소가 쓸모없다는 뜻은 아니다. 오히려 환경오염 물질을 효과적으로 관리할 수 있다는 점을 간과해서는 안 된다. 이산화탄소나 미세먼지 같은 환경오염 물질을 발전소, 정유공장, 수소 생산공장 등 한 곳에서 관리하는 것과, 수백만 대의 자동차가 도심 곳곳을 돌아다니며 배출하는 오염 물질을 일일이 관리하는 것은 비교 자체가 불가능하다. 현재도 건축물, 차량, 산업 시설 등에서 석유·천연가스·액화석유가스LPG 등 화석 연료가 대량으로 사용되고 있다. 이러한 에너지원이 수소로 대체된다면 도시 환경은 훨씬 더 깨끗해질 수 있다. 즉 사회 전체적으로 보면 '환경오염 물질을 일괄적으로 관리할 수 있다'는 점이야말로 수소가 청정에너지로 불리는 진짜 이유라고 해도 과언이 아니다. 다만, 이 과정이 실질적인 환경 개선으로 이어지려면 수소 생산 과정에서 발생하는 이산화탄소를 철저히 포집하고 활용·저장하는 기술적 장치가 필요하다. 이를 '탄소 포집·이용·저장CCUS, Carbon Capture, Utilization and Storage' 기술이라고 부른다. 이에 대해서는 다음 장에서 더 살펴보겠다.

사실 '그린수소'의 생산량을 획기적으로 늘릴 수 있다면, 수소경제의 많은 문제가 해결될 것이다. 앞서 언급했듯이 그레이수소는 천연가스를 개질하거나, 석유화학 공정에서 발생하는 부생수소를 활용해 생산된다. 그린수소를 만들려면 물을 '전기분해水電解'(수전해)해야 한다. 그런데 이 전기를 어디서 가져오느냐가 문제다. 화석 연료를 투입해 전기를 만들고 그 전기로 다시 수소를 만드는 것은 바보 같은 일이기 때문이다. 공연히 에너지 변환만 2단계를 더 거치는 격으로, 그 과정에서 손실되는 에너지도 많다. 따라서 현재는 수전해 효율을 극적으로 끌어올리기 위한 기술 개발이 활발히 진행 중이며, 이는 추이를 두고 볼 문제다. △전기분해가 좀 더 쉽게 일어나도록 촉매를 넣는 방법, △수백 도 이상의 높은 온도로 물을 가열해 반응 속도를 높이는 방법, △전기의 흐름을 돕기 위해 두 전극 사이에 특수 소재의 격막을 설치해주는 방법 등 수많은 관련 기술이 연구 중에 있다.

수전해 방식은 크게 4가지로 분류된다. 전기가 잘 흐르도록 물속에 녹여 넣는 전해질의 종류, 전류 흐름을 통제하기 위해 중간에 설치하는 격막(이온교환막)의 특성에 따라 △알칼라인수전해AWE, △양이온교환막수전해PEM, 음이온교환막수전해AEM, 고체산화물수전해SOEC 등이 있다.

이 중에서 가장 많이 이용하는 방식이 AWE다. '가격 대비 성능비'가 가장 좋기 때문이다. 초기 시설비도 저렴하다. 전 세계 수전해 시설 설치 용량 중 75%가 AWE 방식을 사용하는 것으로 알려져 있다(Hydrogen Europe, 2020). 최근 주목받는 것은 SOEC 방식이다. '고온 수증기 분해' 방식이라고도 불린다. 이 방식의 가장 큰 특징은 작동 온도가 높다는 점이다. 다른 수전해 방식은 작동 온도가 보통 섭씨 수십 도 정도인데, SOEC 방식은 700~900도에 달한다. 그만큼 효율이 높아 투입하는 전기 용량 대비 생산할 수 있는 수소의 양이 가장 많다. 다만, 고온 환경에서 동작하는 만큼 기기 설비의 수명이 비교적 짧다는 점이 단점으로 꼽힌다.

태양광발전으로 얻은 전기를 수전해 과정에 많이 사용하는 이유는,

햇빛에서 얻은 전기를 물속에 직접 흘려 넣어 효율을 높일 수 있기 때문이다. 이 때문에 학계에서는 이런 방식에 사용되는 '광전극' 개발 경쟁도 있을 정도다.

그린수소 제조를 위한 연구는 현재도 활발히 진행 중이며, 다양한 학술적 성과들이 축적되고 있어 기술적 진보에 대한 기대를 품을 만한 충분한 가치가 있다. 물론 그린수소 비율이 단기간에 크게 올라가기를 기대하기는 어렵다. 아마도 대량의 수전해 시스템을 지원할 수 있는, 탄소 배출이 없는 대규모 발전 기술을 상용화하는 것이 더 빠를 것이다. 예를 들어 차세대 고효율 원전 기술이나 핵융합 기술 등이 있다. 탄소 배출 없이 대량의 전력을 생산할 수 있고, 이 전력을 활용해 대규모 수전해 시스템을 가동하는 방식은 수소 유통과 저장, 활용까지 아우르는 가장 이상적인 청정에너지 인프라이기 때문이다.

이제 수소를 실제로 어떻게 활용하는지 살펴보자. 이 과정에서 절대 빼놓을 수 없는 핵심 기술이 바로 '연료전지FC, Fuel Cell'다. 연료전지는 이미 다양한 산업군을 형성하고 있으며, 수소 기술의 트렌드를 이해하려면 반드시 짚고 넘어가야 할 분야다.

연료전지는 화학 반응을 통해 연료를 직접 전기로 변환하는 장치다. 일종의 배터리 기술로, 화학 반응을 통해 열과 전기를 동시에 생성한다. 심지어 그 크기를 매우 작게 만들 수 있어 휴대나 이동이 편리하다. 이렇게 하면 같은 부피의 충전식 전기배터리보다 몇 배나 많은 전력을 공급할 수 있다. 물론, 개인용으로 알코올이나 수소를 일일이 충전해가며 노트북을 사용하는 것은 현실적으로 불편할 수 있어 대부분의 전자기기는 충전식 배터리가 기본이다. 다만 여기서 강조하고 싶은 점은, 연료전지가 그만큼 응용성이 높은 기술이라는 사실이다.

연료전지는 사실상 오염 물질을 거의 배출하지 않는다. 물론 알코올 등 탄소 기반 연료를 사용하면 화학 반응을 통해 이산화탄소를 배출하게 되는데, 미세먼지 등 유해 대기오염 물질은 거의 배출되지 않기 때문에 청정 연료로서 가치가 크다. 더구나 연료로 수소를 사용하는 '수소연료전지HFC, Hydrogen Fuel Cells'의 경우, 수소의 특성상 탄소 배출이 전혀 없다. 사실 연료전지라고 하면 대부분 수소연료전지를 이야기하는 경우가 많다.

수소연료전지는 다양한 분야에 활용되며, 자동차 중에도 수소연료전지를 이용하는 모델이 있다. 흔히 '수소차'라고 부르는 것들은 예외 없이 수소연료전지 방식이다. 수소로 전기를 만든 다음, 이 전기로 모터를 돌려 나아가는 형태다. 하지만 개인용 자동차 수요는 그리 많지 않으며, 그보다는 많은 짐을 싣는 대용량 운송 수단을 위한 미래 에너지로서 가치가 크다. 사실상 대안을 찾기 어려울 정도다. 예를 들어 대량의 짐을 싣고 장거리를 이동하는 트럭 등의 경우 배터리 방식으로는 한계가 있을 수밖에 없다. 장거리 운행을 하려면 배터리 용량을 키워야 하는데, 그렇게 되면 트럭의 경우 짐칸 대부분을 배터리가 차지할 것이다. 그런데 가솔린이나 디젤 등 내연기관은 점차 퇴출이 확실시되는 상황이므로, 연료전지 방식은 선택이 아니라 필수라는 평가가 많다.

자동차뿐 아니라 대량의 짐을 싣고 장거리를 움직여야 하는 운송 분야라면 연료전지는 사실상 유일한 대안이다. 가장 먼저 생각할 수 있는 것이 선박이다. 초대형 선박 하나를 운영하려면 매일 수백 톤의 연료가 필요하다. 이를 수소연료전지+전기추진 엔진으로 대체하면 사실상 완전한 친환경 선박으로 거듭날 수 있다. 이미 세계 최초의 초대형 수소연료전지 선박이 현재 이탈리아 안코나 조선소에서 2025년 5월 현재 건조 중이다. 이탈리아 조선업체 핀칸티에리는 스위스 크루즈 기업 바이킹과 협력해 '바이킹 리브라Viking Libra'를 공동 개발했다. 연료전지 시스템은 핀칸티에리의 자회사이자 연료전지 전문업체인 이소타 프라스키니 모토리IFM, Isotta Fraschini Motori가 맞춤형으로 공급했다. 총 5만 4,300톤 규모의 이 선박은 2026년 실제로 운항사에 인도된 후 일정 기간 시험운행을 거쳐 크루즈선으로 활용될 예정이다.

선박뿐 아니라 항공기에도 연료전지를 도입하려는 움직임이 일고 있다. 전기모터를 사용해 프로펠러를 회전시키는 방식으로, 연료에 불을 붙여 뿜어내는 '제트엔진' 방식을 사용할 수 없다. 이로 인해 초음속 비행은 어렵다는 단점은 있지만, 대부분의 일반 여객기는 애초에 초음속 운항을 하지 않으므로 기술 개발만 뒷받침된다면 큰 문제가 되지 않으리라고 여겨진다. 예를 들어 대형 여객기인 '보잉 747-400'은 연료를 가득 채우면 21만 6,840리터가 들어간다. 이는 승용차 3,000대 이상을 채울 수 있는 양에 해당한다. 하지만 이만한 연료를 채우고도 1만 3,570킬로미터밖에 날아가지 못한다. 지구 둘레는 총 4만 킬로미터이므로, 지구 반대편까지 한 번에 날아가지 못하고 중간에 어디선가 비행기를 갈아타야 한다. 그런데 만약 항공기 추진 시스템을 수소연료전지+전기모터 형태로 바꾼다면 어떻게 될까. 같은 거리를 비행할 수 있는 수소를 250기압으로 압축해 보관할 때 그 무게는 기존 항공 연료의 3분의 1 정도면 충분하다. 즉 연료탑재량이 압도적으로 증가하므로 항속거리 역시 큰 폭으로 늘어날 가능성이 있다. 이러한 변화는 연료전지 기술 덕분에 세계 항공 시스템에 혁명이 일어날 수 있다는 의미다.

현시점에서 연료전지 기술이 주목받는 가장 큰 이유는 중·소규모 발전소 구축에 특히 유리하기 때문이다. 대규모 발전소의 경우 여전히 화력이나 원자력발전이 효율 면에서 우위를 점하고 있지만, 중소형 발전 시설에서는 상당수가 수소연료전지 형태로 대체되는 추세다. 당연히 이들 발전소는 연료 공급을 수소로 받게 된다. 국내 연료전지 발전 시스템 중 가장 규모가 큰 곳으로 알려진 '신인천빛드림 발전소'는 설비용량만 80MW에 달한다. 실상 단일 단지로는 세계 최대 규모로, 수도권 25만 가구에 전력을 보내는 것은 물론, 청라 지역 4만 4,000가구에도 온수를 공급하고 있다. 한국 신재생 의무공급량 22%를 차지할 정도의 대규모 시설을 '연료전지' 기술로 건설한 것이다.

최근 AI 기술의 급속한 발전으로 인해 대용량 인터넷 데이터센터IDC의 수요가 폭발적으로 증가하고 있는데, 이 과정에서도 연료전지 시스템이 주목받고 있다. 2024년 1월, 마이크로소프트는 미국 와이오밍주 샤이엔 데이터센터에서 연료전지 실증 시험을 성공적으로 마쳤다. 1.5MW급 연료전지 2대와 ESS 2대를 동원해 외부 전력망에 의존하지 않고 48시간 연속으로 데이터센터를 가동하는 데 성공한 것이다. 인텔 역시 연료전지 기술 도입에 적극적이다. 인텔은 같은 해 5월, 캘리포니아주 산타클라라에 있는 데이터센터의 연료전지 발전소 규모를 확대하기로 결정했는데, 완공될 경우 실리콘밸리 내 단일 최대 규모의 연료전지 발전소가 될 전망이다.

데이터센터 전문 기업 오라클도 연료전지 시스템을 도입하기로 했다. 2025년 5월 오라클은 데이터센터 전용 연료전지 전력 솔루션 구축을 결정하고 모듈화된 SOFC 시스템을 활용해 90일 이내에 신속히 전력 공급 설비를 설치 및 가동하겠다고 밝혔다. 데이터센터 전문업체 에퀴닉스 역시 연료전지를 통한 미국 내 데이터센터 전력 공급 규모를 100MW 이상으로 늘리겠다고 발표했다.

이처럼 수소를 다양한 분야에 활용하려면, 무엇보다도 안정적이고 효율적인 운송·저장 기술이 필수적이다. 보통은 튼튼한 보관용기를 만들어 고압으로 압축해 트럭 등에 실어 나른다. 이와 같이 하려면 200기압 이상의 높은 압력이 필요해 안전성에 문제가 있다는 지적이 많다. 이렇게 해도 보통 트럭 1대당 300킬로그램밖에 운송할 수 없다. 이 정도 양으로는 수소자동차 60대 정도밖에 충전할 수 없다. 이처럼 압축 과정 자체에 많은 에너지가 소모되며, 수송비도 높아 수소 가격 상승의 주요 원인이 되고 있다. 천연가스처럼 액체로 저장할 수 있지만, 이를 위해서는 섭씨 영하 253도까지 온도를 낮춰야 한다. 이렇게 하면 부피가 800분의 1 정도까지 줄어들지만, 이 역시 많은 에너지가 들어 비용 상승의 원인이 된다. 친환경 연료라고 만들었는데, 운송과 보관에 많은 에너지가 들어가는 것은 결코 바람직하지 않다. 이 과정에서 다시 에너지가 소모되며 탄소 배출의 원인으로 작용할 수 있기 때문이다.

그래서 등장한 것이 '화합물 저장' 방식이다. 수소를 직접 운반하는 대신, 적은 에너지로 저장·운송이 가능한 다른 물질로 변환해 운반한 뒤, 수소충전소 등 최종 사용 지점에서 다시 수소로 분해해 활용하는 방식이다. 여기서 주목받는 물질이 바로 '암모니아'다. 화장실에서 나는 고약한 냄새의 원인 물질인데, 동물의 대소변에 들어 있는 '요소$_{Urea}$'가 세균에 의해 분해되면서 발생한다.

암모니아는 본래 나프타$_{Naphtha}$(원유를 증류할 때 얻어지는 탄화수소 혼합물) 또는 천연가스 등을 재처리하여 만들어지는 화학물질의 일종이었다. 요소비료, 화약 등 여러 가지 물질을 만들 때 원료로 쓰였다. 1960년대 식량 생산을 위한 비료 확보가 중요했던 우리나라에서 암모니아공장은 정유공장과 더불어 우리나라 중화학공업 육성의 핵심 분야 중 하나였다.

그런데 이런 암모니아로 어떻게 수소를 보관 및 운반할 수 있다는 것일까. 암모니아의 화학식은 NH_3라고 적는데, 질소$_N$ 하나에 수소$_H$ 3개가 붙어 있다는 뜻이다. 여기서 질소 하나만 떼어내면 그대로 수소로 만들 수 있다. 수소를 뽑아내는 데 최적의 물질인 셈이다.

그런데 암모니아는 같은 탱크에 수소의 2배 분량을 저장할 수 있다. 대용량 저장과 장거리 운송이 어려운 수소의 단점을 보완할 수 있는 것이다. 게다가 암모니아는 이미 산업 현장에서 오랜 기간 취급되어 온 물질이다. 정유·화학공장 등에서 암모니아 저장 및 운송 인프라가 구축되어 있으며, 운송·보관에 대한 기술적 경험과 안전 기준도 충분히 확보되어 있다. 암모니아는 해외 운송도 편리한데, 현재 운항 중인 액화석유가스$_{LPG}$ 운송용 선박은 대부분 암모니아도 운송할 수 있다.

LPG와 보관 조건이 거의 비슷하기 때문이다. 반면 수소는 운송 선박을 따로 만들어야 하고, 그렇게 해도 운반량이 암모니아 대비 50% 정도 더 낮다.

암모니아는 질소와 수소를 고온(400~500℃), 고압(200기압 이상)의 조건에서 철, 오스뮴 등 금속 촉매와 반응시켜 화학적으로 합성해 만든다. 비싼 비용을 들여 고순도 수소를 먼저 만든 뒤 암모니아로 전환하는 경우는 드물고, 그 대신 수소 원자가 풍부한 천연가스 등을 사용하는 경우가 많다. 이렇게 만들어진 암모니아는 '그레이 암모니아'로 분류되는데, 가격도 저렴한 편이다. 생산 비용만 놓고 보면 휘발유나 경유 비용보다 다소 비싼 편인데, 기름값이 비싼 나라(한국 등)에서는 오히려 암모니아 가격이 더 저렴하다. 천연가스로 그레이수소를 만든 뒤 다시 암모니아로 전환해 유통하는 방식보다는, 천연가스를 직접 암모니아로 합성해 유통하고, 사용 현장에서 다시 수소로 분해해 활용하는 방식이 더 효율적이다. 수소와 암모니아를 변환하는 것은 굉장히 쉽기 때문이다.

암모니아는 완전 연소할 경우 수소처럼 이산화탄소가 전혀 나오지 않는다. 물론 질소산화물NOx 등은 발생하지만, 이는 매연저감장치 등으로 걸러낼 수 있어 실용화를 시도할 가치가 있다. 그래서 수소 대신 아예 암모니아를 자동차 등의 연료로 사용하자는 움직임도 있다. 흥미로운 점은, 선박이나 자동차 등 기존 내연기관의 엔진을 조금만 개조하면 즉시 암모니아를 연료로 쓸 수 있다는 점이다. 주유소 등 공급 시설을 만들기도 쉬운데, 기존의 LPG 인프라를 조금만 개조하면 차량이나 선박용 암모니아 충전소로 사용할 수 있다.

암모니아 연소 기술이 가장 주목받는 곳은 해운업체다. 대량의 연료를 사용하는 선박에 적용하면 이점이 크기 때문이다. 예를 들어 국내 조선소에서 주력으로 건조하는 8,000~1만 TEU(20피트 길이의 컨테이너)급 초대형 컨테이너선을 운항하려면 10만 마력 이상의 엔진이 필요한데, 이 정도 출력을 종일 내려면 연료만 300~400톤이 들어간다. 당장 지구온난화가 가속화되는 상황에서 수십 년 운행해야 할 선박업체에 대한 환경 이슈가 불거지면서 '당장의 대안은 암모니아뿐'이라는 이야기가 설득력을 얻고 있다.

물론 우리가 궁극적으로 원하는 것은 환경적으로 전혀 문제없는 깨끗한 청정 수소의 생산과 유통이다. 태양광 수전해 등의 과정을 통해 얻은 그린수소를 다시 암모니아로 바꾸면 '그린 암모니아'라고 불리는데, 이를 유통, 보관하여 사용하는 것이 궁극적인 목표다.

이런 장점 때문에 암모니아 관련 연구는 최근 활기를 띠고 있다. 당장 2026년 실용화되기는 어렵지만, 각계에서 다양한 암모니아 활용 및 수소 연계 전략을 연구 중이다. 수소와 암모니아를 섞어 친환경 가스터빈 발전에 적용하려는 움직임, 암모니아를 친환경 항공 연료로 사용하려는 시도도 눈에 띈다. 수소가 아니라 암모니아를 활용한 연료전지 발전 시스템 연구도 최근 큰 관심을 받는 분야다.

석유화학은 과거의 유산일까, 미래의 자산일까?

현대 사회의 기반, 석유화학 산업의 새로운 생존 전략

'석유화학 산업'이라고 하면 흔히 자동차용 휘발유나 경유를 정제·판매하는 일만을 떠올리는 경우가 많다. 이는 석유를 단순히 '연료'로만 인식하는 데서 비롯된 오해다. 실제로 석유화학 산업은 현대 문명을 지탱하는 핵심 산업 중 하나다. '기술의 흐름을 이해한다'는 측면에서 석유화학 산업의 중요성은 아무리 강조해도 지나치지 않다.

원유의 정제 과정을 이해하는 것은 석유화학 산업 전반을 파악하는 데 중요하다. 원유의 주성분은 탄화수소(수소와 탄소로 구성된 유기 화합물)의 액체 형태라고 볼 수 있다. 탄화수소의 주된 용도는 가연성 연료원이다. 수소와 탄소 모두 불붙는(산소와 반응하는) 성질이 있어서, 이 2가지가 섞여 있는 물질은 그 구성에 따라 다양한 환경에서, 다양한 용도로 쓰일 수 있다. 가장 단순한 형태인 메테인(메탄)이 천연가스의 주요 성분인 것도 마찬가지다. 그 밖에 물질들은 주로 원유를 정제해서 얻어지는데, 휘발유, 나프타, 제트 연료 및 특수 산업 용매 혼합물의 주

탄소 원자 수	알케인 (단일 결합)	알켄 (이중 결합)	알카인 (삼중 결합)	사이클로알케인	알카다이엔
1	메테인(메탄)	—	—	—	—
2	에테인(에탄)	에텐(에틸렌)	에타인 (아세틸렌)	—	—
3	프로페인 (프로판)	프로펜 (프로필렌)	프로파인 (메틸아세틸렌)	사이클로프로페인	프로파디엔 (알렌)
4	뷰테인(부탄)	뷰텐(뷰틸렌)	뷰타인(부틴)	사이클로뷰테인	뷰타다이엔
5	펜테인	펜텐	펜타인	사이클로펜테인	펜타다이엔 (피페릴렌)
6	헥세인(헥산)	헥센	헥사인	사이클로헥세인	헥사다이엔
7	헵테인(헵탄)	헵텐	헵타인	사이클로헵테인	헵타다이엔
8	옥테인(옥탄)	옥텐	옥타인	사이클로옥테인	옥타다이엔
9	노네인(노난)	노넨	노나인	사이클로노네인	노나다이엔
10	데케인(데탄)	데센	데사인	사이클로데케인	데카다이엔
11	운데케인 (운데칸)	운데센	운데사인	사이클로운데케인	운데카다이엔
12	도데케인 (도데칸)	도데센	도데사인	사이클로도데케인	도데카다이엔

요 성분이 바로 탄화수소다. 예를 들어 휘발유는 알케인(일명 파라핀), 알켄(올레핀), 사이클로알케인(나프텐)과 기타 혼합물이 두루 섞여 있는 혼합물이다. 참고로 확인할 수 있도록 '탄소 원자 수에 따른 탄화수소의 종류를 위 표에 정리했다. 추후 여러 화학물질의 성질을 비교해볼 때 도움이 될 것이다.

원유는 자연에서 채굴된 물질로, 다양한 탄화수소와 함께 황, 질소, 금속 염류 등 복잡한 불순물이 섞여 있어 검고 다소 걸죽한 형태다. 이러한 원유를 산업적으로 활용하려면 여러 물질을 안정적으로 분리해야 한다. 보통 증류 과정을 통해 이를 분류한 다음, 각종 불순물을 제거하고 촉매를 첨가해 성질이 다른 탄화수소로 나눈다. 일반적으로 원유 정제는 △증류 △탈황 △분해 △개질 등의 4단계 공정이 필요한데, 이를 총칭하여 '석유정제Petroleum Refining'라고 부른다.

보통 '상압증류탑CDU, Crude Distillation Unit'이라 부르는 높은 탑을 만든 다음, 원유를 끓여가면서 이 탑을 통과시켜 여러 가지 물질을 얻어낸다. 탑의 높이에 따라 온도가 달라지는데, 높이에 따라 여러 가지 물질이 분해되어 나오는 식이다. 액화석유가스LPG는 -42~1도, 휘발유와 나프타는 30~120도, 등유와 제트연료유는 150~280도, 경유는 230~350도, 아스팔트와 잔사유는 300도 이상에서 생산된다. 이를 통해 인류는 다양한 물질을 얻게 되었고, 이런 물질을 조합해 또다시 수없이 많은 제품을 생산하게 되었다.

석유화학 산업을 저렴한 화학물질을 생산하는 구닥다리 산업으로 여기는 시각도 있지만, 실제로 그 내막을 들여다보면 이만큼 중요한 산

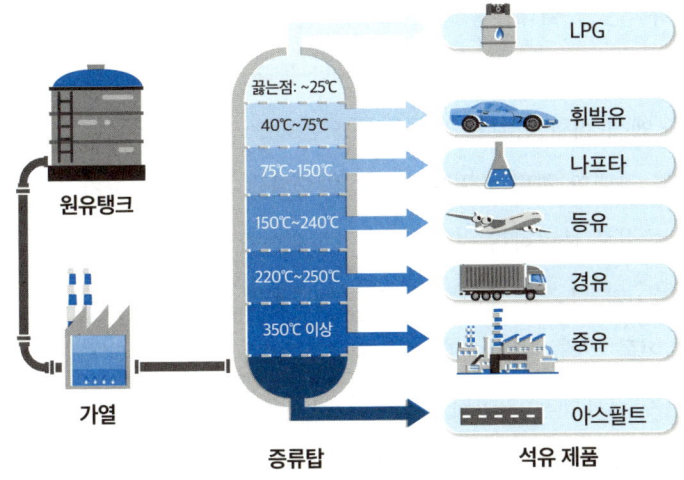

상압증류탑의 구조와 온도에 따른 반응 정도

업을 찾기 어렵다. 많은 사람이 석유화학을 휘발유나 경유 같은 연료 생산에 국한된 분야로 생각하지만, 실제로는 합성수지(플라스틱), 도료, 세정제, 접착제, 섬유, 의료용 소재 등 우리 일상 속 거의 모든 화학 제품이 석유화학 산업을 통해 생산된다. 우리가 매일 사용하는 스마트폰이나 노트북 등의 플라스틱 케이스, 폴리에스터 섬유로 만든 옷, 자동차의 타이어와 경량 내장재, 수많은 의료용 재료 등이 모두 석유화학 제품이다. 코로나19 팬데믹 시기 필수품이었던 마스크의 필터도 마찬가지다. 연료나 생활편의 제품에 그친다고 생각하기 쉬운데, 심지어 농업조차 석유화학 산업의 영향 아래에 있다. 비료 생산 과정에서 원유 성분이 상당 부분 사용되기 때문이다. 철강이 현대 문명의 '뼈대'라면,

석유화학은 그 뼈대를 감싸고 채우는 '살'과 같다.

석유화학 산업의 모든 것은 '나프타 분해 공정NCC, Naphtha Cracking Center'에서 시작되었다. 이 공정에는 흔히 스팀 크래커Steam Cracker라 불리는 거대한 설비가 필요하다. 상압증류탑은 원유를 일차적으로 몇 가지 물질로 분리하는 것이다. 이 과정에서 얻어낸 나프타, LPG 등의 원료를 고온의 스팀(증기)으로 재차 열분해하는 과정을 'NCC'라고 부른다. 이를 통해 에틸렌, 프로필렌과 같은 석유화학 제품을 생산한다.

현재 국내에서도 이러한 설비가 새롭게 건설되고 있다. 국내 석유화학 산업 기업인 에쓰오일은 국내 석유화학 업계 사상 최대 규모인 9조 2,580억 원을 투자해 울산 지역에 연간 180만 톤의 에틸렌을 생산할 수 있는 석유화학 복합 시설을 건설하고 있다. 이 시설의 핵심은 가로 10미터·세로 40미터·높이 67미터에 무게가 3,200톤에 달하는 초대형 '스팀 크래커' 장비다. 단일 설비 기준 세계 최대 규모로, 완공 목표는 2026년 상반기까지다.

NCC의 핵심 원리는 열분해Pyrolysis다. 투입된 나프타는 다량의 수증기와 함께 섭씨 850도가 넘는 초고온의 분해로Cracking Furnace를 통과한다. 고온의 파이프를 나프타가 0.1초도 안 되는 찰나의 순간에 통과하면서, 그 안에 길고 복잡하게 얽혀 있던 탄화수소 사슬Hydrocarbon Chain이 열에 의해 '뚝뚝' 끊어지며, 더 작고 반응성이 좋은 분자들로 쪼개진다. 이 과정을 '크래킹Cracking'이라고 부른다.

이렇게 열분해된 고온 가스는 곧바로 '급랭탑Quench Tower'으로 옮겨져 순식간에 냉각된다. 이후 압축, 냉동, 분리 과정을 여러 차례 거치면서 마침내 석유화학의 가장 기본적인 제품들이 만들어진다. 대표적인 기초 유분에는 에틸렌Ethylene, 프로필렌Propylene, 부타디엔Butadiene 등이 있다. 방향족 계열인 벤젠Benzene, 톨루엔Toluene, 자일렌Xylene도 이때 분리된다. 이 3가지 성분을 'BTX'라고도 부른다. 석유화학 제품을 만들 때는 이렇게 분리된 성분들을 중합Polymerization이라는 반응을 통해 레고 블록처럼 결합하여 무궁무진한 물질을 만들어낼 수 있다. 예를 들어 에틸렌 분자 수만, 수십만 개를 한 줄로 길게 이어 붙이면, 우리에게 친숙한 고분자 물질인 폴리에틸렌PE이 된다. 저밀도 폴리에틸렌은 주로 비닐봉투나 랩 필름 같은 유연한 제품에 사용되며, 고밀도 폴리에틸렌은 다양한 플라스틱 제품으로 활용된다. 프로필렌을 중합하면 자동차 내장재나 마스크 필터에 쓰이는 폴리프로필렌PP이 되고, 부타디엔은 자동차 타이어의 주원료인 합성고무SBR가 된다. 벤젠은 가전제품 외장재에 쓰이는 스티로폼(폴리스타이렌)이나 옷감의 원료인 나일론을 만드는 데 쓰인다. 이처럼 NCC에서 생산된 기초 유분들이 어떤 촉매와 공정을 만나 어떻게 조합되느냐에 따라 수만 가지의 각기 다른 특성을 가진 석유화학 제품이 탄생한다.

2024년을 거쳐 2025년 현재도 전 세계 석유화학 산업은 복합적인 위기를 겪고 있다. 첫째는 중국발 공급 과잉으로 인한 극심한 수익성 악화다. 중국이 기초 화학 제품의 자급률을 높이기 위해 지난 몇 년간 초대 규모 NCC 설비를 공격적으로 증설하면서, 전 세계 시장에 값싼 중국산 제품이 홍수처럼 밀려 들어왔다. 화학 시장 분석기관인 ICIS는 2027년 7월 보고서에서 "글로벌 석유화학 시장이 유례없는 공급 과잉에 빠졌으며, 한국 석유화학 업계에도 생존을 위협하는 경고등이 켜지고 있다"고 예측했다. 중국의 공격적 증설과 글로벌 수요 침체, 미·중 갈등의 장기화가 맞물리면서 2028년까지 시장 반등이 어렵고, 구조조정 없이 버틸 수 있는 시간도 그리 많지 않다는 분석이다. 이러한 상황은 한국, 일본 등 전통적인 석유화학 강국들에게 심각한 구조조정 압박으로 작용할 것이라는 분석이 제기되고 있다.

둘째는 석유화학 산업에 더욱 근본적인 위협이 되고 있는 ESG 규제 강화와 플라스틱 폐기물 문제다. 전 세계적으로 기후변화에 이어 가장 큰 환경 이슈로 떠오른 것이 바로 '미세플라스틱 문제'일 것이다. 이에 따라 플라스틱 사용을 줄이고 재활용을 의무화하는 움직임이 거세지면서 석유화학 산업 수요 감소로 이어지고 있다.

이러한 흐름을 고려할 때, 2026년 이후 석유화학 산업의 방향은 크게 2가지 축으로 나뉠 것으로 보인다. 우선 중국발 저가 공세를 극복하기 위한 '기술 혁신'이 필요하다. 환경오염을 유발하고 값싼 대량 화학제품 생산에 집중하는 기존 형태를 넘어, 새로운 첨단 기술 산업의 흐름과 결을 같이해야 하며, 실제로 기업들도 이런 노력을 기울일 필요가 있다. 실제로 전기차 배터리 분리막 소재, 반도체 공정용 특수 화학제품, 초경량 항공기용 탄소섬유 등 기술 장벽이 높은 고부가가치 제품으로의 전환이 빠르게 진행되고 있다.

다음으로 플라스틱 관련 환경 문제를 정면으로 돌파하기 위한 '순환 경제Circular Economy' 모델 구축을 꼽을 수 있다. 2026년 이후 석유화학 산업의 생존과 성장은 "얼마나 많이 생산하느냐"가 아니라 "얼마나 친환경적으로 생산하느냐"라는 질문에 어떻게 답하느냐에 달려 있다고 해도 과언이 아니다.

이 문제는 국제적으로도 매우 심각하게 다루어지고 있다. 실제로 유엔환경총회UNEA가 주관한 '국제 플라스틱 협약 제5차 정부 간 협상위원회(INC-5)'가 2024년 11월 한국 부산에서 열렸다. 전 세계 178개국 유엔회원국 정부대표단과 31개 국제기구, 산업계·시민단체·학계 등 이해관계자, 부산시 관계자 등 3,000여 명이 참석해 자국의 석유화학 산업 및 규제 등의 조건을 조율하기 위한 치열한 협상이 이루어지기도 했다. 플라스틱의 생산부터 유통, 폐기, 재활용에 이르기까지 전 생애주기를 법적으로 구속하는 강력한 국제 규범을 마련하기 위한 치열한 논의가 진행된 것이다. 애초 회의는 12월 1일 종료 예정이었으나, 마지막까지 치열한 협상이 지속되면서 기한을 넘겨 이튿날인 2일 3시에 종료되었다. 결과는 좋지 못했다. 국가 간 이견을 좁히기 위한 다양한 노력이 전개되었으나, 협약을 작성하는 단계까지는 이르지 못한 것이다. 플라스틱의 생산 규제 여부, 제품과 우려 화학물질 규제 방안, 재원 마련 방식 등에서 국가 간 입장이 첨예하게 대립하면서 협상은 난항을 겪었다. 물론 플라스틱 제품 디자인, 폐기물 관리, 협약의 이행과 효과성 제고 방안 등에 대해서는 상당한 의견 수렴이 이루어지기도 했다.

이에 따라 의장은 부산에서 진행된 협상 결과를 바탕으로 제5차 중재안을 제안했고, 회원국들은 이를 기반으로 2025년 8월 5일부터 스위스 제네바에서 추가 협상회의(INC-5.2)를 개최했다. 이는 8월 14일 종료될 예정이었으나, 이번에도 마지막까지 협상이 지속되면서 기한을 넘겨 15일 오전 9시에 종료되었다. 그러고도 협약 문안 타결에 이르지 못했다. 각국은 이 회의를 향후 추가로 진행할 예정이다, 향후 일정은 2025년 10월 현재까지도 미정이다.

순환 경제의 핵심 기술로 2025년 현재 가장 주목받는 것이 바로 '화학적 재활용 Chemical Recycling'이다. 기존의 방식은 '물리적 재활용' 형태였다. 이른바 폐플라스틱을 잘게 부수고 녹여 다시 사용하는 방식으로, 여러 종류의 플라스틱이 섞여 있거나 음식물 등으로 오염이 심하면 적용하기 어렵다는 한계가 있었다. 하지만 화학적 재활용, 특히 열분해 기술은 혼합 폐플라스틱에 400℃ 이상의 높은 열을 가해 산소가 없는 조건에서 분자 구조를 끊어내, 다시 초기 원료인 기름(열분해유) 상태로 되돌리는 기술이다. 이 열분해유는 정제 과정을 거쳐 NCC(나프타 분해 공정)에 다시 투입되어 에틸렌, 프로필렌 등 석유화학 산업의 기초 원료 물질로 재탄생한다. 플라스틱 쓰레기를 다시 석유화학 원료로 되돌리는 '도시 유전 Urban Oil Field'의 발상인 셈이다. 국내 기업들도 열분해 기술에 대한 투자를 활발히 진행 중으로, 2026년 이후 상업 가동을 목표로 대규모 열분해유 공장 건설을 추진하고 있다.

기술적으로 열분해유 기술은 이미 실용화 단계에 있으며, 적극적 시행을 남겨둔 상황이다. 따라서 2026년은 석유화학 산업 분야 체질 개선의 원년이 될 수 있을지 기대된다. 국내 상황을 살펴보면 LG화학이 충남 당진에 연간 2만 톤 규모의 국내 첫 열분해유 공장 건설을 마치고, 2025년 10월 현재까지 시운전 중이다. LG화학은 지난 2022년 3,100억 원을 투자해 공장 건설을 확정했으며, 열분해유 기반 친환경

소재 사업을 통해 2030년까지 관련 매출을 8조 원으로 확대할 계획이다. 롯데케미칼은 폐플라스틱(원료) 소싱-재생 원료(생산)-생활용품(소비)으로 이어지는 리사이클 생태계 구축이 목표다. 폐플라스틱에 적합한 재활용 기술에 대한 연구 개발과 투자를 진행 중이다. 이 밖에 SK지오센트릭, GS칼텍스 등도 해당 분야 실증 사업을 적극적으로 검토 중이다. 이러한 기술적 동향은 플라스틱 폐기물 문제를 해결하는 동시에, 원유 수입 의존도를 줄여 국가 자원 안보에도 기여하는 일석이조의 효과를 가져올 것으로 보인다.

둘째로 이른바 '바이오 기술을 통한 플라스틱 대체 물질' 분야의 혁신도 짚고 넘어갈 필요가 있다. 식물에서 추출한 성분을 기반으로 기존 플라스틱의 대체 제품을 만드는 '바이오 플라스틱' 방식, 최근에는 폐식용유나 옥수수 등 식물성 원료로 석유화학 산업 원재료를 만드는 '바이오 나프타' 방식이 있다. 이렇게 만든 원재료를 기존 NCC에 투입해 기존 석유화학 제품과 동일한 품질의 플라스틱을 생산하는 형태다.

대체품 제조 방식은 기술적으로 이미 완성도 높은 단계에 도달했지만, 경제성 측면에서 아직 본격적인 시장 개화에는 이르지 못한 상황이다. 2026년 이후 상용화가 가속화될 것으로 예상된다. 실제로 시장은 꾸준히 성장하고 있다. 2024년 전 세계 바이오 플라스틱 포장 시장 규모는 63억 3,000만 달러로, 2025년 69억 2,000만 달러 정도가 될 것으로 보인다. 이 시장이 2032년에는 140억 7,000만 달러,* 즉 연평균

---

*   Fortune Business Insight.

10.67%의 성장률을 보일 것이라는 예상이다. 바이오 기반 및 생분해성 소재로 만들어진 바이오 플라스틱 포장재는 식음료, 개인 관리 용품 등 다양한 분야에 사용된다. 기존의 석유 기반 플라스틱과 달리 바이오 플라스틱은 옥수수, 사탕수수, 카사바와 같은 재생 가능한 자원으로 만들어지며, 분해 속도가 빠르다. 생산 과정에서도 환경오염이 상대적으로 적고, 자연 상태에서 빠르게 분해된다.

다만 '바이오 나프타' 관련 분야는 2026년을 기점으로 본격적인 산업 흐름이 형성될 것으로 보기는 어렵다. 그러나 향후 10년간 빠른 성장을 보일 것으로 예상된다. 기술적으로는 실용화 가능 단계이며 이미 시장도 형성되어 있기 때문이다. 현재 시장 규모는 2024년 9억 250만 달러로 평가*되고 있으며, 지속 가능한 연료의 수요 증가로 인해 2025년부터 2034년까지 연평균 13.5% 이상의 연평균 성장률CAGR을 보일 것으로 예상된다.

석유화학 산업을 이야기하면서 마지막으로 짚고 넘어가야 하는 것이 '탄소 포집, 이용 및 저장CCUS' 분야다. 인간의 산업 활동에서 이산화탄소 배출은 불가피한데, 이를 인위적으로 수거할 수 있다면 기후변화에 적극적으로 대응할 수 있을 것이라는 시각이다. 즉 이산화탄소 배출은 이미 막을 수 없으므로, 차라리 공장 등에서 생겨나는 이산화탄소, 나아가 대기 중에 흩어져 있는 이산화탄소를 적극적으로 끌어모아

---

*   Global Market Insight.

보자는 발상이다.

보통은 발전소, 석유화학 공정 등에서 대량의 이산화탄소가 발생하므로, 그 생산 공정에서 이산화탄소를 수집하려는 시도가 많다. 나아가 아예 대기 중의 이산화탄소를 적극적으로 수집하려는 시도도 있다. 이 경우에는 보통 직접공기포집Direct Air Capture이라는 이름으로 별도로 구분한다. 하지만 기술적으로는 2가지 방식이 대동소이하다.

물론 이렇게 수집한 이산화탄소는 가치가 있으므로 각종 산업에 적극적으로 활용하기도 한다. 이산화탄소를 활용하는 산업은 매우 많다. 드라이아이스, 탄산음료 제조 등의 시장만 해도 엄청나게 크다. 이산화탄소를 원료로 삼아 나프타를 생산하려는 기술적 시도도 진행 중이다. 하지만 활용이 어려운 이산화탄소는 아예 지하에 영구적으로 저장해 없애버리려는 방식도 함께 검토되고 있다.

CCUS 기술의 등장은 석유화학 산업에 기반을 두고 있다. 1970년대와 1980년대에 미국의 석유 생산이 감소하기 시작했을 당시, 기업들은 이산화탄소 또는 물을 퇴적암에 주입해 추출하기 어려운 잔여 석유를 밀어 올려 회수하는 '증강 석유 회수'라는 과정을 활용하기 시작했다. 이렇게 하려면 필요한 이산화탄소를 어디선가 모아와야 했기에, 다양한 이산화탄소 포집 기술을 개발하기 시작했다. 이 기술이 CCUS의 전신이다. 현재의 기후변화가 땅속에 묻혀 있는 화석 연료 속 탄소를 공기 중으로 내보내면서 시작된 것임을 떠올리면, 공기 중의 이산화탄소를 갈무리해 땅속에 묻어버리는 이 방식은 이론적으로도 기후변화에 대응하는 데 매우 적합한 방법이라고 할 수 있다.

현재 CCUS 기술은 다양한 산업 현장에서 활용되고 있다. 화석 연료 발전소, 바이오연료 발전소, 암모니아 생산 공정 등 다양한 작업에서 CO_2를 포집하고 있다. 이러한 노력은 탄소를 제거하기 위한 다른 노력과 상호 보완적으로 작용하며, 탄소를 토양에 가두거나 숲을 조성하는 지속 가능한 노력을 통해 대기에서 탄소를 제거하는 것을 목표로 한다.

현재 CCUS를 통해 포집된 탄소의 4분의 3 정도는 유전 바닥에 남아 있는 '잔여 석유'를 추출하는 데 쓰인다. 더는 석유를 뽑아내기 어렵게 된 유전에 이산화탄소를 투입해 유전 내부의 압력을 높여 기름을 뽑아낸 다음, 마지막에 이산화탄소만 남겨두고 유전 입구를 막아버리는 것이다. 어차피 유전은 개발해야 하는데, 이 과정에서 많은 이산화탄소를 땅속에 묻을 수 있어 긍정적이라는 평가다. DAC 방식으로 이산화탄소를 포집해 지하에 저장하는 방식이 가장 이상적인데, 최근에는 그 수가 늘어 전 세계에 15개 정도의 프로젝트가 가동 중이다. 이를 통해 해마다 9,000톤 정도의 이산화탄소를 감축하고 있다. 이 수치를 계속 늘려간다면 지구온난화에 대응할 효과적인 방법이 될 수 있을 것으로 보인다. 최근 분석에 따르면 CCUS로 포집할 수 있는 이산화탄소는 연간 최소 50억 톤까지 가능할 것으로 보인다. 2050년에는 연평균 20%까지 CCUS 산업이 성장할 것으로 기대된다.*

석유화학 산업은 전통적인 굴뚝 산업의 이미지를 벗고, 폐자원을

---

* https://www.popsci.com/environment/why-carbon-capture-needs-to-evolve.

공기 중의 이산화탄소를 그대로 갈무리하는 직접공기포집$_{DAC}$ 시스템. 아이슬란드 환경 업체 클라임웍스 사례가 대표적이다. ⓒ CLIMEWORKS AG

재활용하며 식물 자원을 활용하는 '그린 케미스트리Green Chemistry' 산업으로의 전환이 이루어지는 단계다. 이 거대한 변화의 흐름에 성공적으로 올라타기 위한 기업들의 생존 경쟁은 더욱 치열해질 것으로 보인다. 2026년 한 해 동안 어떤 기술적·산업적 동향이 이어질지 사뭇 기대되는 분야이기도 하다.

더 알아보기 1

에너지의 마지막 퍼즐, 핵융합 기술

전 세계가 기후 위기 대응과 에너지 안보라는 2가지 중대한 과제에 직면한 가운데, 궁극적인 무탄소 에너지원으로 평가받는 핵융합Fusion Energy 기술의 실용화를 향한 움직임도 활발하다. 핵융합 발전은 24시간 내내 안정적으로 대량의 전력을 생산할 수 있어, 기존 재생에너지보다 '주력 대규모 전력 공급 기술'로서 적합하다는 평가를 받고 있다. 당장 수년 내 상용화되기는 어려울 것으로 보이지만, 해당 기술을 선점하려는 국가 간, 기업 간 경쟁은 점점 치열해지고 있다.

최근 두드러지는 흐름은 민간 부문의 적극적인 참여다. 한국핵융합에너지연구원에 따르면 2021년부터 2023년까지 전 세계 핵융합 스타트업에 유치된 누적 투자액은 71억 달러(약 9조 8,000억 원)를 돌파했다. 주목할 점은 이 중 80% 이상이 민간 자본이라는 사실이다. 아마존 창업자 제프 베이조스, 마이크로소프트 공동창업자 빌 게이츠, 오픈AI CEO 샘 올트먼, 구글 등 글로벌 빅테크 기업과 실리콘밸리의 주요 투자자들이 핵융합 기술의 잠재력을 높이 평가하며 과감한 투자를 단행하고 있다.

이러한 투자를 바탕으로 전 세계적으로 핵융합 스타트업 수가 급증하고 있다. 특히 미국에서는 약 25개 기업이 활동하며 가장 활발한 생태계를 구축하고 있으며, 영국, 독일, 일본, 중국 등에서도 혁신적인 아이디어를 가진 스타트업들이 속속 등장하고 있다. 핵융합 스타트업은 1990년대 첫 기업이 등장한 이래 2010년대부터 창업이 급증했으며, 2020년대에 들어서는 거의 매년 새로운 회사가 설립될 정도로 활발한 성장세를 보이고 있다.

이러한 민간의 활발한 움직임은 각국 정부의 정책 변화에도 영향을 미치고 있다. 정부는 민간의 빠른 혁신 속도에 발맞춰 연구 개발R&D 예산을 증액하고, 규제 환경을 개선하며, 공공-민간 파트너십 프로그램을 확대하는 등 다각적인 지원책을 펼치고 있다. 미국은 2022년 한 해에만 약 12억 달러를 투입하며 민간 기업의 상용화 로드맵을 뒷받침했다. 영국, 프랑스, 독일 등 유럽 국가들도 수백만 달러 규모의 예산을 꾸준히 집행하며 자국 기업의 경쟁력 강화에 힘을 쏟고 있다. 이처럼 민간이 혁신을 주도하고 정부가 이를 전략적으로 지원하는 새로운 협력 모델은 핵융합 기술의 상용화를 앞당기는 핵심 동력으로 작용하고 있다.

미국 핵융합 기업 중 대표적인 사례는 MIT에서 분사한 'CFSCommonwealth Fusion Systems'다. 핵융합은 흔히 '인공태양'이라 불리며, 태양이 에너지를 생성하는 원리와 동일하다. 이를 지상에서 구현하려면 도넛 형태의 '토카막'이라는 장치가 필요한데, CFS는 고온 초전도체HTS 자석 기술을 활용해 토카막의 크기와 비용을 획기적으로 줄이는 방식으로 접근하고 있다. CFS는 2026년까지 에너지 생산 가능성을 입증하고, 2030년대 초에는 세계 최초의 상업용 핵융합 발전소를 가동하겠다는 목표를 제시하고 있다. 'TAE 테크놀로지스'도 주목받는 기업이다. 이 회사는 핵융합 반응의 안전성을 높일 수 있는 틈새 기술 개발에 집중하고 있으며, 수소에 붕소$_{p-B11}$를 첨가한 새로운 핵융합 연료를 통해 더욱 안전한 에너지 생산을 실현하는 것을 목표로 한다. '헬리온 에너지'사는 마이크로소프트와 세계 최초로 핵융합 전력 구매 계약$_{PPA}$을 체결하며 상용화의 이정표를 세웠다. 2028년까지 50MW 규모의 전력을 공급할 계획이며, 계약 조건에 '실패 시 위약금 지불' 조항을 포함해 기술에 대한 강한 자신감을 드러냈다. 'Zap 에너지'사는 고가의 초전도 자석이나 고출력 레이저 없이, 강력한 전류를 통해 핵융합 과정에서 발생하는 '플라스마'를 자체적으로 압축하고 가두는 'Z-핀치$_{Z-pinch}$' 방식을 채택해 저비용 핵융합 상용화를 목표로 하고 있다. 이 방식이 성공할 경우, 핵융합발전소의 건설 비용을 획기적으로 낮출 수 있을 것으로 기대된다.

중국은 정부 주도의 대규모 연구 개발 전략을 통해 핵융합 기술 육성에 박차를 가하고 있다. 정부가 전면에 나서 연구 인프라 구축과 스타트업 지원을 동시에 추진하는 '국가주도형 속도전' 방식이다. 반면 유럽과 일본은 독창적인 기술 기반의 차별화 전략에 집중하고 있다. 대규모 인프라 구축은 미국과 중국이 주도할 것으로 보고, 이들 국가는 고유한 기술 노선을 통해 경쟁 우위를 확보하려는 전략을 펼치고 있다. 예를 들어 영국에서는 구형 토카막에 초전도체 기술을 결합한 '토카막 에너지'사, 초고속 투사체를 활용한 독특한 방식의 '퍼스트 라이트 퓨전'사 등 다양한 스타트업이 활발히 활동 중이다. 일본에서는 교토대학교 연구진이 설립한 '교토 퓨저니어링'이 핵융합로의 연료 주기 및 핵심 부품 분야에서 세계적인 경쟁력을 확보하고 있다. 이 밖에 'EX-퓨전'사는 토카막을 사용하지 않는 레이저 기반 핵융합 기술을, '헬리컬 퓨전'사는 토카막과 유사한 구조의 헬리컬$_{Helical}$형 핵융합 장치를 개발 중이다.

한국은 세계 7개국이 공동으로 참여하는 '국제핵융합실험로$_{ITER}$' 사업에 참여하고 있으며, 자체적으로 구축·운영 중인 '한국형 핵융합시험로KSTAR'를 통해 풍부한 경험과 기술력을 축적해왔다. 특히 초전도 자석, 진공용기, 특수소재 등 핵융합로의 핵심 기자재 제작 분야에서는 세계 최고 수준의 기술력을 확보하고 있으며, 현대중공업, 두산에너빌리티 등 대기업과 170여 개 중소기업이 참여하는 강력한 산업 생태계를 구축했다.

핵융합 에너지를 막연히 '미래 꿈의 에너지' 정도로 여기는 경향이 있는데, 이미 시장은 민간 자본의 대규모 유입과 스타트업의 혁신적인 도전, 그리고 AI 등 첨단 기술의 접목을 통해 빠른 실용화를 향한 움직임이 본격화되고 있다. 물론 해결해야 할 기술적 난제는 여전히 존재한다. 2026년에는 각국의 연구진과 민간 기업들이 어떤 새로운 기술로 이러한 과제를 극복해갈지 주목할 필요가 있다.

더 알아보기 2

에너지 혁명의 심장 '배터리'

요즘은 '배터리'가 장착되어 있지 않은 전자 제품을 찾는 것이 오히려 더 어려운 시대가 되었다. 스마트폰과 휴대용 노트북은 물론, 이제는 TV 같은 대형 가전제품까지 배터리로 작동한다. 도로를 다니는 자동차조차 배터리 기반으로 움직이는 세상이다. 배터리는 발전소에서 생산된 전기를 선 없이 가지고 다니면서 사용할 수 있도록 해주는 장치로, 그 활용 범위는 실로 무궁무진하다. 따라서 현대 기술 트렌드를 이해하기 위해서는 배터리의 기본 원리와 최신 기술 동향을 짚고 넘어갈 필요가 있다.

배터리는 전해액과 2종류의 금속판이 화학 반응을 일으켜 전기를 생성하는 장치이다. 한쪽 금속판은 전자를 받아들이는 '양극', 다른 쪽은 전자를 내보내는 '음극' 역할을 한다. 현재 시장에서 사용되는 대부분의 충전식 배터리는 리튬 계열이다. 리튬의 특성 덕분에 배터리 효율이 크게 향상되었고, 오늘날의 '배터리 중심 사회'를 여는 기폭제가 되었다.

문제는 리튬이 매우 불안정한 물질이라는 점이다. 리튬은 반응성이 극도로 높아 공기나 물과 접촉할 경우 쉽게 불붙을 수 있다. 결국 배터리는 이러한 화학물질을 금속 껍질 안에 밀봉해놓은 구조인데, 내부에서 반응이 일어날 경우 폭발로 이어질 위험이 존재한다. 이러한 특성 때문에 초기에는 전기차에 리튬 배터리를 사용하는 것이 금기시되기도 했다.

그렇지만 사람들은 리튬의 불안정성을 하나씩 극복해갔다. 초기에는 음극재에 리튬을 그대로 사용하는 방식이 주를 이루었지만, 점차 리튬을 이온 형태로 변환해 다른 물질에 섞어 안정성을 높이는 기술이 개발되었다. 이른바 '리튬이온 배터리'의 탄생이다. 재료로 흑연이 꽤 오랫동안 사용되었으나, 최근에는 실리콘을 활용한 연구가 활발히 진행되고 있다. 과학기술자들은 리튬이온의 혼합 비율, 양극재와 음극재의 소재를 다양하게 조합하며 배터리의 안전성과 충전 용량을 지속적으로 개선하고 있다. 리튬 기술은 처음에는 소형 전자기기 중심으로 발전했지만, 점차 대용량 전기 제품은 물론 자동차에도 적용되기 시작했다. 재생에너지로 생산한 전기를 저장해 활용하는 'ESS(대용량 에너지 저장장치)' 역시 리튬 배터리 계열로 제작된다. 최근에는 배터리를 동력원으로 사용하는 '전기 항공기'까지 등장해 기술의 확장 가능성을 보여주고 있다.

리튬이온 배터리는 양극재의 구성 물질에 따라 여러 종류로 나뉜다. 가장 널리 사용되는 양극재는 리튬코발트산화물$_{LCO}$ 기반으로, 코발트를 중심으로 2~3가지 금속을 혼합해 만든다. 이러한 배터리는 주로 '삼원계 배터리' 또는 '사원계 배터리'로 불린다. 코발트 대신 인산철을 사용한 LFPO$_{LiFePO_4}$ 양극재로 구성된 'LFP 배터리'도 있다.

삼원계 배터리는 니켈$_{Ni}$, 코발트$_{Co}$, 망간$_{Mn}$ 3가지 금속을 혼합해 양극재를 구성하는 방식으로 제작된다. 이 가운데 가장 주목받는 금속은 니켈로, 니켈 함량을 최대한 높인 배터리를 '하이니켈 배터리'라고 부른다. 니켈 비율이 높아질수록 배터리의 에너지 밀도와 성능이 크게 향상되지만, 동시에 리튬과의 예기치 않은 화학 반응 가능성도 커지므로 안정성 확보가 중요한 과제로 떠오르고 있다. 이러한 반응을 최대한 제어하면서도 니켈 함량을 높이는 것이 개발 업체들의 최근 숙제다. 최근에는 NCM 배터리에 알루미늄$_{Al}$을 추가한 사원계 배터리, 즉 'NCMA 배터리'가 주목받고 있다. NCMA 배터리는 안전성이 크게 향상되어 니켈 비율을 90% 이상으로 높일 수 있다.

실용적인 측면에서 LFP 배터리도 높은 인기를 얻고 있다. 시장에서는 흔히 '인산철 배터리'로 불리며, 2026년에도 주요 배터리 시장의 한 축을 차지할 것으로 전망된다. 삼원계$_{NCM}$나 사원계$_{NCMA}$ 배터리와 비교하면 성능은 다소 떨어지지만, 안전성이 뛰어나고 가격이 저렴하다는 장점이 있다. 고가의 코발트 대신 저렴한 인산철을 사용하므로 원자재 비용을 낮출 수 있으며, 배터리 셀의 열화 현상이 적어 수명도 길다. 이러한 특성 덕분에 저가형 전기차나 에너지 저장장치$_{ESS}$ 등에 널리 활용되고 있으며, '합리적인 품질의 저비용 배터리'를 구현하는 데 적합하다. 비슷한 개념으로, 리튬 대신 '나트륨'을 사용하는 배터리도 활발히 연구되고 있다. 2023년 기준 일부 중국 기업들이 상업적 생산을 시작했다. 나트륨은 지구에서 6번째로 흔한 원소로, 리튬보다 훨씬 저렴하다는 장점이 있다. 그러나 나트륨은 리튬보다 원자 질량이 약 3.3배 더 무거워, 동일한 무게의 배터리로는 상대적으로 짧은 거리만 운행할 수 있다. 전기차 기준으로 운행 거리가 절반 수준으로 줄어들 수 있지만, 가격은 최대 1/4까지 낮아질 수 있어, 단거리 운행을 위한 저가형 차량에 적합한 기술로 평가받고 있다.

이 밖에 2025년 들어 주목받기 시작한 기술 중 하나는 리튬 계열 배터리의 양극재가 아닌 '음극재'를 개선해 성능을 높이려는 시도다. 이른바 '실리콘 음극재' 기술이라고 불린다. '실리콘'이라고 하면 흔히 고무처럼 말랑말랑한 재질을 떠올리는 경우가 많은데, 여기서 이야기하는 실리콘은 원소기호 Si인 준

금속으로, 단단하고 부서지기 쉬운 결정질 고체다. 실리콘은 흡수할 수 있는 리튬이온 양이 많아 배터리 성능 향상에 유리하지만, 충전·방전 과정에서 팽창과 수축을 반복하며 균열이 생기기 쉬운 단점이 있었다. 이러한 문제를 해결하기 위해 다양한 기술적 접근이 시도되고 있다. 대표적인 방법 중 하나가 나노미터(nm, 10억분의 1m) 크기로 분해한 실리콘 입자를 다공성 탄소 구조에 고정시키는 방식이다.

2025년 한 해 동안 전기차 화재 사고가 잇따르면서 배터리의 안전성이 중요한 화두로 떠올랐다. 문제가 일어나는 이유는 배터리액(전해액) 때문이다. 리튬 계열 배터리는 액체 또는 점성이 있는 겔 형태의 전해액을 사용하는데, 고전압으로 인해 열이 발생하거나 강한 충격을 받을 경우, 배터리 내부 구역을 나누는 분리막이 손상될 수 있다. 이때 양극재와 음극재, 전해액이 섞이면 리튬이 강한 열을 발생시켜 화재로 이어질 위험이 커진다.

이러한 문제를 근본적으로 해결하기 위한 대안으로 최근 '전고체 배터리' 연구가 이어지고 있으며, 2026년에도 해당 기술이 큰 주목을 받을 것으로 예상된다. 전고체 배터리는 말 그대로 전해액을 포함한 모든 구성 요소가 고체로 이루어진 배터리다. 전해액이 섞여 들어갈 가능성이 원천적으로 차단되므로 화재 위험이 사실상 사라진다. 실용화 직전 단계의 기술 발표가 이어지고 있어, 2026년은 전고체 배터리 상용화의 원년이 될 것으로 기대를 모으고 있다.

Shift 4

바이오와
생명 기술

지속 가능한 인류를 위한 노력

지금까지 AI와 로봇이라는 거대한 기술의 흐름이 어떻게 산업의 지형을 바꾸고 있는지, 그리고 그 혁명을 뒷받침하는 반도체, 에너지, 화학 산업의 기본 원리와 동향은 어떤지 살펴보았다. 그렇다면 이 모든 기술 발전의 궁극적인 목적은 과연 어디를 향하고 있을까.

이런 생각에 정답이 있을 리 없다. 연구자, 기술자, 기업인, 행정가 등 각자의 위치에서 저마다의 관점을 가지고 있다. 누군가는 순수한 지식 탐구를 위해 연구에 몰두하고, 또 다른 누군가는 인류의 삶을 더 편리하게 만들기 위해 노력한다. 경제적 이익을 삶의 궁극적인 목표로 삼는 사람도 적지 않다. 그러나 이러한 다양한 동기 가운데, 누구나 인정할 만한 공통의 목적이 하나 있다. 물론 그 역시 여러 방식으로 해석될 수 있겠지만, 아마도 상당수는 '인류의 존속과 안녕'을 그 궁극적인 지향점으로 꼽을 것이다.

많은 사람이 AI와 로봇 기술을 '시대의 혁신을 이끄는 중대한 기술'로 인식한다. 이는 일정 부분 사실이기도 하다. 그러나 이러한 인식이 강해질수록, 생명 현상을 탐구하는 바이오 기술Biotechnology의 중요성은 상대적으로 간과되는 경우가 적지 않다.

이러한 사고방식은 기술의 동향을 파악하는 데 결코 바람직하지 않다. 기술은 융합의 과정을 통해 폭발적으로 진화하기 때문이다. 바이오

Shift 4 바이오와 생명 기술

기술은 살아 있는 유기체나 그로부터 얻은 물질을 활용해 인류에게 유용한 제품을 만들거나, 특정 목적에 맞게 시스템을 개선하는 모든 기술을 아우른다. 이는 인류가 수천 년 전 미생물을 이용해 술과 빵을 만들던 가장 오래된 기술인 동시에, 21세기에 들어 AI, 데이터 과학과 결합해 가장 혁신적인 발전을 이루고 있는 최첨단 기술이기도 하다.

과학기술계에서는 '모든 기술은 결국 바이오로 향한다'는 이야기가 있다. 인간이 발견하고, 연구하고, 개발한 모든 과학기술 지식이 궁극적으로 생명과학과 의학 분야에 응용됨으로써 그 꽃을 피운다는 의미다. 레이저, 자기장, 원자력과 같은 기술은 초기에는 바이오와 거리가 먼 분야로 여겨졌다. 그러나 이들 기술은 결국 의학 분야에 응용되면서 인류의 건강을 지키는 데 중요한 역할을 하고 있다. 최근에는 이러한 기술들이 서로 영향을 주고받으며, 과학기술 전반의 급속한 발전을 이끌고 있다. 예를 들어 컴퓨터공학 기술이 인간의 유전체 분석을 가능하게 했고, 바이오 분야의 연구 성과는 다시 AI와 로봇 기술에 응용되고 있다. 이제 바이오 기술은 더 이상 단일 분야가 아니다. 오히려 생명 현상에 대한 근본적인 이해를 바탕으로 AI, 빅데이터, 로봇, 나노 기술 등 인류가 발전시켜온 거의 모든 첨단 기술을 흡수하고 융합하여 새로운 가치를 창출하는 '궁극의 집적화 산업Integration Industry'에 가까워지고 있다.

물론 바이오 기술은 다른 분야와의 융합 이전에, 그 자체로도 큰 의미가 있다. 현재 인류는 커다란 갈림길에 서 있다. 생명과학과 의학 기술은 과거와 비교할 수 없을 만큼 눈부시게 발전했지만, 지식이 늘어난 만큼 새로운 문제들도 함께 발견되고 있다. 이러한 문제에 대한 해답 역시 과학기술에서 찾아야 한다. 생명 현상 그 자체에 대한 지속적인 관심과 연구, 이를 통해 지식과 기술을 축적해가는 과정만이 인류의 건강을 지켜낼 수 있는 유일한 길이기 때문이다.

이 장에서는 인류의 건강, 환경, 식량 문제를 해결하며 지속 가능한 미래를 열어갈 바이오 기술을 살펴보고, 그 기본 원리와 최신 동향을 짚어본다. 특히 바이오 산업이 AI, 로봇, 나노 기술 등 다양한 첨단 기술과 융합하며 시너지를 창출하는 '궁극의 융합 산업'으로 자리매김하게 된 배경을 분석한다. 생명 현상을 '읽고Read', '편집하며Edit', '만들어내고Write', 그 결과를 '예측하는Imagine' 새로운 패러다임을 통해, AI 시대의 바이오 연구·개발이 어떻게 혁신을 가속화하고 있는지 살펴볼 것이다.

가장 먼저 짚고 넘어가야 할 분야는 바이오 산업의 핵심 축이자 인류의 건강과 직결된 '레드 바이오Red Bio'다. 이는 의료 분야의 혁신을 의미한다. 이어서 석유화학을 대체하고 탄소중립 사회를 실현할 열쇠로 주목받는 '화이트 바이오White Bio' 기술의 가능성도 살펴본다. 이 기술이 산업의 패러다임을 어떻게 변화시키고 있는지, 그 원리와 동향을 반드시 짚고 넘어갈 필요가 있다. 마지막으로 인류 생존의 가장 기본적인 문제인 '먹고사는 문제'를 다루는 '그린 바이오Green Bio' 기술의 현주소를 점검한다. 기후변화와 식량 위기 속에서 유전체 기술과 AI가 어떻게 활용되고 있으며, 이러한 기술이 2026년 우리의 삶에 어떤 변화를 가져올지 전망해본다.

이미 바이오 분야의 혁신은 다양한 첨단 과학기술과의 '융합'을 통해 기술 발전의 기폭제 역할을 하고 있다. 바이오 기술에 대한 기본적인 이해 없이는 현대 사회의 변화 방향을 깊이 있게 통찰하기 어렵다고 해도 과언이 아니다.

AI와 융합한 바이오 기술, 혁신의 끝은 어디일까?

바이오+AI 융합이 만들어가는 거대한 변화

'바이오 기술'이라는 말을 들으면, 많은 사람이 실험실에 앉아 다양한 시험관과 비커를 활용해 알록달록한 색깔의 약품을 섞고 있는 연구자의 모습을 떠올리곤 한다. 실제로 지금도 많은 생명과학 연구실에서 이런 풍경을 어렵지 않게 볼 수 있다. 이는 보통 생명체에서 얻은 물질을 관찰하고, 정제하며, 조합하는 과정으로, 바이오 분야의 학문이 오랫동안 생명 현상을 관찰하고 가설을 세운 뒤 실험을 통해 이를 검증하는 귀납적 방식에 기반해 발전해왔기 때문이다. 이러한 과정을 통해 인류는 방대한 지식을 축적해왔으며, 그 지식이 바로 오늘날 바이오 산업의 근간을 이루고 있음은 두말할 나위가 없을 것이다.

그런데 최근 바이오 분야의 연구 개발R&D 과정은 근본적인 패러다임 전환을 맞이하고 있다. 방대한 데이터를 기반으로 결과를 예측하고, 새로운 원리를 추론하며, 원하는 기능을 설계하는 데이터 중심의 선순환 구조로 진화하고 있는 것이다. 과거에는 생명 현상을 단순히 관찰하고 기록하며 분석하는 데 초점을 맞췄다면, 이제는 AI 기술을 활용하여 생명 현상을 더 깊이 이해하고, 이를 바탕으로 새로운 가설을 도출하거나 미래의 결과를 예측하는 방향으로 나아가고 있다. 이러한 변화는 바이오 연구의 접근 방식을 근본적으로 바꾸며, 정밀성과 효율성을 동시에 추구하는 새로운 접근이 가능하다.

바이오 분야의 획기적인 기술 발전으로 그동안 접근하기 어려웠던 생명 현상의 영역에 도달하여 새로운 지식 대륙을 발견할 가능성이 높아지고 있다. 특히 AI 기술의 적용은 오랫동안 난제로 남아 있던 생명 현상에 대한 해답을 찾거나, 새로운 원리를 발견할 수 있는 가능성을 한층 더 끌어올리고 있다. 이러한 과정에서 방대한 양의 바이오 데이터가 다시금 생성되고 있으며, 이를 학습한 AI는 또다시 혁신을 촉진하는 선순환 구조가 이루어지고 있다.

생명과학 분야의 연구 개발 과정은 정보과학이나 기계공학 분야에 비해 상대적으로 더 많은 시간이 소요된다. 물리나 화학 같은 순수 기초과학 분야와 비교하면 속도감 있는 진전이 이루어지기도 하지만, 여전히 많은 시간이 소요되는 것이 사실이다. 그런데 AI 시대에 접어들면서 바이오 분야의 연구 개발 효율이 눈에 띄게 향상되고 있다.

따라서 AI 시대의 바이오 과학기술은 과거에 비해 훨씬 더 빠르고 효율적으로 발전할 것으로 예상된다. AI를 활용해 연구와 실험 과정을 자동화하고, 정확도를 높이며, 시간과 비용을 절감함으로써 전반적인 연구 효율성이 크게 향상되고 있다. 이러한 흐름은 새로운 발견과 기술 개발을 가속화하며, 바이오 기술의 산업화 또한 더욱 빠르게 이루어질 것으로 기대된다.

세계경제포럼WEF은 2025년 7월, '2025년 10대 유망 기술'을 발표했다. WEF를 비롯한 여러 공신력 있는 기관들은 매년 첨단 과학기술 분야의 동향을 발표하며, 실제로 참고할 만한 내용도 많다. 그럼에

WEF가 매년 발표하고 있는 '10대 유망 기술'의 동향

2023년	2024년	2025년
• 플렉시블 배터리 • 생성형 인공지능 • 지속 가능한 항공 연료 • 디자이너 파지 • 정신건강을 위한 메타버스 • 웨어러블 식물 센서 • 공간 오믹스 • 유연한 신경 전자장치 • 지속 가능한 컴퓨팅 • AI 기반 의료	• 재구성 가능한 지능형 표면 • 고고도 플랫폼 스테이션 • 통합 감지 및 통신 • 과학적 발견을 위한 인공지능 • 프라이버시 강화 기술 • 구축 환경을 위한 몰입형 기술 • 엘라스토칼로릭스(냉각 기술의 일종) • 탄소 포집 미생물 • 대체 가축 사료 • 장기 이식을 위한 유전체학	• 구조형 배터리 복합 소재 • 삼투압 발전 시스템 • 차세대 원자력 기술 • 그린 질소 고정 • 신경퇴행성 질환용 GLP-1 계열 치료제 • 자율 생화학 센서 • 살아 있는 치료제 • 나노자임 • 협업 감지 • 생성형 워터마킹

도 이 책에서 그러한 정보를 자주 언급하지 않은 이유는, 일반 독자들이 '지금 꼭 알아야 할 기술적 동향'과는 다소 괴리가 있는 경우가 적지 않기 때문이다. 예를 들어 WEF는 2025년 유망 기술 중 하나로 '삼투압 발전 시스템'을 선정했다. 이 기술은 바닷물과 민물 사이의 염도 차이를 이용해 전기를 생산하는 방식으로, 실용화된다면 탄소 배출 없이 24시간 안정적인 발전이 가능하다는 점에서 기술적으로 매우 매력적이다. 그러나 바닷가 인접 지역에서만 적용 가능하다는 지리적 제약, 그리고 현재로서는 발전 효율이 매우 낮아 추가적인 연구 개발이 필수적이라는 한계도 존재한다. 이러한 이유로 해당 기술이 2026년 산업계에서 실질적인 영향력을 발휘할 가능성은 높지 않다고 판단된다. 이처럼 과학기술의 연구 개발 동향과 실제 산업계에서 주목받는 기술 동향 사이에는 분명한 간극이 존재한다.

잠시 이야기가 옆으로 샜지만, 지금 이 시점에서 WEF의 10대 기술을 언급하는 이유는 바이오 기술의 중요성을 다시금 인식할 필요가 있기 때문이다. WEF의 2025년 10대 미래 유망 기술은 크게 3가지 분야로 나뉜다. 에너지 전환 기술 4종(△구조형 배터리 복합 소재 △삼투압 발전 시스템 △차세대 원자력 기술 △그린 질소 고정), 정밀의료 기술 4종(△신경퇴행성 질환용 GLP-1 계열 치료제 △자율 생화학 센서 △살아 있는 치료제 △나노자임), 그리고 AI 기반기술 2종(△협업 감지 △생성형 워터마킹)이다. 이 중 정밀의료 기술 4가지는 모두 바이오 기술과 밀접한 관련이 있다. 에너지 전환 기술 가운데 '그린 질소 고정(생물학에 기반해 암모니아를 생산)' 역시 철저하게 바이오 기술로 분류할 수 있다. 즉 WEF조차

2025년 인류에게 중요한 10대 기술 중 5가지를 바이오 분야에서 선정하고 있는 셈이다.

이처럼 '바이오 기반 기술 및 산업 혁신'이 일어나고 있는 것은 결코 생소한 일이 아니다. 2024년은 말 그대로 '생성형 AI 광풍'이 몰아쳤던 해로, WEF 역시 10대 기술 중 상당수를 AI 또는 AI 발전에 필요한 정보 기술로 선정했다. 그 결과, 2024년 발표된 10대 기술 가운데 바이오 관련 기술은 겨우 3건(?) 정도에 불과했다. 하지만 바로 전년도인 2023년에는 WEF가 선정한 10대 기술 중 총 6건의 기술(△지속 가능한 항공 연료 △디자이너 파지 △정신건강을 위한 메타버스 △웨어러블 식물 센서 △공간 오믹스 △유연한 신경 전자장치 △AI 기반 의료)이 바이오 기술과 직간접적으로 관련되어 있었다.

바이오 혁신은 어떻게 이루어질까. 모든 바이오 기술의 출발점은 생명 현상을 정확하고 빠르게 '읽는' 능력에서 시작된다. 1990년 시작해 2003년 완성된 인간 유전체 프로젝트Human Genome Project를 예로 들어보자. 이는 인간의 유전자를 철저하게 분석해 기록으로 남기려는 시도로, 당시에는 엄청난 도전이었다. 미국, 영국 등 6개국이 공동으로 약 30억 달러의 천문학적인 연구 자금을 투입해 진행한 글로벌 프로젝트였다. 인간 한 사람의 유전체 염기서열 전체를 해독하는 데 이만한 비용이 투입된 것이다. 하지만 2025년 현재, 차세대 염기서열 분석NGS, Next-Generation Sequencing 기술의 발전으로 100만 원 이하의 비용으로 단 하루 만에 개인의 전체 유전체를 해독하는 것이 가능해졌다. NGS 기술은 DNA를 수백만 개의 짧은 조각으로 잘라낸 뒤, 각 조각의 염기서열을 동시에 대량으로 읽어내고, 이를 컴퓨터 알고리즘을 통해 재조합하여 전체 유전체 지도를 완성하는 방식이다.

이렇게 유전자를 '읽을 수 있게', 즉 관찰할 수 있게 되면서 어떤 일이 가능해졌을까. 이제는 단순히 유전 정보Genomics(유전체)뿐 아니라, 유전자가 실제로 발현되는 정보Transcriptomics(전사체), 단백질의 총체Proteomics(단백체), 그리고 세포 내 대사물질의 총체Metabolomics(대사체)까지 생명 현상의 다양한 층위를 분자 단위에서 읽어낼 수 있게 되었다. 이처럼 여러 차원의 생체 정보를 통합적으로 분석하는 접근을 '다중 오믹스Multi-omics'라고 부른다. 이는 질병의 원인을 복합적으로 이해하고 개인 맞춤형 치료법을 개발하는 정밀의료의 핵심 기반으로 작용하고 있다.

이처럼 유전 정보를 정밀하게 '읽을 수 있게' 되자, 그 다음 단계로 유전 정보를 '인위적으로 조작해보려는' 시도가 자연스럽게 이어졌다. 대표적인 기술이 2020년 노벨화학상을 수상한 '크리스퍼 유전자 가위CRISPR-Cas9'다. 이 기술은 이른바 '3세대 유전자 가위'로도 불린다. DNA는 유전자의 본체라고 할 수 있는데, 이 기술이 등장하면서 사람의 DNA를 마음대로 자르고 붙일 수 있게 되었다. 예를 들어 유전병이 있는 사람의 경우, 유전병을 일으키는 정보가 전체 DNA 중 특정 부위에 존재할 것이다. 크리스퍼 유전자 가위 기술은 이 부위를 정확히 찾아내는 '가이드 RNAgRNA'와, 해당 위치의 DNA를 절단하는 'Cas9'이라는 단백질 효소를 이용한다. 즉 gRNA만 정확하게 설계하면 원하는 유전자를 정확하고 손쉽게 잘라내거나, 새로운 유전자를 삽입할 수 있다. 이는 과거의 유전자 편집 기술과는 비교할 수 없을 정도로 높은 효율성과 정확성을 제공하며, 유전 질환의 근본적인 치료 가능성을 열어주었다. 현재 크리스퍼 기술은 이미 실용화 단계에 접어들어 다양한 신약 개발 과정에서 응용되고 있다. 다만 인간의 몸에 직접 적용되는 만큼 충분한 임상시험이 필수적이다. 2025년 현재 실제로 판매되는 치료법의 종류는 손에 꼽을 정도로 많지 않다.

2025년 현재, 유전자 편집 기술은 '4세대'로 진입하고 있다. 기존의 크리스퍼 유전자 가위는 세포 내 유전자 일부를 통째로 바꿔 넣는 식으로 작동했지만, 최근에는 DNA 염기 단 하나만 고쳐 넣는 '염기 교정Base Editing'이나 '프라임 편집Prime Editing' 등의 기술이 등장하고 있다. 이러한 기술들이 등장했다고 해서 크리스퍼 기술이 필요 없어지는 것은 아니다. 오히려 상호 보완적으로 활용될 가능성이 크다. 예를 들어 인간 유전자 중 특정 구간을 빠르게 교정해야 할 경우에는 크리스퍼가 더 적합하고, 유전자 코드 단 하나만 정확하게 교정하려면 4세대 기술이 더 효율적일 수 있다.

여기에 AI 기술이 결합하면서 바이오 분야의 혁신은 더욱 가속화되고 있다. 한국에는 생명과학 기술의 동향과 관련 정책을 전문적으로 연구하는 국가생명공학정책연구센터가 있다. 이곳에서는 2025년 바이오 유망 기술 중 하나로 'AI가 디자인한 유전자 편집기AI-designed gene editors'를 선정했다. 이는 AI가 방대한 생명과학 데이터를 학습해, 특정 목적에 최적화된 '맞춤형 유전자 가위'를 새롭게 설계하는 기술이다. 이러한 기술이 의료 현장에 적용된다면 환자 개개인의 유전자 정보에 정확히 맞는, 부작용이 최소화된 유전자 편집법을 개발해 활용할 수 있게 된다.

이 단계를 넘어서면 마침내 새로운 생명 시스템을 직접 설계해서 창조하는 단계에 도달하게 된다. 바로 '합성생물학Synthetic Biology'의 영역이다. 이 분야는 대사공학이라고 불리기도 하는데, 두 개념은 미묘한 차이가 있다. 합성생물학은 생명체의 기능 전체를 새롭게 설계하는 느낌이 강하고, 대사공학은 기존에 존재하는 생명체의 기능을 일부 수정하는 느낌이 강하다. 넓은 의미에서 보면 대사공학은 합성생물학의 하위 분야로 볼 수 있지만, 목적 자체가 비슷하므로 거의 같은 의미로 받아들여지는 경우가 많다.

합성생물학은 표준화된 유전자 부품BioBrick을 레고 블록처럼 조립하여, 자연에는 존재하지 않는 새로운 기능의 생명 회로를 설계하고 이를 미생물에 삽입함으로써 원하는 물질을 생산하게 만드는 기술이다. 가끔 "세균을 이용해 석유를 생산하는 데 성공했다"는 식의 뉴스를 본 적이 있을 것이다. 이처럼 인간이 인공적으로 설계한 생명체의 대사 과정을 활용해, 우리가 원하는 다양한 물질을 생산하는 기술을 말한다. 쉽게 말해 소에게 여물을 먹이면 배설물이 나오듯, 인공적으로 만든 세포 등의 생명체를 통해 우리가 원하는 다양한 물질을 생산하도록 유도하는 것이다.

합성생물학 기술은 이미 다양한 분야에서 실용화되고 있다. 예를 들어 말라리아 치료제인 아르테미시닌은 원래 개똥쑥이라는 식물에서만 소량 추출할 수 있었지만, 합성생물학자들은 아르테미시닌을 생성하는 유전자 회로를 효모에 이식해 공장에서 대량 생산할 수 있도록 구현했다. 2025년 현재, 합성생물학은 응용 분야를 한층 넓혀가는 단계에 있다. 인공 생명체를 통해 원하는 물질을 생산하는 기술 자체는 대부분 가능하지만, 여전히 '효율'이 발목을 잡고 있다. 의약품은 소량만 생산해도 유통이 가능하지만, 바이오 연료나 바이오 플라스틱이 석유화학 산업을 친환경적으로 대체하려면 훨씬 더 많은 연구 개발이 이루어져야 한다.

물론 이 밖에도 다양한 응용이 가능하다. 단순히 유용한 물질을 생산하는 '공장'으로서의 역할을 넘어서, 생명 시스템의 기능 자체를 디자인해 다양한 작업을 수행하게 하는 방향으로 발전하고 있다. 예를 들어 WEF의 2025년 10대 유망 기술에 포함된 '살아 있는 치료제' 기술이나, '2025 바이오 미래 유망 기술'에 포함된 '살아 움직이는 생물학적 로봇Motile living biobots'은 거의 동일한 기술을 다른 표현으로 설명한 것이다. 이는 개구리의 배아줄기세포나 인간의 기관지세포 등을 배양하여, 스스로 움직이고 특정 작업을 수행할 수 있는 마이크로 로봇으로 만드는 시도를 의미한다. 이러한 생체 로봇은 '제노봇Xenobot'이라고 불리기도 한다. 이 생체 로봇을 통해 인체 내부에서 암세포를 탐지해 약물을 전달하거나, 막힌 혈관을 뚫는 등의 정밀한 생물학적 작업을 수행할 수 있을 것으로 기대된다. 기계와 생명의 경계를 허무는 새로운 차원의 기술이라 할 수 있다.

지금까지 살펴본 내용을 종합하면, 인류의 바이오 기술 혁신은 단계적인 진화를 거쳐왔음을 알 수 있다. 처음에는 유전자를 '읽는Read'

Shift 4 바이오와 생명 기술

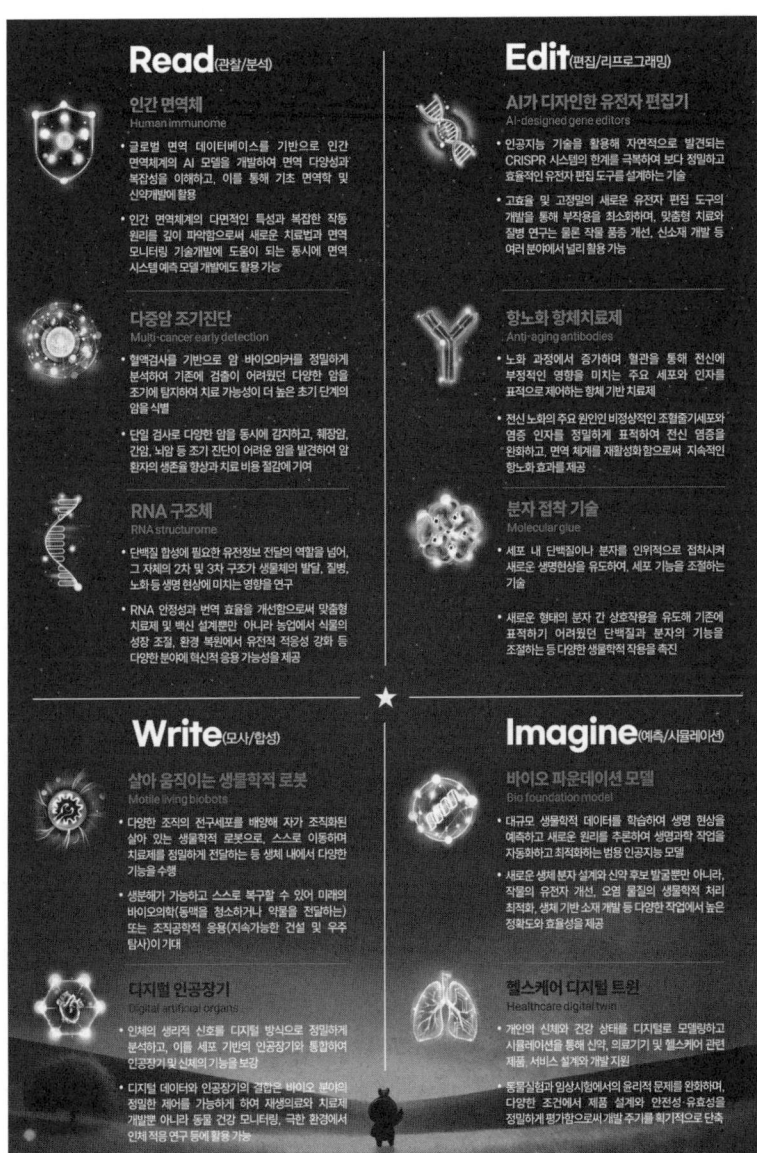

2025년 바이오 미래 유망 기술 ⓒ 국가생명공학정책연구센터

기술로 인간 유전체 정보를 확보했고, 유전자를 '편집하는Edit' 기술을 개발해 유전자 가위 기술을 손에 넣었다. 다음으로 유전자를 '새롭게 쓰는Write' 기술로 합성생물학이라는 새로운 분야에 발을 들여놓았다.

이제는 지금까지 축적된 데이터를 학습해 생명 현상의 숨겨진 원리를 추론하고, 미래의 결과를 예측하며, 새로운 가설을 생성하는 기술, 바로 예측Imagine의 단계에 진입하고 있다. 이는 AI 기술과의 융합을 통해 이루어지고 있다.

대표적인 사례가 바로 '알파폴드AlphaFold'다. 2024년 노벨화학상 수상자 세 사람은 다름 아닌 'AI' 연구자들이었다. 바둑 AI 알파고 개발자로 잘 알려져 있으며, 현재 구글 AI 연구를 총괄하고 있는 구글 딥마인드 CEO 데미스 허사비스 역시 수상자 중 한 사람이다. 이들이 노벨상을 받은 이유는 AI를 활용해 생명 현상의 핵심인 '단백질 구조'를 분석할 수 있는 새로운 수단을 제시했기 때문이다. 과거에는 단백질 구조 하나를 밝혀내기 위해 엑스선 결정학이나 극저온 전자현미경 같은 고난도 실험을 수개월, 길게는 수년간 수행해야 했다. 이러한 과정을 획기적으로 단축하기 위해 허사비스 연구팀이 개발한 프로그램이 바로 '알파폴드'다. 이 AI는 단백질의 아미노산 서열만으로도 3차원 구조를 수십 초 만에 예측할 수 있다. 2022년 7월 28일, 딥마인드는 알파폴드를 오픈소스로 공개함과 동시에 무려 2억 개에 달하는 단백질 구조 예측 결과를 인터넷에 공개했다. 이는 당시까지 인류가 실험을 통해 확보한 단백질 구조 데이터 전체와 맞먹는 규모였다. 사실상 인류가 지금껏 알아낸 모든 단백질 구조를 AI 예측으로 확보한 셈이다. 이제 단백질 구조를 연구하는 과학자라면 누구나 알파폴드, 혹은 그와 유사한 AI 도구를 활용한다. 이는 신약 개발의 속도를 획기적으로 단축시키는 계기가 되었다.

국가생명공학정책연구센터에 따르면, 앞으로는 '바이오 파운데이션 모델Bio foundation model'의 등장이 예상된다. 이는 유전체, 단백체 등 방대한 생물학적 데이터를 기반으로 사전 학습된 거대 AI 모델을 의미한다. 이러한 모델은 소량의 추가 학습Fine-tuning만으로도 신약 후보 물질 설계, 유전자 기능 예측, 질병 진단 등 다양한 바이오 분야의 작업을 높은 정확도로 수행할 수 있게 된다. 이른바 '만능 생명과학 혁신 도우미'가 탄생하는 셈이다.

이 과정에서 주목해야 할 기술 중 하나가 바로 '헬스케어 디지털 트윈Healthcare Digital Twin'의 등장이다. 디지털 트윈이란 컴퓨터로 만든 가상현실에 현실과 동일한 물건을 구현해 다양한 실험과 시뮬레이션을 수행하는 개념이다. 예를 들어 자동차 엔진을 개발할 때, 현실에서 개발 중인 엔진과 똑같은 것을 가상현실에 만들어두면 다양한 실험을 안전하게 테스트함으로써 엔진의 개발 효율을 크게 높일 수 있다. 이 개념은 현재 빌딩, 공장, 항공기 등 다양한 산업 분야에 응용되고 있으며, 이제는 인간의 몸까지 확장되고 있다. 물론 인간의 신체를 완전히 시뮬레이션하는 것은 쉽지 않으며, 아직 극복해야 할 수많은 난제가 있다. 그러나 기본적인 기능만 포함한 후, 개인의 유전 정보, 의료 기록, 생활습관 데이터 정도만 통합할 수 있다면 의료 현장에 큰 도움이 될 수 있다. 의사는 이 디지털 트윈을 통해 특정 약물이 환자에게 어떤 효과와 부작용을 일으킬지 미리 시뮬레이션한 다음 가장 안전하고 효과적인 치료법을 처방할 수 있다. 궁극적으로는 환자 한 사람만을 위한 맞춤형 의약품 개발 등으로 이어질 가능성도 열리게 된다.

2024년, 과학기술정보통신부는 앞으로 '바이오 대전환Bio-transformation'의 시대가 펼쳐질 것이라고 예상했다. 현재의 기술 흐름이 의약학 분야(레드 바이오), 화학 응용 분야(화이트 바이오), 농축산 분야(그린 바이오) 등에서 즉각적인 효율 개선으로 이어지기에는 아직 시간이 더 필요하다. 특히 2026년 한 해 동안 이들 분야에서 어떤 산업적 흐름이 전개될지는 좀 더 면밀히 살펴볼 필요가 있다.

중요한 것은 이러한 바이오 혁신의 물꼬가 트이기 시작했다는 점이다. 과거에는 수년 걸렸던 연구 개발이 이제는 단 몇 개월, 심지어 수 주일 만에 이루어지는 사례가 점점 더 자주 등장하고 있다. 이는 바이오 기술이 인류의 건강, 환경, 식량 문제를 해결하는 속도를 근본적으로 바꾸어놓을 것임을 예고한다. 앞으로 다가올 2026년 한 해가 '바이오 대전환의 시발점'으로 기억될 가능성이 크다.

의료는 어떻게 레드 바이오 산업의 출발점이 되었을까?

산업을 이해하기 위한 첫걸음, 바이오+의료 기술

바이오 기술이 인류의 삶에 가장 직접적이고 극적인 영향력을 미치는 분야는 단연 의료 분야다. 의료와 관련된 생명과학 분야를 '레드 바이오'라고 부른다. 이는 생명공학Biotechnology, 즉 바이오 기술을 의학·약학 분야에 적용하여 인류의 생명과 건강 증진에 기여하는 산업 분야를 총칭한다. 바이오 기술을 의학·약학 분야에 적용하여 인류의 생명과 건강 증진에 기여하는 산업을 총칭하는 용어로, 혈액의 붉은색에서 유래한 명칭이다. 레드 바이오는 신약 개발, 진단 시약, 세포 치료 기술 등 질병 치료와 건강 증진을 위한 다양한 기술을 포함하며, 보건·의료 분야에서 바이오 기술이 가장 활발하게 응용되는 영역이다. 이러한 구분은 기술적 기준보다는 '쓰임'에 따른 분류에 가깝다. 예를 들어 인체 비파괴 검사장치처럼 정보과학 기술과 접점이 있는 기술도, 그 목적이 의료에 있다면 레드 바이오에 포함된다. 살아 있는 유기체나 생물 시스템을 일부라도 활용해 특정 제품이나 프로세스를 만드는 모든 기술은 레드 바이오의 범주에 포함될 수 있다. 우리가 흔히 '바이오'라는 단어를 들었을 때 가장 먼저 떠올리는 신약 개발, 백신, 치료제 연구 등이 모두 이 분야에 속하며, 바이오 기술 응용의 대표적·핵심적인 영역이라 해도 과언이 아니다.

전통적으로 레드 바이오의 핵심 응용 분야는 크게 3가지 축으로 구성된다. 첫째, 신약 개발 분야다. 유전자재조합 기술을 이용해 인슐린이나 성장 호르몬과 같은 치료용 단백질을 생산하거나, 특정 질병 인자를 표적하는 단일클론항체Monoclonal Antibodies 의약품을 개발하는 것이 대표적인 예다. 특히 코로나19 팬데믹을 계기로 백신 개발의 중요성이 부각되면서, 이 분야는 레드 바이오의 중심축으로 자리 잡았다. 둘째, '진단' 분야다. 혈액, 소변, 조직 등 인체 유래 물질을 체외에서 분석하여 질병을 신속하고 정확하게 진단하는 체외진단IVD, In Vitro Diagnostics을 비롯해, 분자진단, 유전자 검사 등 다양한 진단 기술이 포함된다. 마지막으로 셋째가 이른바 '첨단 치료' 분야다. 손상된 조직이나 장기를 재생시키는 재생의학, 결함이 있는 유전자를 교정하거나 치료 유전자를 삽입하는 유전자 치료, 그리고 환자의 면역세포를 활용해 암과 같은 난치성 질환을 치료하는 세포 치료 등이 여기에 해당한다.

여기에 추가적으로 생각할 수 있는 것이 '융합' 분야다. 레드 바이오는 이제 단순한 기술 분류를 넘어, '다양한 기술이 융합되고 상호 의존하는 역동적인 생태계'라는 의미로 재정의되고 있다. 과거에는 신약 개발, 진단, 헬스케어 서비스가 각기 독립된 산업 영역으로 여겨졌다. 그러나 이제는 각 영역이 서로 긴밀하게 연결되어 있으며, 이러한 융합적 접근 방식 또한 레드 바이오 산업으로 간주하는 추세다. 예를 들어 특정 유전 변이를 진단하려면 이를 정확히 인식하는 기술이 필요한데, 이는 결국 맞춤형 유전자 치료나 항암 신약 개발과 직결된다. 이러한 치료를 하려면 이른바 '동반진단CDx, Companion diagnosis'이라는 과정이 필수적이다. 동반진단은 특정 약물이 환자에게 효과를 발휘할지 여부를 사전에 예측하기 위해 진단과 치료 기술에 동시에 접근하는 분자진단 방식이다. 실제로 병원에서는 표적 치료제를 적용할 환자를 선별하기 위해 환자의 유전자 돌연변이 여부, 단백질 발현량 등을 분석하는 동반진단 검사를 시행하고 있다. 이처럼 진단과 치료가 융합되면서 의료 산업 전반에 걸쳐 새로운 파급 효과를 낳고 있다.

AI는 레드 바이오의 동향을 파악하는, 두말할 여지가 없는 키포인트다. 방대한 유전체 및 임상 데이터를 분석해 진단과 치료를 포함한 거의 모든 의료 분야에 응용되고 있다. AI가 디지털 헬스케어Digital Healthcare 솔루션과 결합되면서 새로운 형태의 혁신을 창출하고 있다.

이에 따라 2026년의 레드 바이오 산업은 진단Diagnostics, 치료Therapeutics, 디지털 기술Digital Technology이 상호작용하며 가치를 창출하는 융합 산업으로 자리매김할 것이 분명하다. 제약·바이오 기업들은 단순히 약을 개발하는 데 그치지 않고 질병의 예측, 예방, 진단, 치료,

관리에 이르는 전 주기를 아우르는 포괄적인 '헬스케어 솔루션'을 제공하는 방향으로 비즈니스 모델을 전환할 것으로 예상된다.

이러한 패러다임의 전환은 레드 바이오 산업의 경제적 모델에도 근본적인 변화를 가져오고 있다. 전통적인 제약 산업은 소수의 '블록버스터' 의약품이 전체 매출을 견인하는 구조였다. 그러나 신약 개발에 소요되는 막대한 연구 개발 비용과 시간, 그리고 평균 11%에 불과한 낮은 사업화 성공률은 이러한 모델의 지속 가능성에 의문을 제기하고 있다. 따라서 레드 바이오 산업의 가치 창출 방식은 '규모의 경제'에서 '가치의 경제'로 이동하고 있다. 불특정 다수에게 판매되는 저가·대량 생산 제품이 아니라, 특정 환자군에게 혁신적인 치료 효과를 제공하는 고부가가치 솔루션이 산업 성장을 주도하는 구조로 변화하고 있는 것이다. 대표적인 사례가 바로 CAR-T 세포 치료제다. 이는 환자 본인의 T세포(면역세포)를 추출한 뒤, 암세포를 인식하고 공격할 수 있도록 유전자를 조작해 배양한 후 다시 주사로 투여하는 방식으로, '살아 있는 항암제'라고도 불린다. 노바티스가 개발한 CAR-T 치료제 '킴리아주Kymriah'는 1회 투여 비용이 약 3억 6,000만 원에 달한다. 건강보험 적용 시 개인 부담은 수백만 원 수준으로 줄어들지만, 이는 공단이 약값을 대신 부담하는 구조일 뿐, 약값 자체가 저렴해진 것은 아니다.

환자의 건강 데이터를 지속적으로 모니터링하고 관리하는 디지털 헬스케어 플랫폼은 기존의 일회성 약물 판매 모델을 넘어 구독 기반의 새로운 반복 수익 모델을 창출할 수 있는 잠재력을 지닌다. 최근 인기를 끌고 있는 '연속혈당 측정기'의 대표적 모델인 '프리스타일 리브

레FreeStyle Libre'는 2주간 사용할 수 있는 센서 1개의 가격이 12만 원을 넘는다.

따라서 2026년 이후의 레드 바이오 시장은 진단, 치료, 데이터 분석을 통합하여 얼마나 정교하고 효과적인 '질병 관리 솔루션'을 제공할 수 있는지가 핵심 경쟁력이 될 것으로 보인다. 기업들은 전통적인 바이오 연구 개발 능력에 더해 데이터 과학, 규제 과학, 가치 기반 가격 책정 등 새로운 역량을 확보할 필요가 있다.

레드 바이오 시장은 향후에도 견고하고 지속적인 성장세를 이어갈 것으로 다수의 시장 분석기관들이 일관되게 전망하고 있다. 시장 규모는 2024년 5조 4,659억 달러에서 시작해 2025년부터 2030년까지 연평균 10.5%의 성장률을 기록하며, 2030년에는 9조 9,774억 달러에 이를 것으로 예측된다.* 2025년 5,356.8억 달러에서 2030년 7,285.7억 달러로 연평균 6.34%의 성장을 전망하는 분석기관도 있다.** 기관별로 수치에는 다소 차이가 있지만, 공통적으로 2026년을 포함한 중장기 예측 기간 동안 레드 바이오 시장이 강력한 성장 모멘텀을 유지할 것이라는 점에는 의견이 일치한다.

레드 바이오 분야는 본질적으로 막대한 자본과 장기간의 투자가 필요한 고위험High-risk 산업이다. 그럼에도 견고한 성장 전망이 지속적으

---

*   Grand view research, "Red Biotechnology Market"(2025~2030).
**   mordor intelligence, "Red Biotechnology Market Size & Share Analysis-Growth Trends & Forecasts"(2025~2030).

로 제시되고 있다는 점은, 이 산업에 대한 안정적인 투자 흐름이 이어질 것이라는 강력한 신호로 해석된다. 유전자 치료제, AI 신약 개발 같은 혁신적인 기술을 실현하기 위해서는 이러한 산업 자본이 '재무적 혈액' 역할을 하며 필수적으로 뒷받침되어야 한다. 하지만 글로벌 경제 침체, 지정학적 불안정성, 예기치 못한 규제 강화 등 외부 변수로 인해 성장 기대치가 훼손될 경우, 이는 단순히 기업의 단기 수익성 악화에 그치지 않고, 2026년 이후를 겨냥한 혁신 파이프라인 전체에 심각한 타격을 줄 수 있는 잠재적 위험 요인으로 작용할 수 있다.

분야별 동향을 살펴보면, 우선 정밀진단 Precision Diagnostics 분야는 코로나19 팬데믹을 거치면서 기술적 성숙도와 시장 수용성이 크게 향상되었다. 특히 체외진단 IVD 시장은 개인 맞춤형 의료에 대한 수요 증가와 조기 진단의 중요성 부각에 힘입어 가파른 성장세를 보이고 있다. 기존에는 감염성 질환 진단에 집중되었던 체외진단 기술이 이제는 소량의 혈액이나 조직만으로 암, 심혈관 질환, 알츠하이머 등 중증 질환을 조기에 진단하고 예후를 예측하는 방향으로 빠르게 확장되고 있다. 체외진단 시장의 규모가 연평균 6.9% 성장해 2026년 1,383억 달러에 이를 것으로 전망된다.*

디지털 헬스케어 Digital Healthcare 분야는 현재 바이오 산업에서 가장 역동적인 성장을 보일 것으로 기대되는 영역이다. 최신 데이터는 아

---

*   Frost & Sullivan.

니지만 2020년 1,525억 달러에서 시작해 연평균 18.8% 성장할 거라는 보고도 있었다. 예상대로라면 2027년에는 5,088억 달러 규모에 이를 것으로 전망된다.* 정밀진단 분야의 성장률이 7% 미만이라는 점을 고려할 때, 19%에 가까운 성장률은 실로 주목할 만한 수치다. 특히 원격의료Telemedicine 분야는 코로나19 팬데믹 이후 비대면 진료의 필요성이 부각되면서 연평균 30.9%라는 폭발적인 성장이 예상된다.

첨단 치료제Advanced Therapies 분야는 레드 바이오 혁신의 정점을 보여주는 영역으로, 가장 높은 성장 잠재력을 지니고 있다. 이 영역에는 유전자 치료제, 세포 치료제, 조직공학 제제 등이 포함된다. 시장 분석에 따르면, 현재 바이오의약품 시장에서 가장 큰 비중을 차지하는 것은 단일클론항체(2024년 기준 49.6% 점유)다. 단일클론항체는 단 하나의 항원에만 반응하는 순수한 항체로, 이를 항암제에 결합해 사용하면 정상세포는 손상되지 않고 암세포만을 선택적으로 공격하는 치료 효과를 얻을 수 있다. 그러나 향후 가장 빠른 성장세를 보일 것으로 기대되는 분야는 '유전자 치료제'로, 연평균 24.3%의 성장률이 예측된다.**

이처럼 고성장 중인 분야들을 면밀히 살펴보면 한 가지 공통된 기반이 드러나는데, 바로 '데이터'의 중요성이 점점 더 커지고 있다는 점이다. 정밀진단은 환자의 정밀한 생체 데이터(유전체, 단백체 등)를 생성

---

*   Global Industry Analysts, "Digital Health: Global Market Trajectory & Analytics."
**   Grand view research, "Red Biotechnology Market"(2025~2030).

하는 역할을 하고, 첨단 치료제는 이 데이터를 기반으로 설계된다. 디지털 헬스케어는 생성된 데이터를 분석하고 활용해 치료 과정을 최적화할 수 있다.

이는 2026년 한 해, 레드 바이오 산업의 경쟁 구도가 '데이터 가치 사슬Data Value Chain'을 얼마나 효과적으로 장악하고 활용하는지에 따라 결정될 것임을 암시한다. 유전체 데이터를 생성하는 정밀진단 기술에서 시작해, 이를 기반으로 설계되는 첨단 치료제 개발, 그리고 치료 과정에서 발생하는 실제 임상근거Real-World Evidence를 수집·분석하는 디지털 플랫폼에 이르기까지, 데이터의 전 주기를 통합적으로 다룰 수 있는 역량이 기업의 핵심 경쟁력으로 부상하고 있다.

그렇다면 기술적으로는 어떤 분야가 급성장하게 될까. 가장 먼저 언급하지 않을 수 없는 것이 바로 AI와 디지털 기술의 역할이다. 이는 더 이상 '미래의 가능성'이 아니라, 산업의 효율성과 생산성을 근본적으로 변화시키는 '현실적인 동력'으로 자리매김하고 있다. 2024년 발표된 한 보고서에 따르면, 헬스케어 분야의 생성형 AI 시장은 2023년 18억 달러에서 연평균 32.6%의 놀라운 성장률을 보이며 2032년에는 221억 달러 규모에 이를 것으로 예상된다.[*]

규제 기관의 태도 변화도 눈여겨볼 만하다. 과거 제약·바이오 산업은 환자의 안전과 직결되는 특성상 새로운 기술 도입에 보수적인 입장

---

[*] Global Market Insights.

을 취해왔다. 그러나 최근에는 미국 식품의약국FDA, 유럽의약품청EMA 등 주요 규제 기관들이 AI 기술의 잠재력을 인정하고 이를 제도권 내에 적극적으로 수용하는 움직임을 보이고 있다. 특히 FDA와 EMA는 신약 개발의 효율성을 높이기 위해 AI를 기반으로 한 '디지털 엔드포인트Digital Endpoints'의 임상시험 도입을 적극적으로 수용하고 있다. 이는 전통적인 임상 평가 지표를 넘어, 웨어러블 기기나 스마트폰 앱을 통해 수집된 환자의 객관적 데이터를 활용해 신약의 유효성을 평가하는 것을 의미한다. 더 나아가 FDA는 AI 기술이 적용된 의료기기의 신속한 시장 진입을 지원하기 위해 '사전승인 시스템PCCP, Pre-determined Change Control Plan'에 대한 지침을 발표했다. 이는 제품 허가 이후에도 AI 모델이 지속적으로 학습하고 성능을 개선할 수 있는 길을 열어준 셈이다.

주목해야 할 분야 중 하나로 '메신저RNAmRNA' 관련 기술도 빼놓을 수 없다. 코로나19 당시 이 단어를 들어보지 못한 사람은 거의 없을 것이다. 화이자와 모더나가 발 빠르게 새로운 백신을 개발할 때 사용했던 방식이다. 이는 세포 속 '핵'에 설계도를 전달해 필요한 단백질 기반 약물을 세포핵이 생산하도록 유도하는 기술로, 백신뿐 아니라 다양한 치료 방법 개발에 두루 쓸 수 있다. 이론적으로 부작용이 적어 차세대 의약품 개발 방식으로 각광받았지만 인체 적용의 어려움이 있었는데, 코로나19를 계기로 빠르게 실용화되었다. 2026년 현재, mRNA 기술은 암 치료제, 암 예방 백신, 희귀 질환 치료제 등으로 활용 범위를 넓혀가고 있으며, 면역 반응을 유도하는 항암 치료제 개발에도 활발히 적용되고 있다. 특히 유전적 결핍으로 발생한 희귀 질환을 치료하기 위한 연구가 활발히 진행 중이다.

기타 유전자·세포 치료 분야도 각광받고 있다. 유전자 가위(CRISPR-Cas9 등)와 같은 유전자 편집 기술의 발전은 과거에는 치료가 불가능했던 유전성 희귀 질환의 완치 가능성을 열었으며, 환자 맞춤형 암 치료 분야에서도 혁명을 일으키고 있다. 대표적인 예가 앞서 언급한 CAR-T 세포 치료제다. 현재 몇몇 CAR-T 치료제가 임상 단계에 있으며, 주로 혈액암에서 뛰어난 효과를 입증하고 있다. 지금까지는 환자 개개인에 맞춰 생산해야 하는 '자가Autologous 치료제'로서 한계를 갖고 있었는데, 이를 극복하려는 시도가 이어지고 있다. 즉 건강한 공여자의 세포를 미리 가공하고, 유전형질에 따라 분류·보관하면서 필요할 때 즉시 사용할 수 있도록 하는 '기성품Off-the-shelf' 형태의 동종 CAR-T 치료제 개발이 활발히 진행되고 있다. 2026년에는 CAR-T 치료제에 대한 주요 임상 결과들이 발표될 것으로 기대된다.

첨단 치료제의 실용화를 위해서는 '어떻게 제조하고 공급할 것인가'에 대한 문제도 핵심적인 고려사항이다. 레드 바이오 분야의 제품은 일반적인 공산품과 달리, 생산이나 유통 전 과정에서 고도의 정밀성과 안전성을 요구받는다. 예를 들어 CAR-T 치료제의 경우, 환자로부터 T세포를 채취한 뒤 중앙 제조 시설로 보내 유전적으로 가공하고, 다시 병원으로 운송해 환자에게 주입하는 일련의 과정을 거친다. 이 '정맥에서 정맥까지Vein-to-vein'의 전체 소요 시간은 수 주일에 달하는데, 이는 위급한 환자에게 치명적인 시간적 제약이 될 수 있다. 또한 대부분의 바이오 의약품은 단백질이나 세포 기반의 민감한 생물학적 물질로 구성되어 있어, 극저온 상태를 유지해야 하는 콜드체인Cold-chain 물류가 필수적이다. 이는 유통 비용을 크게 증가시키고, 공급망의 안정성을 위협하는 요인이 되기도 한다.

레드 바이오 산업의 성장을 견인하는 가장 근본적인 동력은 지속적으로 증가하는 시장 수요다. 전 세계적인 고령화와 만성 질환의 확산은 혁신적인 치료제와 정밀진단 기술에 대한 수요를 구조적으로 뒷받침하고 있다. AI는 신약 후보물질 발굴부터 임상시험 설계에 이르기까지 개발의 전 과정을 가속화하고 있으며, 유전체 분석 기술의 발전은 개인 맞춤형 의료 시대를 본격적으로 열고 있다. 특히 FDA, EMA와 같은 주요 규제 기관들이 AI 기반 임상시험, '첨단 치료 의약품ATMP'과 같은 혁신 기술을 수용하고, 이를 지원하기 위한 명확한 가이드라인과 신속 심사 제도를 마련하고 있다는 점은 기술의 상용화를 앞당기는 긍정적인 신호다.

그러나 레드 바이오 산업의 눈부신 성장 가능성에도 불구하고, 반드시 주의 깊게 살펴봐야 할 본질적인 한계와 리스크가 존재한다. 가장 큰 본질적 한계는 막대한 연구 개발 비용과 낮은 성공률이다. 특히 유전자 치료제와 같은 첨단 기술은 그 복잡성으로 인해 제조 비용이 매우 높다. 이는 결국 환자가 감당하기 어려운 수준의 약가로 이어지는 구조적 문제를 야기한다. 글로벌 공급망의 불안정성 역시 중요한 리스크다. 유전자 편집 등의 기술이 안고 있는 윤리적 문제, 복잡하고 엄격한 글로벌 규제 환경은 혁신 기술의 신속한 시장 진입에 걸림돌이 될 수 있다.

이러한 상황을 종합해보면, 레드 바이오 산업의 가장 큰 특징은 '복잡성Complexity'이라는 단어로 요약될 수 있다. 2026년 레드 바이오 기술의 전반적인 흐름은 기존 제약 기업들의 성공 모델이었던 '완전 통합형 제약 기업FIPCO, Fully Integrated Pharmaceutical Company' 모델이 한계에 도달했음을 보여준다. 이제는 기술, 제조, 데이터 분석, 규제 등 각 분야에서 최고의 전문성을 가진 외부 파트너들과의 협업을 통해 전체 가치 사슬을 유기적으로 연결하는 '네트워크형 기업Networked Enterprise'이 새로운 산업 모델로 부상하고 있다. 특별한 경우를 제외하면, 유전체학, AI, 첨단 정밀 기술, 세포 치료제 제조, 글로벌 규제 전략 등 모든 분야에서 단일 기업이 세계 최고 수준의 역량을 갖추는 것은 현실적으로 어렵다. 따라서 '전략적 생태계 관리Strategic Ecosystem Management' 능력이 레드 바이오 기업의 핵심 역량으로 떠오르고 있다.

화이트 바이오 산업은 어떻게 산업 생태계를 재편할까?

화이트 바이오, 생명화학과 산업의 연결고리

화이트 바이오White Bio는 레드 바이오(의료)나 그린 바이오(농업)에 비해 대중에게 다소 생소하게 느껴질 수 있다. 바이오 기술을 의학이나 농업 분야에 적용한다고 하면 직관적으로 이해가 되지만, 석유화학 산업을 비롯해 다양한 재화를 생산·유통하는 실제 산업 분야에 적용한다고 하면 쉽게 실감이 나지 않기 때문이다. 발효식품 등의 분야를 떠올리는 사람도 있을 수 있는데, 이 역시 화이트 바이오의 한 영역으로 볼 수 있다. 그러나 화이트 바이오의 범위는 훨씬 넓다. 박테리아, 효모, 곰팡이 같은 살아 있는 미생물은 물론이고, 그 구성 요소인 효소를 활용해 화학물질, 소재, 에너지 생산에 이르기까지 실로 다양한 분야에 적용할 수 있다. 기술 발전도 꾸준히 이루어져, 현재는 석유화학 산업에서 생산할 수 있는 대부분의 물질을 실험적으로 제조할 수 있는 수준에 이르렀다.

관건은 '효율'이다. 아직까지 화이트 바이오 기술은 기존 석유화학 산업처럼 대량의 제품을 빠르게 생산할 수 있는 수준에는 이르지 못했다. 다양한 분야에서 화이트 바이오 기술을 응용하려는 시도는 늘고 있으나, 당장 2026년 한 해의 기술 및 산업 동향을 전망하는 데 있어서는 레드 바이오나 그린 바이오에 비해 중요도가 높다고 보기는 어려운 것이 현실이다.

그러나 장기적인 관점에서 화이트 바이오가 지닌 함의는 매우 크다. 기후변화와 환경오염이라는 인류 공동의 과제를 해결하는 데 있어, 화이트 바이오는 분명한 강점을 지니고 있기 때문이다.

바이오 공정을 활용하면 이산화탄소가 전혀 배출되지 않는다고 생각하는 경우도 있지만, 이는 사실과 다르다. 에너지가 투입되고 제품이 생산되는 공정이 존재하는 한, 온실가스 배출은 불가피하다. 이해를 돕기 위해 다소 억지스러운 예를 들자면, 젖소가 우유를 생산하는 과정에서도 상당한 온실가스가 발생한다. 사료는 공장에서 제조되어야 하고, 젖소는 이를 먹고 우유를 생산하는 과정에서 호흡을 통해 이산화탄소를 배출한다. 소화 과정에서는 적잖은 메탄가스(방귀)를 배출하기도 한다. 그럼에도 전통적인 석유화학 제조 방식과 달리, 생물학적 공정은 일반적으로 더 낮은 온도와 압력에서 진행되므로 생산 공정에서 에너지 소비를 크게 줄일 수 있다는 점은 분명한 사실이다. 현재 기술로 가능할지는 모르겠지만, 만약 우유와 화학적 성분이 똑같은 음료를 열화학적 공정으로 생산하려 한다면, 비교할 수 없을 정도로 많은 에너지가 필요할 것이다.

이러한 특성은 화이트 바이오 기술이 환경적으로 훨씬 더 지속 가능하고 효율적인 가치를 제공한다는 점을 시사한다. 활용 방식에 따라 온실가스 배출 감소, 폐기물 발생량 저감, 에너지 소비 절감 등의 긍정적인 효과를 기대할 수 있기 때문이다.

따라서 화이트 바이오 분야를 이해할 때는 당장의 기술적 혁신이나 눈에 띄는 산업 성과를 기준으로 판단하기보다는, 2026년 기술 동향을 살펴보는 과정에서 '얼마나 실제 산업에 적용 가능한지'에 초점을 맞추는 것이 바람직하다. 무엇보다 AI를 활용한 접근법이 점차 보편화되면서 공정 효율이 크게 향상될 것으로 예상되므로, 이러한 변화의 흐름을 면밀히 주시할 필요가 있다.

여기서 주목해야 할 지점은 바로 생산 공정의 최적화 전략이다. 화이트 바이오 기술은 초기에 화석 연료의 대체나 생분해성 제품 생산과 같은 환경적 측면에서 주목받았다. 연구자들은 여전히 이러한 목표를 향해 노력하고 있지만, 현재 산업계에서 주목하는 방향은 다소 달라지고 있다. 생명 현상을 활용해 얻을 수 있는 고유한 이점 역시 충분히 존재하므로, 이를 기존 산업 공정에 융합해 전체 효율을 최적화하는 '믹스 전략'의 수단으로서 화이트 바이오 기술의 가치가 재조명되고 있다. 예를 들어 공장 전체를 열화학적 공정으로 설계·운영하던 방식에서 벗어나, 효율을 극대화할 수 있는 일부 공정에만 화이트 바이오 기술을 적용함으로써 환경적 이익을 확보하고, 동시에 전체적인 공정 효율까지 끌어올리려는 시도가 나타나고 있다. 이는 '지속 가능성'이라는 사회적 요구와 공정 효율성이라는 비용 및 운영상의 동인이 동시에 작용한 결과다. 이러한 흐름 속에서 기업들은 ESG(환경·사회·지배구조) 보고서 작성을 위한 형식적 채택을 넘어, 근본적인 제조 전략의 일환으로 화이트 바이오 기술을 도입할 수 있는 가능성을 점차 확대해가고 있다.

산업적 성장률 예측도 그리 나쁘지만은 않다. 미래 화이트 바이오 시장 전망을 전문적으로 분석한 보고*에 따르면, 세계 화이트 바이오 산업 규모는 2032년 6,715억 6,000만 달러에 이를 것으로 예상되며, 예측 기간 동안 연평균 성장률CAGR은 10.4%에 달할 것으로 보인다. 바이오 시장 전체에서 CAGR이 15%를 넘을 것이라는 전망은 드문 편이라는 점을 고려하면, 화이트 바이오 기술은 앞으로 다양한 분야에 응용되며 점진적으로 성장해갈 가능성이 크다.

화이트 바이오 산업의 성장을 이끄는 기술적 동인은 무엇일까. 가장 핵심적인 요소는 효소와 미생물을 정밀하게 제어하는 능력이다. 이른바 '생체 촉매'라고 하는데, 흔히 '발효 산업'을 떠올리면 이해가 쉽다. 된장이나 간장 등을 만들 때, 누룩곰팡이(일명 확국균)가 콩의 상태를 변화시키는 과정과 비슷하다. 이러한 생체 촉매는 대규모 생물 반응기에서 재생 가능한 원료를 원하는 제품으로 전환하는 데 활용된다. 이

---

*   Coherent Market Insights, "White Biotechnology Market Size and Trends."

는 현재 가장 널리 사용되는 화이트 바이오 응용 방식이다. 응용 범위도 매우 넓다. 새로운 생체 촉매 개발을 통해 다양한 산업에서 바이오 공정을 개선할 수 있다. 이는 효율성을 높이는 동시에 생산 가능한 물질의 범위를 확장하는 데 기여한다. 이를 통해 가솔린 대체 연료, 바이오 플라스틱 원료 등도 생산할 수 있는 가능성이 열리고 있다.

이 과정에서 필수적인 기술이 앞에서 언급한 대사공학Metabolic Engineering과 합성생물학Synthetic Biology이다. 대사공학은 특정 화학물질의 생산을 최적화하기 위해 미생물 내 대사 경로를 의도적으로 변형하는 기술이며, 합성생물학은 생물학적 시스템을 인공적으로 설계하고 공학적으로 제작해 새로운 기능을 창출하는 분야다.

최근에는 AI를 활용해 이러한 기술의 효율을 한층 높이려는 시도도 활발하다. AI는 균주 개발, 공정 최적화, 새로운 균주 발견 및 제작 등에 두루 쓰일 수 있기 때문이다. 방대한 유전체 및 대사 데이터를 학습·분석해 미생물 균주의 최적 유전자 변형을 예측하고, 이를 통해 수율과 내성을 향상시킬 수 있어 장점이 많다. 전통적인 방식에 비해 균주 개발에 드는 시간과 비용을 획기적으로 줄일 수 있을 것으로 기대된다. 합성생물학과 AI의 융합은 화학 산업의 무게 중심을 대규모 플랜트와 같은 물리적 자산에서 독점적인 균주, 데이터셋, AI 모델과 같은 지적 자산으로 이동시키고 있다는 평가를 받을 정도로 산업 구조에 근본적인 변화를 일으키고 있다.

그렇다면 화이트 바이오 기술을 통해 생산할 수 있는 화학물질, 이른바 '바이오 기반 화학물질'은 현재 시장에서 얼마나 수요가 있을까.

사실 이는 화이트 바이오 기술의 가장 대표적인 적용 분야라 해도 과언이 아니다. 이미 범용 화학물질부터 특수 화학물질까지 광범위한 제품을 생산할 수 있으며, 실제로 제품 판매도 활발히 이루어지고 있다. 물론 석유화학 산업 규모에 비할 바는 아니지만, 수요가 빠르게 증가하고 있다.*

이 과정에서 '바이오 플라스틱' 이야기를 하지 않을 수 없다. 바이오 플라스틱은 크게 2종류로 나뉜다. 첫째는 '석유 대신 옥수수 전분이나 사탕수수 같은 재생 가능한 원료로 만든 플라스틱'이다. 둘째는 화이트 바이오 기술을 통해 '바이오 나프타'를 제조한 다음, 이를 기존의 석유화학 공정에 넣어 현재 시판 중인 플라스틱과 동일한 플라스틱을 만드는 방식이다. 보통 바이오 플라스틱이라고 하면 전자를 이야기하는 경우가 많다. 이 내용은 앞에서 석유화학 산업을 언급하며 잠시 다루었는데, 바이오 플라스틱이 가격 경쟁력이나 생산 효율 면에서 석유화학 기술로 생산한 '진짜 플라스틱'과 비교해 경쟁력을 가질 수 있는 이유는 바로 '생분해성 플라스틱', 즉 '썩는 플라스틱'의 제조가 가능하다는 점 때문이다.

---

* 전 세계 바이오 기반 화학물질 시장은 2023년 73억 1,600만 달러, 2024년에는 99억 8,600만 달러 규모로 성장했다. 이는 한화로 약 13조~14조 원에 달하는 수준이다. 이 시장은 계속 성장해 2024~2032년까지 연평균 성장률CAGR은 약 9.6%로 예상되며, 2032년에는 시장 규모가 지금의 2배를 넘어 207억 9,500만 달러에 이를 것으로 보인다. *Fortune Business Insights*, "Bio-based Chemicals Market Size, Share | Global Report"(2032).

바이오 플라스틱의 대표적인 소재로는 폴리하이드록시알카노에이트PHA와 폴리락트산PLA(일명 폴리젖산)이 있다. 이름만 보면 일반적인 화학물질처럼 보이지만, 두 물질 모두 미생물이 세포 내에 축적하는 생분해성 플라스틱 성분이다. 자연에서 미생물에 의해 분해되는 특성을 지니며, 인체에 안전한 생체 적합성도 뛰어나다. PHA는 식물성 원료인 당이나 지질을 미생물 발효를 통해 생산할 수 있고, PLA는 옥수수 전분 등 식물에서 얻은 젖산(락트산)을 원료로 한다.

국내에서는 2024년 CJ제일제당이 세계 최초로 해양 생분해 인증을 받은 비결정성 aPHAamorphous PHA의 대량 생산에 성공했다고 발표했다. 기존 PHA가 단단하지만 잘 깨지는 특성이 있는 반면, aPHA는 고무처럼 부드럽고 유연해 다른 생분해성 플라스틱과 혼합하여 물성을 개선하는 첨가제로서 활용 가치가 높다. CJ제일제당은 네덜란드의 포장재 기업과 협력해 aPHA를 활용한 화장품 용기를 개발하는 등 빠른 상용화 움직임을 보이고 있다. 2026년에는 이처럼 국내 기술로 생산된 생분해성 플라스틱이 포장재, 빨대, 비닐봉투 등 다양한 일회용품에 본격적으로 적용될 것으로 기대된다.

'바이오 연료' 분야 역시 화이트 바이오 기술을 통해 효율을 크게 높일 수 있는 중요한 영역이므로 주목할 필요가 있다. 바이오 연료는 발전 단계에 따라 구분되며, 목재를 그대로 난방에 사용하는 방식도 넓은 의미에서는 바이오 연료에 포함된다. 그러나 산업적 측면에서 보면 이야기가 조금 다르다. 1세대 바이오 연료는 보통 식량 작물을 기반으로 한다. 예를 들어 사탕수수를 발효시켜 알코올을 추출한 뒤 이를 자동차 연료로 사용하는 방식이다. 그러나 "식량난으로 사람이 죽는 국가도 있는데, 사탕수수 등이 풍부하다고 먹을 것을 자동차 연료로 써도 되느냐"라는 윤리적 지적이 제기되었다. 이에 2세대 비식용 바이오매스(목질계) 및 폐기물을 원료로 하는 차세대 바이오 연료를 실용화하려는 노력이 이어지고 있다. 익히 알려진 것처럼 디젤 연료는 이런 바이오 소재에서 뽑아내는 것이 그리 어렵지 않다. 관건은 역시 효율과 가격인데, 수요가 계속 늘고 있어 해당 기술이 점점 발전해나갈 여지가 크다. 미국 에너지정보국EIA에 따르면, 미국의 재생 디젤 생산량은 2026년이 되면 하루 평균 23만 배럴(3,654만 7,000톤)에 이를 것으로 예측된다.

이외에도 화이트 바이오 기술은 다양한 산업 분야에서 폭넓게 활용되고 있다. 대표적으로 산업용 효소 제조에도 쓰일 수 있다. 프로테아제나 리파아제 같은 효소는 현대 세제의 핵심 성분으로, 현재도 미생물 발효 과정을 통해 생산되고 있다. 화이트 바이오 기술을 통해 이러한 미생물의 생산 효율을 더 끌어올리면 전체적인 제조 효율도 크게 높일 수 있다. 이 밖에 식품 첨가물, 일부 비타민(B_2 등), 아미노산, 향료, 화장품 등의 원료 생산에도 널리 활용될 수 있다.

화이트 바이오 기술을 적극적으로 활용하면 기존 석유화학 공정으로 인해 발생하는 폐플라스틱 문제를 해결하는 실질적인 대안이 될 수 있다. 한 예로 프랑스의 석유화학 기업 카르비오스는 툴루즈대학교 연구진과 공동으로 페트병의 주요 소재인 고분자 사슬을 특이적으로 끊어내는 효소를 발굴했으며, 단백질 공학 기술을 통해 그 성능을 수천 배 향상시키는 데 성공했다. 이 'PET polyethylene terephthalatemm(흔히 음료수 등을 담는 '페트병'의 원료가 이것이다) 분해 효소'를 활용하면, 색상이 있거나 다른 물질과 섞인 저품질 폐페트병도 원래의 순수한 원료인 테레프탈산TPA과 에틸렌글리콜MEG로 완벽하게 되돌릴 수 있다. 회사 발표에 따르면, 해당 효소는 플라스틱 페트병을 10시간 이내에 90% 이상 분해할 수 있다고 한다. 이는 열이나 물리적 힘을 가해 플라스틱을 녹여 재활용하는 기존 방식이 아니라, 생화학 현상을 이용해 훨씬 고품질의 재생 플라스틱을 생산할 수 있는 '효소 재활용Enzymatic Recycling' 기술이다. 카르비오스는 2024년 4월, 프랑스 그랑에스트 지역 롱라빌에 세계 최초의 상용 효소 재활용 공장을 착공했다. 이 공장은 연간 5만 톤의 폐페트병을 처리해 재생 페트병을 생산하거나 다양한 플라스틱 원재료로 활용할 계획이다. 로레알, 네슬레, 펩시코 등 글로벌 기업들이 이 기술로 생산된 재활용 페트병을 자사 제품에 적용하기로 약속했다. 타이어 전문 기업 미쉐린도 카르비오스에서 생산한 바이오 화학 성분을 자사 타이어 생산에 도입할 계획이다.

    산업계에서 화이트 바이오의 적용 분야는 2가지 뚜렷한 전략적 경로로 나뉜다. 첫 번째는 바이오 에탄올이나 바이오 기반 PET처럼 기존 석유화학 제품을 직접 대체하기 위해 대량으로 생산하는 경우다. 이 경우 기존 석유화학 제품보다는 비싸지만, 썩는 플라스틱 등 환경적 가치를 내세워 대량으로 생산해 박리다매(?) 형식으로 저가에 유통하는 전략이 주로 활용된다. 두 번째는 기능성 단백질 등 고부가가치 성분을 소량 생산해 고가에 판매하는 방식이다. 이는 보통 AI와 합성생물학을 활용한 본격적인 연구 개발 과정을 거친다. 기업이 어떤 시장을 목표로 설정하는지에 따라 자본 규모, 감수해야 할 위험 수준, 경쟁 압력 등 비즈니스 모델이 전반적으로 달라진다.

이 과정에서 반드시 짚고 넘어가야 할 기술 체계가 바로 '바이오 파운드리'다. AI와 로봇 기술을 활용하여 합성생물학 연구 및 개발 과정을 자동화·가속화하는 통합 인프라 시설을 의미한다. 대만의 유명한 반도체 기업 TSMC가 반도체를 위탁 생산하는 '반도체 파운드리'로 불리는 것처럼, 바이오 파운드리는 유전자 설계, 합성, 조립, 테스트 등 생물학적 연구의 여러 단계를 표준화하고 대규모로 수행할 수 있는 시설을 갖춘 형태다. 이러한 시스템을 통해 복잡한 생물학 구조를 효율적으로 제작할 수 있으며, 새로운 물질의 생산도 가능해진다.

이를 비즈니스 모델로 삼은 기업도 이미 등장하고 있다. 대표적인 사례가 바로 2008년 MIT 출신 과학자들이 설립한 미국의 합성생물학 기업 '깅코 바이오웍스Ginkgo Bioworks'다. 깅코 바이오웍스는 화이트 바이오 기술을 활용해 산업 전반적으로 필요한 맞춤형 미생물을 설계·개발한다. 자동화된 연구 개발 플랫폼, AI 기술, 과학적 전문성을 통합해 농업, 생명공학, 바이오 보안 등 다양한 산업 분야에 활용될 수 있는 R&D 도구와 솔루션도 제공한다. 연구 개발은 자체적으로 진행하지만, 제조와 분리하고 있는 점이 특징이다. 고객들은 별도의 생산 인프라를 구축할 필요 없이, 깅코 바이오웍스의 첨단 세포 프로그래밍 플랫폼을 활용해 자신들의 요구에 맞는 새로운 미생물을 개발할 수 있다. 이러한 접근 방식은 바이오 분야의 혁신 진입 장벽을 낮추는 효과를 기대할 수 있을 것으로 보인다.

화이트 바이오 분야에서는 실험실 규모에서 원하는 성분을 추출하는 데 성공했다고 해서 곧바로 사업화로 이어지기는 어렵다. 이를 산업 규모로 이전하는 과정에서 '규모 확장의 유령ghost of scale-up'이라 불리는 중대한 기술적 장벽이 존재한다. 실험실에서 세심하게 통제된 조건을 대규모 생산 환경에서 그대로 재현하는 것은 매우 까다로운 일이다. 특히 규제가 엄격한 산업 환경에서는 배치 간 재현성을 확보하는 것이 필수적이다. 이를 위해서는 정밀하면서도 장기간 안정적으로 작동할 수 있는 튼튼한 고성능 센서와 고효율 자동화(공정 제어) 기술이 반드시 뒷받침되어야 한다.

화이트 바이오 제품의 가장 큰 단점은 역시 '가격 경쟁력'이다. 환경적 이점에도 불구하고 생산량이 획기적으로 늘지 않는 이유도 여기에 있다. 대규모 발효 시설과 후속 정제 설비를 구축하려면 막대한 자본이 필요하며, 운영 비용 측면에서는 원료와 화학 시약의 비용이 최종 제품 가격에 큰 영향을 미친다. 미생물 활동을 통해 특정 물질을 생산한 경우, 발효액 등에서 최종 제품을 추출하기 위한 후속 공정이 추가로 필요하다. 석유화학 공정과 달리 복잡하고 비용이 많이 드는 정제 과정이 요구되는 경우도 적지 않다. 즉 '판매 가능한 물질을 생산할 기술은 확보했지만, 실제로 사업화하기에는 수익성이 부족한' 사례가 매우 많다는 의미다.

화이트 바이오 기술의 상용화를 위해서는 물류 문제 해결도 필수적이다. 원유만 확보하면 되는 석유화학 공정과 달리, 바이오 공정은 생산 과정에서 필요한 원료, 이른바 저렴한 바이오매스의 공급처를 확보하고, 이를 저렴한 비용으로 안전하게 운송하는 과정까지 고려해야 한다. 이는 상용화의 성공 여부를 좌우하는 결정적 요인이다.

이처럼 실험실 규모의 개념 증명과 산업 규모의 실제 생산 사이에는 '죽음의 계곡Valley of Death'이라 불리는 기술적·경제적 장벽이 존재한다. 이는 화이트 바이오 기술 분야에서 가장 큰 위험 요소로 인식된다. 기술·경제적 분석에서 대마 부산물을 활용한 에탄올의 최소 판매 가격은 갤런당 6달러 이상으로 나타났으며, 방법에 따라 10달러를 넘는 경우도 있었다.* 그런데 기존 방식으로 생산한 알코올의 갤런당 가격은 2달러 내외다. 최소 3배 이상 가격 차이가 나므로 시장성이 떨어지는 것은 당연한 결과다.

따라서 화이트 바이오의 핵심 연구 동향은 2가지로 나뉜다. 첫 번째는 '효율성 극대화'다. 현재 AI 도입과 자동화 기술을 활용해 이러한 목표를 달성하려는 노력이 활발히 진행되고 있다. AI를 통해 최적의 생산 효율을 얻는 미생물 혁신 구조를 개발하고, 바이오 파운드리 개념을 기반으로 자동화된 연구 개발과 대량 생산 체계를 구축하려는 시도가 이어지고 있다.

두 번째는 앞서 잠시 언급한 것처럼, '기술적 특이성'을 살려 기존 산업과 융합하려는 시도다. 실제로 이 분야의 움직임이 더욱 활발해지

---

* 2021 American Chemical Society, "Technoeconomic Analysis of Multiple-Stream Ethanol and Lignin Production from Lignocellulosic Biomass: Insights into the Chemical Selection and Process Integration."

고 있으며, 단순히 특정 제품을 생산하는 수준을 넘어 다양한 산업과의 융합을 통해 새로운 부가가치를 창출하는 '바이오 컨버전스Bio-convergence' 시대로 본격 진입할 것이라는 예상이다. 기존의 화학 공정으로는 만들기 어려웠던 복잡한 구조의 의약품 중간체나 반도체용 특수 소재를, 정교하게 설계된 효소를 활용해 상온·상압의 친환경적 조건에서 생산하는 '바이오 촉매Biocatalysis' 공정의 확대가 대표적이다.

데이터 산업과 바이오 기술의 융합을 통한 새로운 시장 창출 움직임도 주목할 만하다. DNA가 디지털 정보를 저장하는 데 매우 효율적이고 안정적인 매체라는 점에 착안해, 방대한 데이터를 DNA 가닥에 염기서열 형태로 저장하는 'DNA 데이터 스토리지DNA Data Storage' 기술이 상용화 초기 단계에 진입하고 있다. 2024년에는 마이크로소프트와 워싱턴대학교 공동 연구팀이 자동화된 시스템을 통해 데이터를 DNA로 기록하고 읽어내는 데 성공했다고 발표했다. 2026년 한 해 동안 이 기술이 적용된 컴퓨터 저장장치가 본격적으로 판매되기는 어려울 것으로 보인다. 그러나 대규모 연구 데이터 등 장기 보관이 필요한 분야에서는 다양한 기술적 돌파구가 열릴 것으로 기대된다.

환경 정화Bioremediation 분야에서도 화이트 바이오 기술의 역할은 앞으로 더욱 중요해질 것으로 예상된다. 특정 오염 물질(기름, 중금속, 방사성 물질 등)을 분해하거나 흡수할 수 있도록 유전적으로 설계된 '슈퍼 미생물'을 활용해 오염된 토양이나 수질을 정화하는 기술이 더욱 정교해지고, 실제 현장 적용 사례도 늘어날 것이다.

화이트 바이오는 단순히 석유화학의 '대체재'를 만드는 산업을 넘어, AI와 데이터 기술을 기반으로 제조업, IT, 환경 등 거의 모든 산업 분야에 지속 가능한 솔루션을 제공하는 핵심 기반 산업으로 자리매김하고 있다. 이는 단순한 기술의 발전을 넘어, 미래 사회를 대비하기 위한 필수 산업 인프라로 인식되고 있으며, 그 중요성은 이미 널리 알려진 사실이다. 따라서 화이트 바이오 기술의 발전 흐름에 지속적인 관심을 갖고 주의 깊게 지켜볼 필요가 있다.

그린 바이오 기술의 발전은 농·축산업에 어떤 영향을 미칠까?

먹고사는 문제의 기본, '농축산 분야'의 미래

그린 바이오Green Bio는 바이오 기술을 인류의 가장 근본적인 생존 기반인 '먹고사는 문제', 즉 농업, 축산업, 수산업, 식품 산업 등에 적용하는 생명과학 기술 분야다.

이른바 '녹색혁명Green Revolution'에 대해 들어본 적이 있을 것이다. 이는 20세기 들어 육종학 등 기존 생명과학 기술을 활용해 농업 기술이 발전하고, 그 결과 수확량이 급증했던 농업상의 대대적인 개혁을 의미한다. 특히 1960년대 개발도상국에서 농작물의 대량 생산을 통해 식량 생산력이 비약적으로 증가한 사례가 대표적이다. 그러나 실제로는 이러한 기술의 개혁이 선진국 주도로 이루어졌다는 점도 주목할 필가 있다. 1944년 미국의 지원을 받아 멕시코에서 밀 생산량이 획기적으로 증가한 사례가 대표적이다. 이후 1960년대를 지나면서 미국을 중심으로 품종 개량 등 관련 연구가 활발히 진행되었다. 이 기술들은 식량 부족에 직면한 개발도상국들에 도입되며 전 세계적으로 농업 생산량을 크게 끌어올리는 데 기여했다. 이러한 녹색혁명 역시 넓은 관점에서 보면 '그린 바이오'의 범주에 포함될 것이다. 그러나 2000년대 이후, 유전자 관련 기술과 마이크로바이옴(인체 내외에 존재하는 세균, 바이러스, 진균 등 다양한 미생물의 집합체), AI 기술이 급속도로 발전하면서 그린 바이오 분야에서도 새로운 혁신의 물결이 일고 있다.

이에 따라 오늘날 '그린 바이오'는 단순한 식물 유전학의 범주를 넘어, 농업 및 환경 시스템 전반에 걸친 생물학적 솔루션을 포괄하는 개념으로 확장되었다. 식물 및 기타 광합성 유기체를 활용해 농작물을 개량하거나, 바이오 연료, 의약품 등 유용한 산업 제품을 생산하는 응용 분야까지 포함된다. 특히 유전자 변형 생물체GMOs, Genetically Modified Organisms 기술, 크리스퍼 유전자 가위와 같은 유전체 편집 기술, 식물 조직 배양, 분자표지 이용 육종Marker-Assisted Breeding 등 다양한 첨단 기술의 발전이 그린 바이오 분야의 성장을 가속화하고 있다.

기술의 쓰임새도 확장되고 있다. 그린 바이오의 1차적 목표는 물론 식량 생산이지만, 농·축·수산업 관련 연구 개발 결과는 환경이나 지속가능성 이슈와도 밀접하게 연결된다. 농업 분야에서는 단순히 개별 작물의 특성을 개선하는 수준을 넘어, 식물이 속한 생태계와의 상호작용까지 고려하는 시스템적 접근이 채택되고 있다. 예를 들어 토양 미생물

군집을 활용해 토양의 질을 개선하거나, 식물 정화Phytoremediation 기술을 통해 오염된 토양과 수질을 복원하는 연구가 활발히 진행 중이다. 이러한 기술은 환경 복원뿐 아니라, 바이오매스를 활용한 순환 경제에도 기여할 수 있어 응용 범위가 매우 넓다. 이러한 기술적 기반과 응용 가능성을 염두에 두고 접근한다면, 그린 바이오 기술 시장의 진정한 규모와 잠재적 파급력을 더욱 정확하게 이해할 수 있을 것이다.

인구 감소가 사회 문제로 대두되고 있긴 하지만, 이는 한국을 포함한 일부 선진국에서 두드러지는 현상이다. 세계 인구 전체로 보면 여전히 성장세를 이어가고 있다. 2022년에는 80억 명을 돌파했고, 2030년까지는 85억 명에 이를 것으로 전망된다. 이처럼 인구가 증가하는 상황에서 안정적인 식량 공급을 위해서는 단순한 생산량 증대뿐 아니라, 예측 불가능한 환경 속에서도 생산을 지속할 수 있는 시스템을 구축하고, 그 과정에서 환경에 미치는 부담을 최소화하는 것이 필수적이다. 그러나 현실은 녹록지 않다. 지구온난화로 인한 환경 변화가 가속화되면서 농업, 축산업, 수산업 등 식량 생산 전반에 걸쳐 기술의 근본적인 전환이 요구되고 있다. 생명과학계는 이제 이러한 문제에 대한 실질적인 해결책을 마련해야 할 시점에 도달했다.

따라서 그린 바이오 기술 혁신의 근본적인 동인은 크게 3가지로 나눌 수 있다. 첫째는 당연히 '생산성 향상'이다. 식량 생산량을 늘리는 것은 인류의 생존을 위해 필수적이며, 동시에 농·축·수산업 종사자들의 수익 증대로도 이어질 수 있다. 둘째는 '회복탄력성 확보'다. 안정적인 식량 공급을 위해서는 지속적인 생산이 가능해야 하며, 이를 위해 토양 등 생산 기반을 보호하고 유지하려는 노력이 필요하다. 마지막으로 '환경 영향 저감'이 있다. 식량을 얻기 위해 환경을 훼손하는 것은 본말이 전도되는 격이다. 이러한 3가지 기술적 동인은 농업 분야에서 널리 활용되고 있는 '유전자 변형 기술'의 발전 흐름에서도 뚜렷하게 나타난다. 초기에는 수확량 증대와 특정 제초제에 대한 내성 확보 등 생산성 향상에 집중되었다. 그러나 최근 몇 년 사이에 기후변화의 가속화, 극심한 기상 이변의 빈발, 그리고 지속 가능성에 대한 사회적·정책적 요구가 커지면서 그 무게 중심이 회복탄력성과 환경 보호로 이동하고 있다.

현재 그린 바이오 기술의 주요 응용 분야는 해충과 질병, 가뭄이나 염해와 같은 극한 기후 스트레스에 대한 작물의 저항성을 강화하는 데 중점을 두고 있다. 동시에 화학 비료와 농약의 사용을 줄여 토양과 수질 오염을 최소화하고, 이를 통해 더욱 친환경적인 농업 생태계를 구축하는 것이 중요한 목표로 자리 잡고 있다.

따라서 2025~2026년은 그린 바이오 기술 분야에서 중요한 변곡점이 될 것으로 전망된다. 기술 외적인 측면을 먼저 살펴보면, 유럽연합의 신규 유전체 기술NGTs, New Genomic Techniques에 대한 규제안과 같은 주요 정책 프레임워크가 이 시기에 구체화되거나 초기 이행 단계에 접어들 것으로 예상된다. 이는 시장에 중요한 변수로 작용할 수 있다. 규제 강화가 기술 개발과 투자 심리를 위축시킬 수 있다는 우려도 있지만, 동시에 기업들의 투자 불확실성을 해소하는 계기가 될 수 있어 향후 추이를 주의 깊게 지켜볼 필요가 있다. 시장 수요 측면에서는 지속적인 확대가 예상된다. 기후변화 대응과 지속 가능한 식량 생산에 대한 요구가 그 어느 때보다 높아지고 있기 때문이다.

기술적 측면을 살펴보면, 1세대 크리스퍼 유전자 가위 기술을 활용한 작물들이 연구 개발 단계를 지나 본격적인 상업적 출시를 앞두고 있다.* 또한 정밀 발효Precision Fermentation 기술은 2025년을 기점으로 기하급수적인 성장 단계에 진입할 것으로 예상된다.** 이는 합성생물학Synthetic Biology과 발효 기술을 결합해 특정 단백질, 효소 등 유기 분자를 대량 생산하는 기술로, 식품의 품질, 맛, 안전성, 지속 가능성을 향상시키는 차세대 식품 기술로 주목받고 있다. 농업 미생물군집Agricultural Microbiome 분야의 기술 발전도 주목할 만한 흐름이다.

한편, 유전자 편집 기술은 그린 바이오 분야에서 이미 실험적 단계를 넘어 상용화 단계에 들어섰다. 기술적으로는 1세대 크리스퍼 유전자 가위가 여전히 지배적이지만, 베이스 에디팅Base Editing과 프라임 에디팅Prime Editing 같은 차세대 기술 활용이 증가하며 정밀도를 높였다.

주목할 만한 점은 초기 상용화 전략이다. 지금까지 연구되어온 크리스퍼 편집 작물들은 제초제 내성과 같은 전통적인 GMO 특성 대신, 소비자가 직접 혜택을 체감할 수 있는 특성에 집중하고 있다. 예를 들어 갈변 현상을 억제하여 보존 기간을 늘린 상추나 바나나, 혈압 강하에 도움을 주는 감마 아미노뷰티르산GABA 함량을 높인 토마토, 건강

---

* MRA, "Comprehensive Insights into Agricultural CRISPR: Trends and Growth Projections 2025~2033."
** Fortune Business Insights 등.

한 식용유를 제공하는 고올레산 콩 등이 대표적이다. 이러한 접근은 GMO 기술이 직면했던 대중의 거부감을 완화하고 기술 수용성을 높이기 위한 전략으로 해석된다. 특히 2026년 이후에는 가뭄, 고온, 염해 등 기후변화에 대응할 수 있는 저항성을 갖춘 복합 형질의 2세대 작물들이 본격적으로 출시되며, 식량 안보와 지속 가능성 측면에서 그 중요성이 더욱 부각될 것으로 예상된다.

정밀 발효 기술도 주목할 만한 분야다. 이 기술은 미생물의 활동을 활용해 우유 단백질, 달걀 단백질, 콜라겐 등 고부가가치 성분을 동물 없이 생산할 수 있게 해준다. 전통적인 축산업이나 농업에 비해 토지와 물 사용량, 온실가스 배출량을 획기적으로 줄일 수 있다는 점에서 큰 관심을 받고 있다. 정밀 발효 원료 시장은 2025년 약 59.9억 달러에 이를 것으로 전망되며, 2026년부터 2035년까지 연평균 성장률CAGR이 41.9%에 달할 것으로 예측된다.* 이 기술이 가져올 가장 근본적인 변화는 농·축산물 생산과 유통의 제약이 줄어든다는 점이다. 공장만 지으면 단백질을 얻을 수 있으므로 지리적·기후적 제약에서 상당 부분 자유로워진다. 이에 따라 농업 기반은 취약하지만 생명공학 인프라가 강한 국가들이 주요 단백질 생산국으로 부상할 가능성도 열리고 있다.

'농업 미생물군집Agricultural Microbiome' 분야 기술도 살펴볼 필요

---

*   Fundamental business insights, "Precision Fermentation Ingredients Market Size & Forecasts 2026~2035." 2025년부터 2030년까지 연평균 성장률을 48.6%로 전망한 곳도 있다: Markets and markets, "Precision Fermentation Ingredients Market: Driving the Future of Food and Sustainability."

가 있다. 식물과 토양에 서식하는 미생물들이 작물의 성장, 영양 흡수, 스트레스 내성, 병원균 방어 등에 핵심적인 역할을 한다는 사실이 입증되면서, 이를 활용해 합성 비료와 농약 사용을 줄이려는 수요가 급증하고 있다.* 기술적 수준은 이미 '유익한 미생물을 발견하려는 단계'를 넘어섰다. 현재는 이러한 미생물을 안정적이고 확장 가능하며 비용 효율적인 제품으로 '제조'하고, 실제 농업 현장에 '전달'하는 데 중점을 두고 있다. 살아 있는 미생물을 효과적으로 보관하고 유통하는 방법을 개발하며, 토양 환경에서 이들의 생존과 활성을 보장하려는 노력이 이어지고 있다. 이는 고도의 산업 미생물학 및 제형 기술을 요구하는 분야다. 2025년 8월 열린 '제9차 농업 미생물 생명공학 기술 서밋9th Microbiome AgBioTech Summit'에서는 주요 기업들이 모여 이 기술의 실용화를 위해 '제형 및 제조 문제 극복'과 '실용적인 현장 솔루션 전환' 방안을 논의했다.** 따라서 2026년 이후의 시장 기술적 동향은, 미생물 제형화 및 전달 기술의 난제를 해결하고 이를 안정적으로 공급할 수 있는 기업들이 주도권을 잡을 것으로 예상된다. 특정 목적에 맞춰 미생물 군집을 설계하는 '미생물군집 공학' 역시 상용화를 앞당길 핵심 기술로 부상하고 있다.

'바이오 농약'과 '바이오 비료'의 부상도 주목해야 할 기술적 흐름이

---

* 해당 기술 시장은 2025년부터 연평균 12.4%의 성장률을 보일 것으로 전망된다. PRDUA Research & Media Private Limited, "Agricultural Microbiome Analysis Service Strategic Roadmap: Analysis and Forecasts 2025~2033."

** https://microbiome-agbiotech.com.

다. 지속 가능한 농업에 대한 수요 증가와 강화되는 환경 규제로 인해, 화학 농약과 비료를 대체할 수 있는 생물학적 제제Biologicals 시장의 급격한 성장이 예상된다. 전 세계 바이오 농약 시장은 2024년 87.3억 달러로 평가되었으며, 2025년에는 101.2억 달러로 급증할 것으로 전망된다. 2032년이면 286.1억 달러에 이를 것으로 예측되며, 이 기간 동안 연평균 성장률CAGR은 16.0%에 달할 것으로 보인다.＊ 이러한 추세는 생물비료 시장에서도 유사하게 나타난다.＊＊

생물 농약 기술 중에서도 'RNA 농약RNA-based pesticides'은 특히 주목할 만하다. 이 기술은 해충의 생존에 필수적인 특정 유전자의 발현을 억제하는 'RNA 간섭RNAi' 원리를 활용한다. 작물에 이중 가닥 RNAdsRNA를 살포하면, 해당 유전자를 가진 해충만 이를 흡수해 선택적으로 사멸하게 된다. 꿀벌과 같은 유익한 곤충이나 다른 동물, 인간에게는 영향을 미치지 않는 친환경적 방식이라는 점에서 큰 기대를 모으고 있다. 2024년 6월, 미국의 바이오 기업 그린라이트 바이오사이언스Greenlight Biosciences는 dsRNA 기술을 기반으로 한 콜로라도 감자잎벌레 방제 농약 칼란타Calantha에 대해 미국 환경보호청EPA의 최종 상용화 승인을 획득했고, 현재 실제로 시판 중이다. 이 제품은 숲 1헥타르당 단 9.9g만으로도 효과를 발휘한다. 축구장 크기의 면적에 약제 한

＊   Fortune Business Insight, Report ID: FBI100073.
＊＊   2024년 25.3억 달러 규모였던 시장은 2025년 28.3억 달러, 2032년에는 63.4억 달러로 성장할 것으로 예상되며, 2025~2032년까지의 CAGR은 12.21%로 전망된다. Fortune Business Insight, Report ID: FBI100413.

스푼만 희석해 살포하면 충분한 방제 효과를 얻을 수 있다.

작물 품종 개량의 동향도 짚고 넘어갈 필요가 있다. 미국 중서부의 극심한 가뭄, 인도·파키스탄의 기록적인 폭염, 유럽의 예측 불가능한 홍수 등 세계 곳곳이 기후변화의 직격탄을 맞고 있다. 이런 상황에서 전통적인 농업 방식만으로는 안정적인 식량 생산을 확보하기 어렵다는 지적이 나오고 있다. 이에 따라 미래 농업의 핵심 기술로 부상하고 있는 것이 바로 '디지털 육종Digital Breeding'이다. 기존의 품종 개량(육종)은 오랜 시간과 경험에 의존해 우수한 형질을 가진 개체를 선별하는 방식이었다. 반면 디지털 육종은 수천, 수만 종의 작물 유전체 데이터를 해독하고, AI를 활용해 이를 분석함으로써 핵심 유전자(마커Marker)를 빠르게 찾아낸다. 이를 통해 가뭄 저항성, 병충해 저항성, 수확량 등 원하는 표현형을 가진 작물을 더욱 정밀하게 확보할 수 있다. 필요에 따라 유전자 편집 기술을 활용해 특정 유전자를 직접 편집함으로써 새로운 품종을 개발하는 것도 가능하다. 2025년 현재 이러한 디지털 육종 기반의 품종 개량은 기존 GMO 방식과 달리, 해당 작물이 원래 가지고 있던 유전자 내에서만 편집이 이루어지고 있으며, 많은 국가에서 GMO보다 완화된 규제를 적용받고 있다. 예를 들어 일본의 농업 스타트업 '사나테크 시드'는 크리스퍼 유전자 가위 기술을 활용해 일반 토마토보다 4~5배 많은 감마 아미노뷰티르산GABA을 함유한 토마토를 개발했다. 이 품종은 외래 유전자를 전혀 포함하지 않았으며, 2025년 현재 온라인을 통해 일반 소비자에게 판매되고 있다.

이 밖에 2026년 그린 바이오 산업의 주요 추세로 주목할 만한 것이 바로 '융합 현상'이다. 이는 레드, 화이트, 그린을 아우르는 바이오 산업 전반에서 나타나는 흐름으로, 특히 그린 바이오 분야에서 더욱 두드러지고 있다. 과거에는 바이오 비료, 바이오 농약, 식물 생장 촉진제Biostimulants 등이 각각 독립된 시장으로 인식되었지만, 최근에는 이들 간의 경계가 점차 허물어지고 있다. 단일 기능의 제품을 넘어, 토양 건강 증진, 영양 흡수 촉진, 스트레스 내성 강화, 질병 예방 기능을 통합한 '토탈 플랜트 헬스Total Plant Health' 솔루션이 새로운 방향으로 자리 잡고 있다. 이에 따라 농가에서도 특정 해충을 방제하기 위해 개별 바이오 농약을 구매하는 방식에서 벗어나, 작물의 전반적인 건강과 회복탄력성을 높이는 종합적인 생물학적 관리 프로그램을 도입하는 흐름이 확대될 것으로 보인다.

이에 따라 그린 바이오 기술의 응용 범위는 식량 생산을 넘어, 기후 변화 완화와 환경 복원이라는 새로운 영역으로 본격적으로 확장되고 있다. 특히 '탄소 농업Carbon Farming'과 '식물 정화Phytoremediation'는 유망한 분야로 주목받고 있다. 탄소 농업은 농업 활동을 통해 대기 중 이산화탄소를 토양에 격리하는 것을 목표로 한다. 그린 바이오 기술은 이 과정의 효율을 획기적으로 높이기 위한 핵심 수단으로 활용되며, 대표적인 접근법은 2가지다. 첫째는 '뿌리 시스템 강화' 방식이다. 유전자 편집 기술을 활용해 작물의 뿌리를 더 깊고 넓게 자라도록 개량함으로써, 토양 심층부에 탄소를 안정적으로 저장하고 장기간 격리할 수 있도록 돕는다. 이러한 방식은 토양의 탄소 흡수 능력을 높이는 동시에, 작물의 생존력과 회복탄력성도 강화하는 효과를 기대할 수 있다.

또 다른 형태의 탄소 농업 기술로는 '미생물군집 활용'이 있다. 토양 미생물 중에는 유기물을 분해해 안정적인 탄소 화합물인 부식질humus 을 형성하는 능력이 뛰어난 종들이 존재한다. 이러한 미생물을 토양에 직접 접종하거나, 작물이 해당 미생물을 유인하는 물질을 더 많이 분비하도록 유전적으로 개량함으로써 토양의 탄소 저장 능력을 향상시킬 수 있다. 이와 함께 주목받고 있는 기술이 바로 '바이오 숯Biochar'이다. 바이오매스Biomass와 숯Charcoal의 합성어로, 국내에서도 '바이오차'라는 이름으로 통용된다. 바이오차는 산소가 거의 없는 환경에서 바이오매스를 고온 열분해해 만든 숯과 유사한 물질로, 토양의 통기성과 보수력을 높이고 영양분 손실을 줄이는 데 활용된다. 그러나 그 기능은 단순한 토양 개량에 그치지 않는다. 바이오차는 탄소와 반응해 미생물이 쉽게 분해할 수 없는 구조를 형성함으로써, 탄소를 수백 년에서 수천 년까지 토양에 안정적으로 저장할 수 있게 한다. 이는 탄소 격리 효과를 극대화하는 기술로 평가받는다. 현재 미국 등 일부 국가에서는 탄소 제거 구매 프로그램Carbon Removal Purchase Program과 같은 정책을 통해 탄소 농업을 적극 장려하고 있으며, 2026년에는 유전자 편집 작물과 미생물 솔루션을 결합한 고효율 탄소 농업 패키지가 새로운 시장을 형성할 가능성이 높다.

식물 정화는 식물을 활용해 중금속이나 유기 물질로 오염된 토양과 수질을 정화하는 친환경 기술이다. 최근에는 유전자 편집 기술을 접목해 식물이 특정 오염 물질을 더 효율적으로 흡수·축적하거나 분해할 수 있도록 기능을 강화하는 방향으로 발전하고 있다. 예를 들어 중금속

흡수에 관여하는 유전자를 강화하거나, 유기 오염 물질을 분해하는 효소를 생성하는 유전자를 삽입함으로써 식물의 정화 능력을 극대화할 수 있다. 이러한 '슈퍼 정화 식물'은 광산 폐수, 산업 폐기물 부지, 중금속 오염 지역 등에서 비용 효율적이고 지속 가능한 환경 복원 솔루션으로 활용될 잠재력이 크다.

그린 바이오 분야의 동향은 결국 거대 기업이 전체 생태계를 조성하고 시장의 방향을 설정하면, 민첩한 스타트업들이 그 틈에서 기술적 돌파구를 만들어내는 공생 관계로 자리매김할 가능성이 크다. 그 과정에서 단순한 기술 개발뿐 아니라, 사회적 소통과 신뢰 구축 활동이 기업의 성패를 좌우하는 핵심 역량으로 부상하고 있다. 산업적으로는 다음과 같은 흐름이 두드러질 것으로 예상된다. △소비자의 직접적인 혜택에 초점을 맞춘 1세대 유전자 편집 작물의 상업적 데뷔 △화학 농자재를 대체하는 생물학 제제의 본격적인 확장 △식품 원료 시장의 판도를 바꾸는 정밀 발효 기술의 폭발적 성장 △파편화된 규제 환경의 전 세계적 통합 움직임. 이제 그린 바이오 산업은 순수한 기술 발견 단계를 넘어 제형화, 생산 규모 확대, 비용 절감 등 상업화 과정의 병목 현상을 해결하는 혁신이 주목받는 단계에 접어들고 있다.

더 알아보기 1

인조인간, 상상이 현실이 될까?
바이오 메카트로닉스 기술의 가치와 미래

바이오 기술 분야를 논할 때 빼놓을 수 없는, 그러나 정통 바이오 기술로 구분하기엔 다소 애매한 분야가 있다. 바로 '바이오 메카트로닉스Bio-Mechatronics' 분야다. 이는 생명공학Biotechnology과 기계공학Mechanical Engineering의 합성어로, 바이오 기술과 로봇 기술의 융합을 의미한다. 1970년대 유명한 미국 드라마였던 「600만 불의 사나이」에 등장한 인공 신체 기술을 떠올리면 이해가 쉬울 것이다.

바이오 메카트로닉스 기술은 주로 생체 조직이나 장기를 대체하거나 기능을 보조하는 기계·전자장치(예를 들어 인공 관절, 인공 심장, 의수족 등)의 개발에 중점을 두고 있었다. 그러나 2026년을 바라보는 현재, 이 기술은 바이오와 로봇의 융합을 넘어 훨씬 광범위한 기술 생태계를 포괄하는 독자적 영역으로 확장되고 있다. 기술의 목표 역시 단순한 '기능 대체Replacement'를 넘어서 이제는 '심층적 통합Integration'과 '능력 증강Augmentation'으로 진화하고 있다. 과거의 의수족이 단순히 잃어버린 팔의 형태와 기능을 모방하는 데 그쳤다면, 미래의 바이오 메카트로닉스 기술이 적용된 의수족은 사용자의 신경계와 직접 연결되어 뇌의 신호로 제어되는 형태로 발전하고 있다. 이는 인간과 로봇의 '합성' 분야, 이른바 사이버네틱스Cybernetics 영역으로의 이동을 의미한다.

바이오 메카트로닉스 기술의 연구 개발 난이도는 매우 높다. 의학, 로봇공학, 신경과학, 컴퓨터공학, AI, 재료과학 등 거의 모든 첨단 분야가 총망라되므로, 사실상 '현대 첨단 과학기술의 종합선물세트'라 불러도 과언이 아니다. 이 기술은 맞춤형 정밀 의료, 원격 진료를 포함한 디지털 헬스케어, 고령화 사회 핵심 솔루션 등을 제공할 기반 기술로서도 가치가 크다. 이에 따라 시장의 가치 역시 계속해서 확대될 것으로 전망된다.

관건은 '실질적인 실용화가 언제 이루어질 것인가'이다. 로봇 기술을 적용한 의족, 의수 등은 시장에 등장하고 있지만, 가격이 매우 높고 활용 범위도 제한적이다. 착용형 로봇, 이른바 웨어러블 로봇(일명 외골격 로봇)을 통해 하반신 마비 환자가 일부 보행에 성공한 사례가 계속해서 보고되고 있으나, 실제 환자 입장에서는 도입을 꺼리는 경우가 많다. 안정성 문제, 착용과 탈착의 어려움, 넘어졌을 때의 부상 위험, 배터리 효율 부족으로 인한 짧은 사용 시간 등 여러 기술적 제약이 존재하기 때문이다. 결국 실용화 가능성을 높이기 위해서는 더 가볍고, 더 안전하며, 사용자가 손쉽게 취급할 수 있는 형태로의 기술 진화가 필수적이다.

이러한 문제를 해결하기 위해서는 제어 및 인터페이스의 정밀성을 높이는 '지능형 로보틱스 및 AI' 기술의 발전이 필수적이다. 동시에 인체에서 발생하는 생체 신호를 더욱 정확하게 감지하고 해석하기 위한 '차세대 바이오 센서' 기술의 개발도 요구된다. 여기에 더해, 경량화·유연성·내구성을 갖춘 '소재 및 제작 기술'의 혁신 역시 바이오 메카트로닉스의 실용화를 위한 핵심 요소로 꼽힌다.

바이오 메카트로닉스 시스템의 궁극적인 목표는 사용자의 의도를 지연 없이 정확하게 파악하여 기계적 움직임으로 변환하는 것이다. 이를 위해 근육의 전기 신호를 가로채는 '근전도' 방식, 사람이 팔이나 다리를 움직이려고 할 때 발생하는 힘을 확인해 이를 보조하는 '토크 감지' 방식, 두뇌에서 오는 뇌파를 가로채 분석하는 '뇌-컴퓨터 인터페이스' 방식 등 다양한 기술이 개발되고 있다. 그러나 이들 기술은 각각 장단점을 지니고 있으며, 현재로서는 어느 하나도 완전히 신뢰할 수 있는 수준에 도달했다고 보기 어렵다.

높은 비용과 낮은 접근성 문제도 간과하기 어렵다. 최첨단 수술 로봇이나 지능형 의수족은 매우 고가이며, 기술의 완성도 역시 아직 충분하지 않아 '가격 대비 활용성'이 낮은 상황이다. 이로 인해 일부 대형 병원이나 경제적 여유가 있는 환자들만 제한적으로 혜택을 누리고 있는 단계로 평가된다. 실험적으로 의미 있는 활용 사례들이 점차 등장하고 있지만, 완전한 실용화까지는 수년 이상의 추가 시간이 필요할 것으로 보인다.

다만 이런 부담이 상대적으로 적은 일부 특정 분야에서는 바이오 메카트로닉스 기술이 상업적인 성과를 내기 시작했다. 현재 기술 수준에서 도입 가능한 영역부터 점진적으로 실용화가 진행되고 있다. 대표적인 사례가 바로 재활 장비 분야다. 웨어러블 로봇을 하반신 마비 환자가 일상생활용으로 사용하는 것은 아직 어렵지만, 병원 등에서 보행 훈련을 위한 재활 장비로는 이미 상당한 시장이 형성되어 있다. 수술 후 재활, 근무력증, 뇌졸중, 척수 손상, 다발성 경화증 등으로 인해 자력 보행이 어려운 환자들이 트레드밀(일명 러닝머신) 위에서 로봇의 도움을 받아 다리를 꾸준히 움직이는 방식은 회복에 큰 도움이 된다. 실제로 대형 병원을 중심으로 이러한 웨어러블 로봇 기반 재활 장치의 보급이 빠르게 확산되고 있다. 스스로 걸을 수는 있지만 근력이 부족한 고령자나 근육 약화 환자를 위한 제한적 보조장치는 이미 시판이 시작되었다.

'수술 로봇' 분야는 의사의 손재주를 로봇에 전달해 인체를 치료하는 장치로, 제한적이나마 바이오 메카트로닉스 분야로 분류할 수 있다. 이 분야는 기술적 실용화가 완전히 이루어졌으며 지금도 발전하고 있어 바이오 메카트로닉스의 미래를 가늠할 수 있는 중요한 참고 사례로 평가된다. 대표적인 수술 로봇으로는 인튜이티브 서지컬Intuitive Surgical이 개발한 '다빈치da Vinci' 시스템이 있다. 이 시스템은 복강경, 비뇨기과, 심장외과 등 다양한 분야에서 이미 스탠다드 방식(가장 치료 효과가 높아 우선적으로 검토해야 하는 방식)으로 자리매김하고 있다. 이외에도 정형외과 수술에 특화된 '마코Mako' 시스템, 다빈치와 유사한 형태의 '휴고Hugo' 시스템, 순수 한국 기술로 개발된 '레보아이Revo-i' 시스템 등이 경쟁적으로 기술력을 높이며 시장을 확대하고 있다. 이제 수술 로봇 분야의 핵심 경쟁력은 단순한 기계적 정밀도를 넘어, 데이터와 소프트웨어 생태계 구축 능력으로 이동하고 있다. 예를 들어 다빈치 시스템은 5세대 버전부터 'SaaSSoftware as a Service' 기반의 데이터 분석 플랫폼을 제공하고 있으며, 이를 통해 수술 데이터를 수집·분석하고 기술 혁신을 가속화하고 있다. 이는 인튜이티브 서지컬이 단순한 장비 제조사를 넘어, 의료 데이터 기반의 플랫폼 사업자로 진화하고 있음을 보여주는 사례다.

바이오 메카트로닉스 분야가 사회에 완전히 자리 잡으려면 분명 커다란 기술적 변혁이 필요하다. 그러나 제한적 수준에서 이미 여러 기술적 성과가 등장하고 있어, 그 시기가 그리 멀지 않음을 실감할 수 있다. 대표적인 사례로 2024년, 미국 매사추세츠공과대학교MIT 연구진은 신경 인터페이스 기반의 로봇 의족을 발표해 큰 주목을 받았다. 이 기술은 사용자가 생각하는 대로 발목을 돌리거나 구부리는 등 훨씬 자연스러운 움직임을 구현했다. 비장애인과 걷는 속도에서도 차이가 없을 뿐 아니라 춤까지 출 수 있을 정도였다. 절단된 부위의

Shift 4 바이오와 생명 기술

말초 신경 다발에 미세 전극을 이식하고, 작용근과 길항근의 균형을 묘사하는 '작용근-길항근 근신경 인터페이스AMI, Agonist-antagonist Myoneural Interface'를 새롭게 개발한 것이다. 연구진은 이 기술을 5년 내 상용화하는 것을 목표로 하고 있다.

이처럼 바이오 메카트로닉스 기기의 역할은 단순한 보조장치를 넘어, 사용자의 신체 일부로 인식되는 신체화Embodiment 단계로 진입하고 있다. 이는 기술이 인간의 생리적·심리적 시스템과 통합되는 중요한 전환점이다. 이후 수년간의 기술적 경험이 축적된다면 과거 영화 속에서나 상상했던 '사이보그 기술'의 실용화도 더 이상 꿈만은 아닐 것이다.

더 알아보기 2
현대 생명과학자의 가장 강력한 무기, 유전자 편집 기술

현대 바이오 기술의 '기본'은 역시 '유전자'다. 이 유전자를 자유자재로 '편집'할 수 있는 기술도 이미 존재한다. 유전자를 자르고 붙이는 방식이라서 흔히 '유전자 가위'라고 불린다. 현대 바이오 기술을 이해하는 데 큰 도움이 되므로, 이에 대해 간단히 정리하고 넘어가겠다.

유전자 가위 기술을 통해 얻을 수 있는 이점은 분명하다. 동식물의 유전자를 편집할 수 있다는 것은 곧 그 형질을 조절할 수 있다는 뜻이다. 예를 들어 가축의 고기나 젖(우유 등) 생산량을 늘릴 수 있고, 질병에 강한 개체로 만들 수도 있다. 농작물의 수확량을 높이거나 맛과 크기를 조절하는 것도 가능하다. 인간에게 적용하면, 지금까지 치료가 어려웠던 유전자 질환을 극복할 수 있는 길이 열린다. 유전자 가위 기술이 '산업혁명에 필적하는 기술'이라는 이야기가 나오는 것은 이 때문이다.

유전자 가위 기술은 2가지 핵심 원리로 작동한다. 첫째는 목표로 하는 특정 염기서열, 즉 인간 유전자 가닥에 쓰여 있는 정보 중 원하는 부분을 정확히 찾아내는 '위치 파악targeting' 메커니즘이다. 둘째는 찾아낸 위치의 정보를 실제로 절단하는 '분해 효소nuclease'의 작용이다. 다시 말해, 유전자 가위의 '칼날' 역할을 하는 것은 '효소'인 셈이다.

유전자를 잘라낸다고 해서 모든 것이 끝나는 것은 아니다. 무작정 잘라내 버리면 유전자가 결손된 상태로 남아 문제가 생길 수 있기 때문이다. 다행히 인간의 유전자, 특히 본체에 해당하는 DNA는 자체적인 복구 시스템을 갖추고 있다. 유전자 가위 기술은 이 시스템의 원리를 활용해 정상적인 DNA 염기로 복구하도록 유도한다. 복구는 크게 두 경로로 이루어진다. 첫 번째가 조금 어려운 말로 '비상동 말단 연결NHEJ, Non-Homologous End Joining'이라는 방식이다. 이는 절단된 DNA의 양쪽 끝을 신속하게 다시 연결하는 응급 복구 시스템이다. 그런데 이 과정에서 염기 몇 개가 추가되거나 삭제되는 오류가 발생할 확률이 높다. 그래서 이 오류 발생 경향을 역이용하기도 한다. 특정 유전자 정보를 '삭제'만 하고 싶다면, 해당 염기서열의 한 부분을 잘라버렸을 때 복구 과정에서 오류가 생겨 유전자가 비활성화되도록 유도할 수 있다. 이를 '유전자 녹아웃knockout'이라고 한다. 두 번째 복구 방식은 '상동 유도 복구HDR, Homology Directed Repair'다. 유전자는 일반적으로 쌍으로 존재하기 때문에, 한쪽이 손상되면 손상되지 않은 정보를 활용해 복구하려는 성질이 있다. 이때 정상적인 염기서열을 담은 DNA 정보를 세포 내에 함께 제공하면, 세포는 이를 바탕으로 잘린 유전자를 정확하게 복구할 수 있다.

유전자 가위 기술에도 세대가 있다. 그중 1세대 기술은 '징크 핑거 뉴클레이즈ZFN, Zinc Finger Nuclease'라고 불린다. 이 기술의 핵심은 '징크 핑거Zinc Finger'라는 단백질이다. 이 단백질 하나로 3개의 DNA 염기를 인식하는 방식이다. 물론 단 3개의 염기만으로는 수십억 개의 염기쌍으로 이루어진 인간의 전체 DNA 중에서 정확한 표적을 찾기 어렵다. 따라서 여러 개의 징크 핑거를 직렬로 연결해 9개에서 18개에 이르는 염기서열을 인식할 수 있도록 설계한다. DNA 절단에는 박테리아에서 유래한 제한효소인 'FokI'를 사용한다.

ZFN은 유전자 편집 기술의 가능성을 처음으로 입증한 사례였지만, 실용화하는 데는 한계가 있었다. 표적 유전자를 정확히 겨냥하려면 매번 징크 핑거 단백질 조합을 새롭게 설계하고 제작해야 했는데, 이 과정에는 고도의 단백질 공학 기술과 오랜 제작 시간이 필요했다. 건당 수천 달러에 이르는 높은 비용도 부담이었다. 무엇보다 정확도가 낮다는 점이 큰 문제였다. 여러 개의 징크 핑거 모듈을 직렬로 연결할 때, 원하는 대로 정확히 결합되는 확률이 낮았기 때문이다. 그 결과, 의도하지 않은 위치를 잘라버리는 '비표적 절단Off-target effect'이 발생할 수 있었고, 이는 예기치 못한 돌연변이를 유발할 위험이 있었다.

이러한 한계를 극복하기 위해 2세대 유전자 가위인 탈렌TALEN이 등장했다. 탈렌은 식물병원세균Xanthomonas에서 발견된 'TALETranscription Activator-Like Effector' 단백질을 DNA 결합 도메인으로 활용하며, DNA 절단에는 ZFN과 동일하게 박테리아 유래 제한효소인 'FokI'를 사용한다. TALE는 ZFN과 달리 단 하나의 DNA 염기를 인식할 수 있다. 사람의 기본 염기형은 아데닌A, 구아닌G, 사이토신C, 티민T 4가지 염기만으로 구성되어 있으므로, 각각에 대응하는 TALE 단백질 모듈을 마치 레고 블록을 조립하듯 순서대로 연결해 원하는 거의 모든 DNA 염기서열을 표적할 수 있다.

그러나 탈렌 역시 실용화하기에는 한계가 있었다. 원하는 염기서열을 표적하기 위해 여러 개의 TALE 모듈을 연결하다 보면, 유전자 가위 자체의 입자 크기가 ZFN보다 훨씬 커지게 된다. 이렇게 부피가 커진 유전자 가위를 세포 내에 욱여넣는 데는 기술적 어려움이 따랐다. 새로운 표적 유전자가 생길 때마다 매번 긴 TALE 단백질을 새로 제작해야 하는 점도 비효율적이었다.

마침내 등장한 것이 3세대 유전자 가위인 '크리스퍼-카스9'다. 실용화 가능성이 매우 높고, 현재도 다양한 분야에서 활용되고 있어 유전자 가위의 대명사처럼 불린다. 보통 '크리스퍼 유전자 가위'라는 이름으로 줄여 부르기도 한다. 크리스퍼는 원래 박테리아(세균)가 자신보다 훨씬 작은 바이러스의 침입에 대응하기 위해 진화시킨 면역 시스템이다. 박테리아는 과거에 침입했던 바이러스가 다시 들어오면, 저장해둔 정보를 바탕으로 Cas9 효소를 분해해 바이러스의 DNA를 절단함으로써 감염을 무력화한다. 인간이 이 원리를 빌려온 것이 바로 크리스퍼 시스템이다.

크리스퍼 시스템은 원하는 염기서열을 찾아갈 수 있는 '가이드RNA$_{gRNA}$'와 Cas9 효소를 함께 사용한다. gRNA는 20개의 염기로 구성된 짧은 RNA 분자다. 이 gRNA의 염기서열이 표적하고자 하는 DNA 서열과 상보적으로 결합하면, Cas9 효소가 그 뒤를 따라가 해당 위치의 DNA를 정확하게 잘라낸다. 크리스퍼 시스템은 표적을 바꾸기 위해 복잡한 단백질을 새로 설계할 필요 없이, 단지 20개의 염기로 이루어진 gRNA 서열만 새롭게 디자인해 교체해주면 된다. 1~2세대 기술에서는 새로운 결합 도메인을 만들기 위해 수개월의 설계와 제작 기간이 필요했지만, 크리스퍼는 목표로 하는 DNA 염기만 확인되면 그에 맞는 gRNA를 단 하루 만에 합성할 수 있어 훨씬 빠르고 효율적이다.

크리스퍼 시스템 역시 개선의 여지가 있다. 20여 개의 DNA 염기서열을 인식해 잘라내는 기능은 뛰어나지만, 특정 부분을 콕 집어 정밀하게 수정하는 능력은 떨어진다. 물론 20개를 모두 바꿔 넣는 식으로 보완할 수는 있지만, 그렇게 하면 아무래도 효율이 떨어질 수밖에 없다. 더구나 DNA 염기서열을 절단하는 방식 자체에도 여전히 안전성에 대한 우려가 존재한다. 다양한 방법으로 안전성을 높일 수는 있지만, 복구 과정에서 유전자 결실이나 염색체 전위와 같은 예측 불가능한 변이가 완전히 사라진다는 보장은 없다. 특히 인간 치료에 적용할 경우, 이러한 위험을 최소화할 필요가 있다.

그렇게 등장한 것이 바로 4세대 유전자 편집 기술이다. 사실상 이 단계부터는 '가위'라는 표현이 적절하지 않다. 염기를 잘라내는 대신, 필요한 부분만 직접적으로 변환하는 방식이기 때문이다. 4세대 기술 중 크게 주목받는 것은 '베이스 에디팅Base Editing' 기술과 '프라임 에디팅Prime Editing' 2종류다. 베이스 에디팅은 크리스퍼를 개선한 형태로, DNA 절단 기능이 약화된 'Cas9 닉카아제nickase(DNA 한쪽 가닥만 절단)'라는 효소를 사용한다. 크리스퍼와 같이 gRNA가 'Cas9 닉카아제'를 표적 DNA 위치로 안내해 결합시키면, 표적 부위의 특정 염기를 화학적으로 변환해 필요한 염기 하나만 원하는 DNA 염기로 치환하는 원리다. 많은 유전 질환이 단 하나의 염기가 잘못된 '돌연변이point mutation'로 인해 발생한다는 점을 감안하면, 베이스 에디팅은 이러한 질병의 근본 원인을 매우 정밀하고 안전하게 교정할 수 있는 잠재력을 지니고 있다.

프라임 에디팅은 베이스 에디팅보다 한 단계 더 진보한 기술이다. 워드프로세서의 '찾아 바꾸기search-and-replace' 기능처럼 단일 염기 치환은 물론 수십 쌍에 달하는 염기서열의 삽입과 삭제까지 모두 처리할 수 있는 만능 편집 기술이다. 교정이 필요한 DNA 염기서열을 찾아내는 역할은 '프라임 편집 가이드 RNApegRNA'가 맡는다. 이는 기존 gRNA를 개선한 형태다. pegRNA에는 각종 정보를 담아 보낼 수 있는데, 그 정보를 따라 표적 DNA에 자동으로 결합하도록 설계되어 있다. 이후 Cas9 닉카아제가 DNA의 한쪽 가닥만을 교정한다. 이 기술은 기존 방식으로는 다루기 어려웠던 다양한 유전 변이까지 정밀하게 수정할 수 있다는 것이 가장 큰 장점이다.

다만, 4세대 기술은 아직 실제 활용 단계에 이르지는 않았다. 3세대 크리스퍼 기술 역시 여전히 강력한 장점을 갖고 있으므로, 향후 3세대와 4세대 기술이 상호 보완적으로 활용될 것으로 전망된다. 유전자 가위 기술은 그린 바이오(농업·환경), 화이트 바이오(산업), 레드 바이오(의료) 등 바이오 산업 전 영역에서 활용 가능한 만능 도구다. 무엇보다 기초 생명과학 연구의 필수적인 기술로 자리 잡고 있다.

꼭 짚고 넘어가야 할 주제는 바로 생명 윤리다. 유전자 가위 기술의 발전은 질병 극복이라는 희망을 안겨주지만, 생명의 본질을 다룬다는 점에서 더욱 신중한 접근이 요구된다. 특히 인간의 수정란에 개입할 경우, 키나 지능, 외모 등 원하는 특성을 조정할 수 있어 '맞춤형 아기Designer Baby'의 탄생으로 이어질 가능성도 있다. 모든 기술에는 양면성이 존재한다. 강력하고 효과적인 기술일수록 그 파급력 또한 클 수밖에 없다. 따라서 기술의 방향성과 활용 범위를 결정하는 데 있어 사회적 합의는 무엇보다 중요한 변수로 작용할 것으로 보인다.

Shift 5

우주에서 시작되는 공간 산업

위성·항공·철도·주거는 어떻게 변화해갈까?

'공간 컴퓨팅'이라는 말이 2024년 한 해 반짝 인기를 끈 적이 있다. 미국 기업 애플이 '비전 프로'라는 이름의, 머리에 쓰는 디스플레이 장치HMD를 출시하면서 화제가 되었다. 이 장치는 VR 기술을 활용해 주변 풍경을 보는 동시에 컴퓨터를 사용할 수 있으며, 몰입감 있는 게임도 즐길 수 있도록 설계되었다. 이른바 메타버스 관련 기술과 산업이 각광받던 시기에 함께 등장한 제품이었다. 그러나 2020년대 초반의 메타버스 열풍은 기술력과 실용성 부족으로 점차 식어갔고, 비전 프로 역시 대중적인 인기를 끌지는 못했다.

여기서 짚고 넘어가야 할 점은, 애플이 왜 굳이 '공간'이라는 단어에 집중했는가 하는 것이다. '공간'이라는 말은 매우 특별한 의미를 지닌다. 우리는 공간 속에서 살아가며, 필요에 따라 공간과 공간 사이를 이동한다. 건설과 건축 기술을 통해 우리가 생활하고 일하는 공간을 창조하고, 한 공간에서 다른 공간으로 이동하기 위한 다양한 교통 수단도 개발해왔다. 심지어 이동 수단의 내부 구조 역시 목적에 따라 최대한 아늑하고 편안하게, 혹은 효율적으로 설계한다.

정보기술IT을 통해 '공간'을 가상세계에 구현하고 활용하는 단계에 이르면 이를 '메타버스'라고 부른다. 하지만 공간 컴퓨팅의 개념은 메타버스와 조금 다르다. 이 개념은 2003년 사이먼 그린월드Simon Greenwold가 MIT 미디어랩 석사 논문에서 '기계가 실제 물체와 공간에 대한 참조를 유지하고 조작하는 인간과의 상호작용'이라고 정의한 데서 유래한다. 즉 가상공간의 서비스가 현실사회와 상호 보완적일 때 비로소 '공간 컴퓨팅'이라 할 수 있다. 예를 들어 VR 장비를 쓰고 침대에 누워 대화면으로 영화나 게임을 감상하는 것은 공간 컴퓨팅과는 거리가 있다. 이는 콘텐츠를 수동적으로 소비하는 것일 뿐, 현실과 연관되어 있지 않기 때문이다. 최근 기술 동향을 보면 공간 컴퓨팅에 대한 관심은 눈에 띄게 줄어들고 있다. 2026년의 동향 역시 마찬가지다. 만약 해당 기술이 그 해의 핵심 키워드로 부상한다면 이 책에서도 충분히 다루고 분석할 가치가 있겠지만, 적어도 지금으로서는 2026년 한 해 동안 그런 흐름이 나타날 가능성은 낮아 보인다.

따라서 지금 이야기하고자 하는 '공간'은 바로 '현실 속의 공간'이다. 이는 우리 삶의 모습에 고스란히 반영된다. 가상현실에 몇 시간 동안 몰입해 게임을 즐겼다 해도, 우리는 그것을 두고 '삶이 풍족해졌다'고 말하지는 않는다. '체험'은 가능하지만, 그 안에서 실제로 살아가는 것은 아니기 때문이다. 그러나 현실의 공간은 이야기가 다르다. 더 좋은 집을 얻고, 더 좋은 차를 타며, 열차나 비행기 등을 타고 다른 어딘가로 이동하는 일은 모두 현실의 일이다. 좋은 환경에 있을 때 우리는 '삶이 풍요로워졌다'라고 이야기한다. 이런 산업군에 대한 별도의 분류가 있어도 좋겠지만, 공교롭게도 그런 분류 체계가 공식적으로 존재하지는 않는다.

이 책의 마지막 장에서는 현실 속 '공간'과 그 공간 사이를 이동하기 위한 기술, 즉 '이동수단'에 대해 살펴본다. 항공, 도로교통, 우주, 건설 등 우리가 살아가는 공간을 창출하고 활용하는 분야를 포괄하는, 이른바 '공간·이동 산업'이다.

안타깝게도 이 분야는 다소 '구닥다리 같다'는 인상을 주기도 한다. 매일같이 쏟아지는 새로운 소프트웨어나 인공지능 모델에 비하면 어딘가 정체된 것처럼 보이기 때문이다. 하지만 이러한 인식은 착각에 불과하다. 실제로 공간·이동 산업을 구성하는 각 요소들은 해마다 눈에 띄게 진화하고 있다. 우리가 세상, 즉 공간을 인식하고 이동하며 살아가는 방식을 규정해온 바로 그 산업들은 혁신의 영향을 가장 극적으로, 또 근본적으로 받아들이기 때문이다. 따라서 인간이 만든 기술은 필연적으로 공간·이동 산업과 접목될 수밖에 없다. 디지털 기술, 신소재, 그리고 새로운 에너지 패러다임이 이 분야에 융합되며 지속적인 혁신을 이끌고 있다. 산업·경제 규모 면에서도 첨단 정보 기술, 로봇, 반도체 산업에 결코 뒤처지지 않는다.

변화의 핵심 키워드는 단연 '지속 가능성'이라는 시대적 요구와 '디지털 전환'이라는 거대한 기술적 흐름이다. 항공 산업은 탄소 배출이라는 과제를 해결하기 위해 연료의 개념 자체를 재정립하고 있으며, 우주 산업은 로켓의 재사용을 통해 우주를 새로운 경제 활동의 무대로 확장하고 있다. 지상의 교통 시스템은 속도의 한계를 넘어서려 하고, 수천 년간 이어져온 건설 방식은 데이터와 로봇의 힘을 빌려 진화하고 있다.

최근 십수 년 사이, 어찌 보면 '전통적'이라고까지 여겨지던 공간·이동 분야 산업은 수십 년간 축적된 경험과 기술이 새로운 기술과 이어지며 중요한 변곡점을 지나고 있다. 2026년 한 해에는 이러한 산업의 방향성이 더욱 뚜렷해질 것으로 보인다. 인류 문명의 토대를 이루는, 우리가 살아가는 '공간'을 지배하는 산업이 앞으로 어떻게 변화해 갈지, 그 기술적 전환의 흐름을 추적하는 일은 매우 의미 있는 작업이 될 것이다.

지구 밖으로 확장하는 '우주 산업', 누가 우주를 점유할 것인가?

'뉴 스페이스' 시대, 민간 영역에서 꽃피는 우주 실용화

현대 우주 산업을 살펴보면 가장 먼저 접하게 되는 단어가 바로 '뉴 스페이스New Space'다. '새로운 우주라니, 그렇다면 지금까지 우리가 바라보던 밤하늘은 낡은 우주인가?' 싶겠지만, 이는 우주 산업의 패러다임 변화를 이야기한다. 정부 주도의 우주 사업에서 벗어나 민간 기업이 혁신과 성장을 주도하는 시대가 열린 것이다. 과거 정부가 주도했던 우주 개발사업은 '올드 스페이스Old Space'라고 불리기 시작했다.

민간 기업들이 우주 산업에 뛰어드는 이유는 단순하다. 경제적으로도 이익이 되기 때문이다. 간혹 '우주 개발은 지적 탐구를 위한 것이지, 경제적으로는 돈만 쓰는 일 아니냐'라고 생각하는 경우도 있지만, 이는 시대에 뒤떨어진 사고방식이다. 오늘날 우주를 활용한 다양한 서비스와 상품이 끊임없이 등장하고 있으며, 이 분야에서 활약하는 수많은 기업이 실제로 높은 수익을 올리며 빠르게 성장하고 있다.

우주 기술을 확보한 이후, 인류는 직접적 혹은 간접적으로 '지구 밖 공간'을 활용할 수 있게 되었다. 막연히 '우주는 나와 관계없다'라고 생각하기 쉽지만, 실제로 우주 기술은 우리의 일상에 깊은 영향을 미치고 있다. 대표적인 예로, 인공위성을 지구 밖에 띄울 수 있게 되면서 우리는 GPS(인공위성 위치 확인 서비스)를 사용할 수 있게 되었다. 이 서비스 하나만으로도 파생되는 응용 분야가 너무나 다양해 모두 열거하기가 어려울 정도다. 이제는 인공위성에서 보내는 인터넷 신호를 받아 바다 한복판에서도 고속 인터넷 서비스를 이용할 수 있다. 일기예보, 국가 간 통신, 고화질 지도 서비스도 이러한 우주 기술에 기반을 두고 있다.

인류는 지구 궤도를 넘어 더 먼 우주로 나아가기 위한 기술을 꾸준히 연구하고 있으며, 핵심 기술도 계속 발전하고 있다. 현재로서는 순수 과학적 탐구의 목적에서 가치가 더 크다. 조만간 가까운 달과 화성 영역까지 시장성을 확대하려는 시도도 이어지고 있다. 다만 2025~2026년 현 단계에서 '산업적으로 가치가 있는 우주 기술'은 대부분 지구 궤도 수준, 즉 인공위성 활용 기술에 머물러 있다.

이러한 변화는 2가지 핵심 기술의 발전에 기반하고 있다. 첫째는 사람이나 물건을 지구 궤도로 쏘아 올리는 '발사체' 기술, 둘째는 지구 중심을 돌면서 지상에 여러 가지 서비스를 제공하는 '인공위성' 자체의 활용 기술이다.

시장 규모만 보더라도 이러한 흐름을 쉽게 파악할 수 있다. 2024년 기준 세계 우주 산업의 시장 규모는 약 4,180억 달러에 달했으며, 2034년까지 연평균 성장률CAGR이 6.7%에 이를 것으로 전망된다. 이에 따라 2034년에는 세계 시장 규모가 7,880억 달러에 달할 것으로 보인다.*

전체 시장 규모와 기술 동향을 확인하려면 '브라이스텍/미국위성산업협회BryceTech/SIA'가 2025년 5월에 발표한 보고서**도 참고할 만하다. 이에 따르면 전체 우주 경제 규모는 4,150억 달러로, 글로벌 마켓 인사이트Global Market Insights의 조사 결과인 4,180억 달러와 거의 같다. 여기서는 2024년 상업 위성 산업 매출 데이터를 2,930억 달러로 추산해 위성 분야 비율이 71%에 달했다.

전체 세부 내용을 살펴보면 우선 '지상 장비Ground Equipment' 시장이 1,553억 달러로 전체의 약 53%를 차지해 가장 규모가 컸다. 지상 장비에는 스마트폰에 내장된 GPS 센서, 위성 TV 수신 안테나, 위성 인터넷 단말기 등이 포함된다. 우주 기술의 궁극적인 가치는 지상에서 소비자와 기업이 직접 사용하는 최종 단말을 통해 실현되기 때문이다.

이어 '위성 서비스Satellite Services'가 1,083억 달러(약 37%)로 두 번째로 큰 시장이었다. 이는 위성 TV, 위성 라디오, 위성 인터넷과 같은 소비자 서비스를 비롯해 기업용 통신이나 원격 탐사 데이터 서비스 등

---

*   Global Market Insights.
**   BryceTech/SIA, "2024 Global Satellite Industry Revenues."

을 이야기한다. 특히 우주 인터넷 분야가 빠르게 성장하며 이 부문의 성장을 견인하고 있다.

이 밖에 '위성 제조Satellite Manufacturing' 분야가 200억 달러(약 7%), '발사체 서비스Launch Services' 분야가 93억 달러(약 3%) 정도였다. 대중의 관심에 비해 실제 매출 규모는 의외로 작은 셈이다. 하지만 발사체가 없으면 위성을 우주로 보낼 수 없고, 위성이 없으면 우주 경제 자체가 유지될 수 없으므로 가장 핵심이 되는 분야다. 이 부문의 가격 경쟁력과 기술 혁신이 전체 우주 경제의 성장을 좌우하는 핵심적인 역할을 한다.

이러한 변화의 중심에는 무엇보다 '재사용 발사체' 기술이 자리하고 있다. 대부분의 우주 발사체는 '다단 로켓' 형태로 제작된다. 1단 엔진에 불을 붙여 우주로 올라간 다음, 무거운 1단을 버리고 2단에 불을 붙여 다시 하늘로 솟구치는 형태다. 필요하면 3단, 4단까지 올라가는데, 대부분 2단까지만 하고 끝난다. 이 발사체 시스템에서 비용이 많이 드는 부분이 1단 부스터다. 이 1단 부스터를 분리한 다음, 남아 있는 연료에 불을 붙이고 꼬리 날개를 최대한 잘 조종해 지상에 다시 안전하게 착륙시켜 재활용하는 기술이 등장했다. 대표적인 기업이 미국의 우주 기업 '스페이스X'이다. 스페이스X는 자체 개발한 팔콘9 발사체를 이용해 지구 저궤도LEO까지의 화물 운송 비용을 킬로그램당 1,500달러 수준까지 낮추는 데 성공했다. 과거 우주왕복선의 경우 킬로그램당 5만 4,500달러에 달했던 것을 생각하면 획기적인 비용 절감이다. 이를 통해 이전에는 경제성이 없어 불가능했던 수많은 우주 기반 비즈니스 모델(예: 스타링크)이 현실화되고 있다.

　최근 우주 산업에서 주목받는 신기술 중 하나가 '메탄 엔진' 개발 경쟁이다. 메탄은 천연가스의 주성분이다. 기존에는 특별히 정제한 등유(케로신)를 사용하는데, 메탄을 사용하면 연소 후 그을음 발생이 적어 엔진 청소 및 재활용이 쉬운 것이 장점이다. 등유보다 환경오염도 적어 '재활용'이라는 콘셉트에 꼭 알맞다. 단점은 기술적으로 만들기가 까다롭다는 점이다. 지금까지 케로신이 널리 사용된 이유는 끓는점이 낮아 제어가 손쉽기 때문이었다. 반면 메탄은 발사체 추진 장치에 산소를 공급하는 산화제(주로 액체산소)와 끓는점이 비슷하다. 휘발성이 매우 높은 2가지 물질을 동시에 통제해야 하므로 연소 과정을 통제하는 것이 훨씬 어렵다.

　재사용 발사체 기술을 이미 실용화한 스페이스X도 여전히 등유를 주력 연료로 사용하고 있다. 그러나 새롭게 개발 중인 초대형 재활용 발사체 '스타십Starship'에는 메탄 엔진을 채택했다. 각국의 기술 확보 경쟁도 치열해지고 있다. 미국의 여러 우주 기업이 해당 기술 확보를 위해 도전 중이며, 중국, 러시아, EU, 인도 등 우주발사체 기술 보유국들도 메탄 엔진에 주목하고 있다. 해당 내용을 다음 표에 정리했다.

　이 밖에 장거리 우주 여행에 필요한 핵열추진NTP 엔진, 기존 화학로켓의 효율 한계를 뛰어넘을 '회전폭발엔진' 등 다양한 차세대 기술들이 개발 중이다. 핵열추진 엔진은 핵분열 과정에서 발생하는 열을 이용해 연료를 가열·팽창시켜 추진력을 얻는 방식이다. 대형 우주발사체의 엔진으로 사용되기보다는, 이미 우주 공간에 진입한 장거리 탐사

주요 국가 메탄 추진제 사용·재사용 발사체 개발 현황

국가	발사체명	기업	초도발사	비고
미국	노바	스트로크스페이스	2026년	개발 중
	테란R	렐러티비티스페이스	2026년	개발 중
	벌컨 켄타우로스	ULA	2024년	운용 중
	뉴글렌	블루오리진	2024년	개발 중
	스타십	스페이스X	2026년	개발 중
미국&뉴질랜드	뉴트론	로켓랩	2025년	개발 중
중국	하이퍼볼라-3	아이스페이스	2025년	개발 중
	주취-3	랜드스페이스	2025년	개발 중
	창정-9	CALT	2033년	개발 착수
러시아	아무르(소유즈-7)	JSC SRC Progress	2028년	개발 중
EU	아리안넥스트	ESA	미정	기획 중
	베가 넥스트	아비오	2032년	기획 중
프랑스	마이아	마이아스페이스	2025년	개발 중
인도	수리야	ISRO	2034년	개발 착수

ⓒ 우주항공청

선 등에 활용될 것으로 보인다. 회전폭발엔진은 원통형 디자인의 엔진을 통해 작은 폭발을 회전하듯이 연속으로 일으키며 추진력을 발생시킨다. 연료와 공기를 압축한 다음 폭발시키고, 그렇게 생겨난 가스를 재차 분사하며 앞으로 나아간다. 기존 제트엔진보다 효율이 높아 차세대 엔진으로 주목받고 있다. 그러나 당장 2026년 안에 이러한 기술이 실용화되기는 어려우며, 상용화되기까지는 아직 시간이 더 필요할 것으로 예상된다. 인공위성 기술 활용 측면에서 최근 가장 주목받고 있으며, 2026년 역시 크게 성장할 것으로 예상되는 분야는 단연 '우주 인터넷'(혹은 위성 인터넷) 사업이다. 이 기술의 기본 원리는 지상에서 강력한 전파를 통해 몇 개의 인공위성에 인터넷 신호를 전달한 뒤, 지구 궤도에 떠 있는 수백, 수천 개의 인공위성을 레이저 신호로 거미줄Web처럼 연결해 거대한 인터넷망을 구축하는 것이다. 이후에 각 위성이 지상으로 인터넷 신호를 발사한다. 이렇게 되면 위성과 교신할 수 있는 작은 접시형 송수신 장비만 있으면 지상 어디서든 가정에서 쓰는 것과 큰 차이가 없는 고성능 인터넷을 쓸 수 있다.

이 기술에서 핵심적으로 중요시되는 요소는 크게 2가지다. 첫째는 수천 대의 인공위성을 거미줄처럼 연결하는 '위성 간 레이저 통신ISL' 기술이며, 둘째로 '지향, 포착 및 추적PAT, Pointing, Acquisition, and Tracking' 기술이 꼽힌다. 인터넷 서비스를 제공하려면 인공위성과의 거리가 가까운 것이 유리하므로, 대부분 기업이 '저궤도LEO 위성'으로 구성한다. 이 위성의 속도는 초속 약 7~8킬로미터(시속 약 2만 5,000킬로미터)에 달하며, 지구를 한 바퀴 도는 데 90분 정도밖에 걸리지 않는다. 이렇게 빠르게 이동하는 먼 거리의 위성(대략 수천 킬로미터)끼리 레이저를 이용해 서로의 작은 수신기를 정확히 조준하고 유지하는 것은 극도의 정밀도가 요구된다.

우주 인터넷 서비스 분야의 대표 주자는 '스타링크'라는 서비스를 제공 중인 스페이스X다. 2025년 9월 기준 8,475개의 위성을 궤도에 올렸으며, 그중 8,460개를 운영 중이다. 아마존의 프로젝트 카이퍼Project Kuiper 등도 경쟁자로 부상하고 있다. 한때 경쟁기업으로 꼽히던 영국의 '원웹'은 코로나19 팬데믹 당시 시장 침체와 자금 확보의 어려움으로 법원에 파산보호를 신청한 이후 현재 사업 추진이 지지부진한 상황이다.

과거에는 인공위성을 만들 때, 이왕 우주로 올려보내는 김에 가능한 많은 기능을 탑재하려는 경향이 있었다. 비용 등의 제약만 없다면 지구 주위를 도는 궤도도 가능한 한 높게 설정했다. 그래야 지상을 더 넓게 바라볼 수 있기 때문이다. 그러나 각종 센서 기술이 정밀해지면서 위성의 크기를 물리적으로 더 작게 만들면서도 더 높은 성능을 구현할 수 있게 되었다. 또한 위성끼리도 신호를 주고받으며 서로의 기능을 보완할 수 있는 길도 열렸다. 이러한 기술적 진보 덕분에 인공위성은 점점 더 소형화되는 추세다.

최근에는 가로·세로·높이가 각각 10센티미터에 불과한 일명 '큐브샛CubeSat'도 인기를 얻고 있다. 크기가 너무 작을 경우, 큐브 2개 또는 3개를 나란히 연결한 형태로

SLC-40 발사대에 장착된 스페이스X의 CRS-7 드래곤 모듈과 팰컨 9호 로켓

활용할 수 있다. 기술적으로는 이미 특별할 것이 없는 수준이며, 공학 분야에 기본적인 지식과 약간의 손재주만 있다면 개인도 만들 수 있다. 제작이 간편하고 발사 비용이 저렴하기 때문에 대학, 스타트업, 개발도상국 등에서 우주 관련 실험을 진행할 때 자주 활용된다. 다만, 이 정도 크기로는 아직 상업적인 서비스를 본격적으로 구성하기에는 한계가 있다.

위성의 소형화 흐름에 따라 발사체 역시 소형화되는 추세를 보이고 있다. 이른바 소형 발사체SLV, Small Launch Vehicle 분야로, '틈새시장'으로서 경쟁이 심화되고 있다. 로켓랩Rocket Lab 등의 기업이 이 분야에 도전하고 있다. 시장 규모도 의외로 작지 않다. 2024년 전 세계 규모는 16억 달러로 평가되었으며, 2034년까지 51억 달러로 성장해 2025~2034년 예측 기간 동안 CAGR 12.1%로 성장할 것으로 보인다. 우주 산업 전체의 CAGR을 훌쩍 뛰어넘는 수준이다.*

기술적으로 SLV는 대형 발사체에 비해 오히려 부담이 적은 편인데, 경제성이 문제다. 예를 들어 대형 발사체를 이용해 작은 인공위성을 쏘아 올릴 때는, 한 번 발사할 때 여러 개를 한꺼번에 실어 나르는 '라이드셰어Rideshare' 방식을 주로 사용한다. 이 방법 역시 킬로그램당 발사 비용을 낮출 수 있다는 장점이 있다. 하지만 발사 일정과 목표 궤도는 가장 큰 비용을 지불한 '주요 화물Primary Payload'에 맞춰 결정되므로, 소

---

* Global Market Insights, 보고서 ID GMI14508.

형 위성 고객들은 자신들의 위성을 최적의 궤도에, 원하는 시간에 투입할 수 없는 단점을 안게 된다.

이에 SLV 업체들은 3D프린터, 고효율 전기펌프 엔진 등 첨단 기술을 적용하거나, 항공기 몸체 위에서 우주로 발사하는 '론처원Launched One' 등의 기술을 활용해 최대한 저비용의 SLV를 개발하려는 노력을 기울이고 있다. 그럼에도 가격 경쟁력 등에서 여전히 대형 발사체 시장과 경쟁하기 어려워 경영난을 겪는 기업들도 적지 않아 시장 동향을 예의 주시할 필요가 있다. 영국의 SLV 분야 유망 기업이었던 '버진 오빗Virgin Orbit'은 연이은 발사 실패와 자금난으로 결국 파산했다.

최근 우주 산업은 크게 3가지 형태로 구분되는데, 해당 용어를 알아두면 전체 산업 구조를 파악하는 데 도움이 된다. 첫째가 '업스트림Upstream' 분야다. 우주 자산을 구축하고 궤도에 올리는 모든 활동을 포함한다. 여기에는 연구 개발 활동을 비롯해 발사체, 위성체, 지상 장비 등 실물 자산의 설계 및 제조, 발사 서비스가 해당된다.

둘째가 '미드스트림Midstream'으로, 궤도에 배치된 우주 자산을 운영하고 관리하는 모든 활동을 포함하는 신흥 분야다. 과거에는 '위성을 발사하고 사용'하는 데 집중했다면, 이제는 우주 산업의 역사가 깊어지면서 이런 자원을 효율적으로 관리하기 위한 시장도 형성되고 있다.

마지막으로 '다운스트림Downstream'은 우주 자산이 생성하는 데이터와 서비스를 활용하여 최종 사용자에게 제품과 서비스를 제공하는 분야다. 위성통신, 위성방송, GPS 기반 위치 서비스, 위성 이미지를 분석해 제공하는 각종 정보 서비스(농작물 모니터링, 기후변화 분석 등)가 이에 속한다. 다운스트림은 우주 경제에서 가장 큰 비중을 차지하며, 가장 빠르게 성장하는 시장이다. 글로벌 우주 산업 규모에서 발사 및 위성 제조 시장보다 서비스 분야 시장이 더 크기 때문이다.

업스트림과 다운스트림 분야가 과거부터 존재해온 전통적인 영역이라면, 미드스트림 분야는 2025~2026년 사이 다양한 신규 사업이 등장할 가능성이 높은 신흥 영역이다. 이른바 '궤도상 서비스In-orbit Servicing'라 불리는 분야로, 인공위성의 수명 연장, 재급유, 수리, 궤도상 조립 및 제조ISAM, 우주 교통 관리STM, 우주 상황인식SSA 등이 포함된다. 지구 궤도에 올라가 있는 인공위성의 수가 급증함에 따라, 이들 자산을 효율적으로 관리하고 지속 가능성을 확보하기 위한 시장이 새롭게 열리고 있다.

이 분야에서 상용 서비스를 최초로 성공시킨 사례로 미국의 항공우주 기업 '노스롭 그루먼Northrop Grumman'이 'MEVMission Extension Vehicle'라는 장비로 성과를 거두었다. 인공위성은 내장된 연료가 떨어지면 자세 제어가 불가능해져 점점 활용도가 떨어진다. MEV는 연료가 고갈된 고객 위성에 도킹한 후, 자체 추진 시스템을 이용해 고객 위성의 궤도와 자세 제어를 대신 수행한다. 2020년 2월 발사한 MEV-1을 정지궤도에 있던 통신위성 '인텔샛Intelsat 901'에 도킹시켜 5년간 수명 연장 서비스를 제공하기도 했다. 계약이 종료된 2025년 4월에는 성공적으로 분리되어 다음 임무를 위해 이동했다. 정지궤도에서 이루어진 세계 최초의 상업적 도킹 및 위성 서비스 사례다.

수명이 정지된 인공위성의 폐기, 이른바 우주 쓰레기 청소 등의 사업도 미드스트림 영역에 포함된다. '능동 우주 쓰레기 제거ADR, Active Debris Removal' 분야라고도 불린다. 아직 본격적인 상용화 단계는 아니지만, 조만간 의미 있는 유상 서비스가 등장할 것으로 기대된다.

이 밖에 '우주 주유소' 사업도 이루어질 전망이다. 앞서 이야기한 것처럼 인공위성은 연료가 떨어지면 원활한 운영이 어렵다. 따라서 아예 자동차처럼 우주에서 주유해주는 인공위성을 운영하려는 것이다. 미국 우주 스타트업 '오빗 팹Orbit Fab'은 우주 재급유용 도킹 장치인 '라프티RAFTI'를 개발했다. 이는 인공위성이 연료를 주입받을 수 있는 주유구를 표준화한 장치다. 이미 100여 개의 상업용 위성에 라프티가 달려 있다. 오빗 팹은 실제로 주유해주는 '연료 공급 인공위성'을 2026년 초 실제로 우주에 쏘아 올릴 예정이다. 스페이스X 등도 이 분야에 대한 사업을 준비 중이다.

우주 산업은 이제 민간 부문이 주도하는 실질적인 경제 영역으로 자리 잡고 있다. 앞으로 등장할 기술적·프로그램적 발전들은 단순한 개별 성공을 넘어서, 우주라는 공간을 더욱 적극적으로 확장해가는 경제적 선순환 구조를 만들어가고 있는 셈이다. 이처럼 우주 활동의 경제적 파급력이 전 산업으로 확산하면서, 경제협력개발기구OECD를 중심으로 '우주 경제Space Economy'라는 포괄적인 개념도 통용되고 있다. OECD는 우주 경제를 "우주의 탐사, 연구, 이해, 관리와 활용 과정에서 인류에게 가치와 혜택을 창출하고 제공하는 모든 활동과 자원의 사용"이라고 정의하고 있다. 이 정의는 전통적인 우주 산업 활동뿐만 아니라, 우주 기술과 데이터가 농업, 금융, 교통, 에너지 등 다른 경제 부문에 미치는 파급 효과spillover와 이를 통해 창출되는 사회적 편익까지 모두 포함한다.

Shift 5 우주에서 시작되는 공간 산업

지구촌을 묶는 '항공 산업', 새로운 하늘길이 열릴까?

SAF, 수소 항공기, UAM이 바꾸는 비행의 미래

글로벌 항공 산업은 2025년과 2026년을 기점으로 중대한 전환기에 들어서고 있다. 기술적 흐름은 크게 3가지로 나누어 생각할 수 있다.

첫째는 '탄소 저감' 분야다. 코로나19 팬데믹 이후 폭발적으로 회복된 항공 수요는 업계에 기록적인 매출을 안겨주었지만, 동시에 '탈탄소화'라는 시대적 과제에 직면하고 있다. 즉 항공기 운항이 급증하면서 환경 부담도 커지고 있으며, 이를 해결하기 위한 기술적 대안 마련이 절실한 상황이다. 따라서 항공 기술의 발전 방향 역시 '탄소 저감'이라는 키워드로 연결된다. 운영 효율을 극대화해 더 많은 승객을 실어 나르려는 노력은 물론, 차세대 연료의 도입 등 항공 분야 설계 패러다임 자체의 변화까지 포함된다.

둘째는 2026년 이후 급속도로 주목받을 것으로 예상되는 '도심 항공 모빌리티UAM' 분야다. AI 기술과 결합되어 본격적인 시범 운영이 진행 중이며, 2026년 중 첫 상용화 소식이 들려올 가능성이 있어 기대를 모으고 있다.

마지막으로 항공기 제작 시장 역시 짚어볼 필요가 있다. 보잉과 에어버스의 양강 체계는 여전히 이어질 것으로 보인다. 양사 모두 10년치가 넘는 막대한 수주 잔고를 보유하고 있다. 다만 양사의 상황은 대조적이다. 에어버스가 안정적인 생산과 수주 실적으로 시장 지배력을 강화하는 반면, 보잉은 생산 및 품질 문제로 다소 어려움을 겪고 있다. 이로 인해 항공기 공급이 수요를 충분히 따라가지 못할 가능성이 크며, 항공사들의 기재 운용 전략뿐 아니라 산업 전반의 지속 가능성 목표 달성에도 중대한 영향을 미칠 것으로 보인다. 어떤 기술적 요인이 이런 문제의 해결책으로 제시될지 주목할 필요가 있다.

국제항공운송협회IATA는 2025년 전 세계 항공 여객 수가 사상 처음으로 50억 명을 돌파할 것으로 예측했으며, 이는 2024년 대비 8% 증가한 수치다. 2025년 업계 총매출은 2025년 말까지 전년 대비 4.4% 증가한 1조 달러에 이를 것으로 예상되며, 순이익 또한 366억 달러에 달할 것으로 전망된다. 이러한 성장의 이면에는 항공 산업이 해결해야 할 구조적 딜레마가 존재한다. 바로 '성장'과 '지속 가능성'이라는 2가지 핵심 과제Dual Imperatives의 충돌이다. 항공 산업은 전 세계 탄소 배출량의 약 2.8%를 차지하며, 여객 및 화물 운송량이 증가할수록 그 비중은 더욱 커질 수밖에 없다. 실제로 이에 대비하기 위한 제도적 노력도 이어지고 있다. 2022년 국제민간항공기구ICAO와 IATA를 비롯한 국제 사회는 2050년까지 항공 부문의 탄소중립Net-Zero을 달성하겠다는 야심 찬 목표를 선언했다. 이는 불과 25년 만에 항공 체계 전반을 근본적으로 재편해야 하는 과제로, 결코 쉽지 않은 도전이다.

즉 현재 항공 산업은 폭발적인 수요를 충족시키기 위해 공급을 확대해야 하면서도, 동시에 그 과정에서 발생하는 탄소 배출량을 획기적으로 줄여야 하는 모순적인 상황에 놓여 있다. 이 거대한 도전을 극복하기 위한 노력은 지속가능항공유SAF, Sustainable Aviation Fuel, 수소·전기 항공기, 차세대 엔진 기술 등 기술 혁신의 가속화를 촉발하고 있다.

현시점에서 항공 산업 기술 지형의 최우선 화두는 단연 '지속 가능성'이다. 강화되는 환경 규제와 사회적 요구에 부응하기 위해 항공 업계는 탄소 배출을 줄일 수 있는 혁신 기술 확보에 사활을 걸고 있다. 그중에서도 SAF는 가장 현실적인 단기 대안으로 떠오르고 있으며, 수소·전기 항공기와 차세대 엔진 및 기체 기술은 장기적인 해결책으로 주목받고 있다.

SAF는 현재 항공 업계가 탄소 배출을 줄일 수 있는 가장 즉각적이고 효과적인 수단으로 평가받는다. 기존 항공기의 엔진이나 연료 인프라를 별도로 개조할 필요 없이 바로 사용할 수 있기 때문이다. 그러나 SAF에도 해결해야 할 문제가 존재한다. 우선 항공유의 가격 경쟁력이 크게 떨어진다는 점, 그리고 생산 과정을 면밀히 살펴보면 전체적인 탄소 저감 효과가 기대만큼 크지 않을 수 있다는 지적 등이 꼽힌다.

우선 SAF가 어떻게 만들어지는지 살펴보자. SAF는 생산 원료와 제조 방식에 따라 여러 종류로 나뉜다. 현재 상용화된 기술은 폐식용유, 동물성 지방 등 폐자원을 원료로 사용하는 HEFA Hydroprocessed Esters and Fatty Acids 방식이다. 이 방식은 기술 성숙도가 높지만, 원료 공급의 제한성과 지속 가능성 논란이 있는 원료 사용에 따른 환경적 한계도 존재한다. 예를 들어 팜유는 열대우림 파괴, 온실가스 배출, 멸종위기 동물 서식지 감소, 인권 침해 등의 문제를 야기할 수 있다. 이외에도 농업 부산물이나 폐목재 등을 활용하는 ATJ Alcohol-to-Jet 방식과 FT Fischer-Tropsch 방식이 있다. ATJ는 에탄올이나 이소부탄올 같은 저탄소 알코올을 항공 연료로 전환하는 공정이며, FT는 일산화탄소와 수소의 혼합물인 합성가스를 금속 촉매를 통해 액체 탄화수소로 전환하는 화학 공정이다. 이들 방식은 원료 확보 잠재력이 크다는 장점이 있지만, 토지 이용 문제나 산림 자원과의 충돌 가능성 등 해결해야 할 과제도 함께 안고 있다.

효과적인 대안으로 주목받는 것은 PtL Power-to-Liquids, 일명 이퓨얼 E-Fuel이다. '전기 기반 연료 Electricity-based Fuel'의 약자로, 대기 중 포집한 이산화탄소와 물을 전기분해해 얻은 수소를 이용해 제조한 합성 연료다. 쉽게 말해 친환경 인공석유라고 볼 수 있다. 기존의 석유와 사실상 같은 물질이라 당장 내연기관 차량이나 선박, 항공기 등에 사용할 수 있고, 기존의 석유 인프라를 그대로 활용할 수 있다.

이퓨얼은 재생에너지로 생산한 그린수소와 공기 중에서 포집한 이산화탄소를 합성해 만드는 방식으로, 전체 공정에서 탄소중립에 가장 가까운 기술이다. 당연히 온실가스 감축 잠재력도 가장 높다. 그러나 아직 기술 개발 초기 단계에 있으며, 생산 단가가 매우 높아 본격적인 상용화는 2030년 이후에나 가능할 것으로 전망된다. 이러한 제약에도 불구하고 SAF 시장은 빠르게 성장하고 있다. 2025년 약 20억 6,000만 달러 규모에서 연평균 65.5% 성장할 것으로 보이며, 2030년에는 256억 달러를 넘어설 것으로 전망된다.

이러한 성장을 견인하는 주요 동력은 기술 발전보다는 오히려 제도적 규제다. 가장 먼저 주목할 제도는 ICAO(국제민간항공기구)가 시행 중인 CORSIA(탄소상쇄·감축 제도)다. 이 제도는 2021년부터 시행되었으며, 국제항공의 온실가스 배출량을 2020년 수준으로 동결하는 것을 목표로 한다. 이를 초과하는 항공사는 탄소 시장에서 배출권을 구매해 초과분을 상쇄해야 한다. 시범 운영 단계(2021~2023)를 지나 현재 1단계(2024~2026) 진행 중인데, 본격적인 규제가 시작되는 2단계는 2027년부터 사실상 의무화될 예정이다. 다음으로는 EU가 제시한 '리퓨얼EU 에비에이션ReFuelEU Aviation' 규정이 있다. SAF 혼합 사용을 확대하기 위한 이 규정은 2025년부터 EU를 출발하는 모든 항공기에 최소 2%의 SAF를 탑재하도록 의무화하고 있다. 2030년까지는 6% 이상, 2050년까지는 70%의 SAF 사용을 목표로 하고 있다. 이 밖에 미국도 'SAF 그랜드 챌린지SAF Grand Challenge'를 통해 SAF의 생산과 사용을 장려하고 있다. 한국도 SAF 사용을 2027년 1%로 시작해 2030년 3~5%, 2035년 7~10%로 단계적으로 확대할 예정이다.

하지만 SAF에는 여전히 명확한 한계가 존재한다. 가장 큰 걸림돌은 가격으로, 기존 항공유 대비 3~10배가량 비싸다. 이로 인해 항공사와 정유사 간에 신경전이 일고 있다. 항공사는 안정적인 공급과 저렴한 가격이 보장되지 않으면 대규모 구매 계약을 맺기 어렵고, 정유사는 항공사의 확실한 구매 약속 없이는 대규모 생산 시설에 투자하는 것을 주저하는 상황이다. 이러한 교착 상태를 타개하기 위한 움직임도 있다. 유나이티드 항공은 10억 달러를 투자해 SAF 구매를 약정하는 등 전략적 움직임을 보이고 있다.

SAF가 현재와 가까운 미래의 대안이라면, 수소 및 전기 항공기는 항공 산업의 장기적인 탈탄소화를 이끌 게임 체인저로 주목받는다. 적어도 운항 중에는 탄소 배출이 전혀 없는 '무배출Zero-Emission' 비행이 가능하기 때문이다.

물론 두 방식 모두 장단점이 있다. 우선 전기 항공기의 경우, 만드는 것 자체는 어려운 일이 아니다. 엔진 대신 모터를, 연료탱크 대신 배터리를 넣으면 된다. 다만 대부분의 전기 자동차가 그러하듯, 전기 비행기 역시 운항 거리가 상대적으로 떨어지는데, 이 경우 문제가 한층 더 커진다. 자동차야 연료가 떨어지면 그 자리에서 멈추면 되지만, 비행기는 하늘에서 추락하기 때문이다. 더구나 기존 항공기는 연료탱크를 가득 채우고 일단 이륙에만 성공하면 멀리 날아갈수록 무게도 가벼워져 효율이 점점 높아지지만, 전기 항공기는 착륙하는 그 순간까지 무게가 줄어들지 않는다. 따라서 전기 항공기는 단거리, 소형 항공기 위주로 구성될 가능성이 크다. 현재 기술 동향으로 보면 수백 킬로미터 내외, 길어도 1,000킬로미터 전후로 비행하는 20인승 전후 규모의 전기 항공기가 우선 도입될 것으로 보인다. 장거리 노선용 비행기의 경우, 수소가 유력한 대안이다. 수소연료전지 방식을 채택하면, 비행기에 수소를 싣고 다니면서 기내에서 즉시 전기를 생산하는 방식으로 운항이 가능하다. 무공해 발전기를 비행기 내부에 가지고 다니는 셈이다. 이를 통해 공해는 거의 배출하지 않는 장거리 비행기 개발이 가능하다. 수소는 항공유보다 에너지 효율이 훨씬 높아 같은 효율의 디젤 연료에 비해 무게가 3배 가까이 줄어든다. 이로 인해 현재보다 운항 거리가 훨씬 늘어날 가능성이 있다. 운항 거리가 부족해 어쩔 수 없이 비행기를 두세 번씩 갈아타야 했던 먼 나라들, 예를 들어 브라질과 같은 지구 반대편 국가까지 한 번에 날아갈 수 있는 노선의 보편화가 기대된다.

이러한 기술적 강점을 바탕으로 수소 항공기 시장은 2025년부터 2034년까지 '연평균 복합 성장률CAGR' 28.7%라는 경이적인 수치를 기록할 것으로 기대된다.[*] 2026년 한 해 동안 여러 건의 첫 상업 운항 움직임이 나타날 것이다. 물론 이는 소규모 실증 비행에 가까우며, 대형 상업 항공기에 적용되기까지는 아직 상당한 시간이 필요할 것으로 보인다.

수소 항공기의 상용화를 위해 기술적으로 극복해야 할 가장 큰 과제 중 하나는 바로 수소의 보관과 유통이다. 수소는 무게당 에너지 밀도가 높다. 이를 항공기에 탑재하려면 극저온(-253℃) 상태의 액체수

---

[*] Global Information, "Hydrogen Aircraft Market Opportunity, Growth Drivers, Industry Trend Analysis, and Forecast 2025~2034."

소로 저장하거나, 무거운 고압 탱크에 기체수소로 저장해야 하는데, 두 방식 모두 기존 항공기의 설계에 근본적인 변화를 요구한다. 수소의 공급 인프라와 유통 체계, 수소 공급 가격 등도 장애 요소로 작용할 수 있다. 이러한 과도기에 기술적 한계를 극복하기 위한 대안으로 '하이브리드 전기Hybrid-Electric' 시스템이 검토되고 있다. 기존 가스터빈 엔진에 전기모터를 결합하는 방식이다. 이착륙이나 순항 중 일부 구간에서 전기 동력을 활용해 연료 효율을 높일 수 있다. 하이브리드 시스템은 초기 수소·전기 항공기 시장을 주도할 것으로 예상되며, 완전 전동화로 나아가는 중요한 징검다리 역할을 할 것으로 기대된다.

전기 항공기의 보급, 수소연료 기반 항공기의 공급과 활용은 피할 수 없는 수순이지만, 두 기술 모두 본격적인 상용화까지는 상당한 시간이 걸린다. 따라서 현재 가장 현실적인 대안은 '효율성 극대화'다. 기존 가스터빈 엔진 효율을 극한까지 끌어올리고 기체 무게를 줄여 탄소 배출을 줄이는 형태다. 항공기의 효율은 결국 운항거리 증대로 이어지므로 엔진 및 항공기 제작사들은 과거부터 이러한 기술을 최대한 극대화해, 효율성을 1%라도 더 높이기 위한 치열한 기술 경쟁을 벌여왔다.

대표적인 사례로 항공기 엔진 제조사 롤스로이스는 '울트라팬Ultra-Fan' 기술을 선보였다. 이 엔진은 새로운 형태의 기어Gear 구조를 채택해 팬과 터빈이 각각 최적의 속도로 회전할 수 있도록 설계되어, 전체적인 효율을 극대화했다. 탄소-티타늄 복합 소재로 제작된 대형 팬이 특징이며, 최대 동력 시험도 성공적으로 마친 상태다. 현존 최고 효율 엔진으로 평가받는 자사의 '트렌트 XWB'보다 약 10% 향상된 효율을 제공하며, 2030년대에 등장할 신형 항공기의 핵심 동력원으로 기대를 모으고 있다.

기체 경량화의 핵심은 탄소섬유강화플라스틱CFRP과 같은 복합소재의 확대 적용이다. 보잉의 787(일명 드림라이너) 같은 최신 항공기는 기체 구조 중량의 50% 이상을 CFRP로 제작하고 있으며, 기존 알루미늄 동체 항공기 대비 약 20%의 연비 개선 효과를 거두고 있다. 차세대 기술로는 '열가소성 탄소섬유 복합재CFRTP'가 주목받고 있다. 제작이 까다로운 탄소섬유의 공정 효율을 크게 끌어올릴 수 있다. 기존 열경화성 CFRP는 한번 굳으면 변형이 어렵고 제작 시간이 길다는 단점이 있었는데, CFRTP는 열을 가하면 재성형이 가능해 생산 속도가 빠르다. 게다가 용접이나 수리가 용이해 제작·유지보수 비용을 절감할 수 있다.

항공 업계의 '디지털 전환'도 짚고 넘어갈 필요가 있다. AI, 디지털 트윈 등 신기술을 접목해 항공기 생산부터 운항, 정비에 이르는 모든 과정의 효율성과 안전성을 끌어 올리려는 시도다. 이는 2024년 이후 수년 사이 빠르게 확산된 AI 혁신 기술의 영향이 크다. 2025년 한 해는 이런 기술을 접목해보는 단계였다면, 2026년부터는 본격적인 응용 단계로 진입할 것으로 예상된다. 현재 전 세계적으로 약 1만 7,000대에 달하는 상업용 항공기 생산 자체 물량이 존재하는 것으로 알려져 있는데,* 기존 방식으로는 이 같은 공급망 병목 현상을 해소하기 어렵다. 업

---

*   국제항공운송협회IATA.

계는 AI를 통한 생산 및 공급망 최적화에서 그 해법을 찾고 있으며, AI에 대한 투자를 대폭 확대하고 있다. 전 세계 항공 산업 관련 AI 시장은 2024년에 약 22억 5,000만 달러였으며, 2033년까지 110억 2,500만 달러에 이를 것으로 예상된다. 2026년부터 2033년까지 22.5%의 CAGR를 나타낼 것으로 보인다.* 이는 항공 산업 전체를 포괄하는 AI 시장의 전망으로, 단순히 연구 개발 분야에 국한된 것이 아니다. 항공 산업 효율화를 위해 AI 도입은 이제 선택이 아닌, 생존을 위한 필수 전략으로 자리매김하고 있다.

항공 등 첨단 기술 분야에서 디지털 전환의 핵심 기술로 주목받는 것이 바로 '디지털 트윈'이다. 이를 통해 현실의 물리적 자산을 가상 공간에 실시간으로 복제해 가상현실에서 엔진, 항공기 동체 등을 설계하고 실험할 수 있다. 예를 들어 제너럴 일렉트릭GE은 자사의 항공기 엔진에 디지털 트윈 기술을 적용해 개발 중이다. 실제 엔진에 부착된 수많은 센서로부터 수집된 데이터를 실시간으로 분석하고, 이를 가상현실에서 시뮬레이션함으로써 부품의 수명을 예측하고 고장이 발생하기 전에 정비 시점을 안내한다. 이는 데이터 기반으로 고장을 예측하고 최적의 시점에 개입하는 '예측 정비Predictive Maintenance'가 가능해진다는 의미다. 이러한 서비스를 통해 항공사는 예기치 않은 운항 중단AOG, Aircraft on Ground을 최소화하면서도 가용성을 극대화할 수 있다. 앞으

---

* Market Research Intellect, 보고서 ID 194005.

로는 생성형 AI를 활용한 정비 지원 시스템이 주목받을 것이다. 생성형 AI 어시스턴트가 방대한 정비 매뉴얼과 과거 수리 데이터를 분석해 가장 가능성 높은 고장의 원인을 진단하고, 정비사에게 단계별 수리 절차를 안내하는 방식으로 활용될 수 있다.

AI의 활용은 항공기의 개발 및 정부 분야를 넘어 항공 운영 전반으로 확대되고 있다. 조종사는 AI를 활용해 최적의 비행 경로를 선택할 수 있고, 지상에서는 활주로 위의 이물질 탐지, 조류 퇴치 등 다방면에 활용할 수 있다.

이제는 UAMUrban Air Mobility(도심항공교통)의 상용화 동향도 주목할 필요가 있다. 이른바 '하늘을 나는 택시'로 불리는 UAM은 오랫동안 공상과학의 영역으로 여겨졌던 '플라잉 카' 개념이 현실화되는 사례다. 2026년을 기점으로 UAM은 개념 증명을 넘어 초기 상업 서비스가 시작되는 역사적인 전환점을 맞이할 것으로 전망된다. 물론 2026년 한 해 동안 시장이 본격적으로 열릴 것이라 보기는 어렵지만, 상용화를 향한 출발선은 확실히 넘어설 것으로 기대된다.

최근에는 개념을 확장하기 위해 'AAMAdvanced Air Mobility(미래 항공 모빌리티)'라는 용어가 사용되고 있다. 이는 기존의 UAMUrban Air Mobility(도심 항공교통)뿐만 아니라 RAMRegional Air Mobility(지역 항공 모빌리티, 도심 외곽이나 주요 도시 간 장거리 운송을 지원)과 UASUnmanned Aerial System(무인항공 시스템, 물류 운반 등 다양한 용도로 활용)까지 포괄하는 개념이다. 다만 현실적으로는 UAM이 가장 먼저 상용화될 것으로 예상되므로, UAM을 먼저 살펴보도록 하자.

UAM은 흔히 '에어택시'로 불리지만, 실제 운영 방식은 오히려 '광역버스' 체계에 가깝다. 소형이라 하더라도 항공기다 보니 노선과 공항이 필요하기 때문이다. 이를 위해 하나의 도시 생활권을 여러 개의 구역으로 나눈 뒤, 각 구역마다 도심형 수직 이착륙 공항(일명 도심공항 또는 버티포트)을 구축해야 한다. 한국으로 따지면 수도권 주민이 이동하기 편하도록 그 안에서 다시 여러 개 구역을 나누는 식이다. '공항'이라는 표현이 다소 거창하게 들릴 수 있지만, UAM은 수직 이착륙이 가능하므로 작은 빌딩 정도의 규모면 충분하다. 적합한 규모의 빌딩 옥상 등을 개조하는 형식으로도 만들 수 있다. 이러한 인프라가 갖춰지면, 사용자들은 현재 위치에서 가까운 도심공항으로 이동해 원하는 노선의 UAM을 탑승하고, 목적지 구역의 도심공항까지 단시간에 날아갈 수 있다.

기술적으로 보면 UAM의 핵심은 소형 드론의 크기를 확장한 '전기 수직이착륙기eVTOL'다. 향후에는 AI 기반 자율운항 방식으로 진화할 것으로 보이지만, 조종사를 별도로 두는 방식이라면 이미 실용화에 큰 문제가 없는 수준까지 도달한 것으로 평가된다. 다만 법적·제도적 운항 시스템을 정비하는 데 시간이 필요해, 당장의 상용화는 지체되고 있는 상황이다. 단순히 '하늘을 날 수 있다'는 이유만으로 서비스를 시작할 수는 없기 때문이다. 규모가 작더라도 안전에 최대한 보수적으로 접근할 필요가 있다. 국토교통부는 수년 전 국내 실용화 시점을 2025년으로 제시한 바 있으나, 현재로서는 다소 늦어지는 것으로 보인다. 물론 완전히 자리 잡기까지는 20년 이상이 걸릴 수 있다고 보는 전문가도 적지 않으나, 여러 기업이 UAM 도입에 적극적이므로 2026년 이후에는 본격적으로 상용화될 가능성이 충분히 있다. 조비 에비에이션Joby Aviation과 아처 에비에이션Archer Aviation 등이 대표적인 기업으로 꼽힌다. 이들은 2026년 이전 상용화를 목표로 두바이, 로스앤젤레스, 뉴욕 등 주요 대도시에서 에어택시 서비스 런칭을 추진하고 있다.

글로벌 eVTOL 항공기 시장은 2025년 내에 약 499대 출하될 것으로 전망되며, 2035년에는 그 해에만 2028대 규모로 성장할 것으로 예상된다. 2025~2035년의 CAGR은 15.05%의 추이를 보여 본격적인 시장 형성의 초입에 있다. 항공기 형태를 보면, 예를 들어 조비 에비에이션Joby Aviation의 모델은 조종사 1명과 승객 4명을 태우고 최대 시속 약 320킬로미터로 비행할 수 있다. 제조사마다 차이는 있지만, 탑승 인원이 8명을 초과하는 기체는 드문 편이다.

UAM의 상용화를 위한 핵심 과제는 인프라 구축이다. UAM 기체가 이착륙할 수 있는 전용 시설인 버티포트Vertiport의 건설이 필수적이다. 대형 건물의 옥상 정도 규모면 충분하긴 하지만, 단순한 헬기 착륙장이 아닌 충전 시설, 정비 공간, 승객 터미널 등을 갖춘 복합 시설로 구성되어야 하므로 상당한 연구 개발과 투자가 필요하다. 여러 제조사의 기체가 원활하게 운영되기 위해서는 충전 방식의 표준화도 이루어져야 한다.

초기 UAM 시장은 모든 사람을 위한 대중교통이라기보다는, 특정 수요층을 겨냥한 프리미엄 서비스로 출발할 가능성이 크다. 지상 교통이 매우 비효율적이고, 시간적 가치가 높은 구간에서 고가의 서비스가

사우디아라비아의 한 호텔 옥상에 설치된 버티포트

형성될 것으로 예상된다.

따라서 2026년 이후 수년 사이 상용화될 UAM 서비스는 적어도 수년간 기술의 안전성과 사업 모델의 수익성을 증명하는 '상업적 쇼케이스'의 성격이 강할 것으로 보인다. 진정으로 도시 교통의 패러다임을 바꾸는 '모빌리티 혁명'으로 이어지려면, 대량 생산을 통한 기체 가격의 하락과 조종사 없이 운항 가능한 완전 자율비행 기술의 완성이 필수적이다. 이러한 기술적·산업적 과제를 완수하는 데 최소 10년 이상의 시간이 걸릴 것으로 예상되며, 초기 프리미엄 시장의 성공 여부가

UAM의 미래를 결정하는 중요한 시금석이 될 것으로 보인다.

이러한 도전에도 불구하고 항공 산업의 미래는 기회로 가득 차 있다. 지속 가능성으로의 전환은 단순한 비용 부담을 넘어 SAF, 수소 기술, 탄소 포집 등 새로운 거대 시장을 창출하는 계기가 되고 있다. 디지털 전환은 전례 없는 수준의 운영 효율성과 안전성을 약속하며, AI 도입을 통해 항공기 개발, 항공 운영 최적화, UAM 자율 운영 도입 등 다양한 분야에서 새로운 가치를 창출하고 있다.

이러한 흐름 속에서 '데이터'는 항공사와 제작사 모두에게 가장 중요한 전략적 자산으로 부상하고 있다. 데이터 생태계를 지배하는 기업이 미래 항공 시장의 승자가 될 가능성이 크다. 이 과정에서 항공사의 항공기 보유 대수나 노선망 크기의 중요도가 상대적으로 낮아질 거라는 예상도 있는데, 개인적으로는 이에 공감하기 어렵다. 많은 항공기를 운항하는 회사일수록 대규모 표준화 정보를 더 많이 확보할 수 있기 때문이다. 이는 기업 간의 격차를 점차 벌리는 요인이 될 가능성이 크다.

땅속을 시속 1,000킬로미터로 달리는 '하이퍼루프', 정말로 가능할까?

하이퍼루프, 자율열차, 수소트램이 여는 초고속 교통의 미래

트램과 지하철을 포함한 철도 교통 산업은 단순한 이동 수단을 넘어, 국가 경제의 동맥이자 사회 구조를 형성하는 핵심 인프라다. 초기 건설에 적잖은 자본 투자가 필요하지만, 일단 운영이 시작되면 막대한 외부 경제 효과를 창출하기 때문에 본질적으로 '공공재'로 간주된다. 단순히 노선을 연장하는 물리적 확장을 넘어, 도시와 지역 간의 연결성을 강화함으로써 국가 전체의 공간 효율을 끌어올리는 '네트워크 효과'를 창출한다. 이는 국토의 균형 발전과 산업 경쟁력 강화에도 크게 기여하고 있다.

전통적인 철도 교통 산업은 역사상 유례없는 거대한 전환기를 맞이

하고 있는데, 핵심 동력은 크게 2가지를 꼽을 수 있다. 바로 '디지털 전환Digital Transformation'과 '탈탄소화Decarbonization'다. 추가로 한 가지를 더 꼽자면 '서비스화Servitization'를 들 수 있다. 이는 에너지 소비가 많은 산업 전반에서 공통적으로 나타나는 흐름이며, 철도 산업도 예외는 아니다.

디지털 전환에는 AI, 사물인터넷, 디지털 트윈 같은 기술이 두루 포함되며, 열차 운행의 효율성과 안전성 등을 극대화해 운영 패러다임을 근본적으로 변화시키고 있다. 탈탄소화는 전 지구적 과제인 기후변화에 대응하기 위한 노력으로, 기존의 화석 연료 기반 수송 체계를 수소 등 친환경에너지로 전환하려는 움직임이다. 이는 철도 산업의 발전 방향을 결정짓는 요소다. 서비스화는 디지털 전환과도 얽혀 있는데, 역과 역을 오가는 철도 시스템의 한계를 극복하고 고객 편의를 높이기 위한 다양한 시도를 포함한다.

최근 철도 산업의 가치 중심이 이동하고 있다. 과거에는 노선 연장과 속도 향상을 통해 '공간적 연결성'을 강화하는 데 집중했다. 이러한 접근은 개발도상국에서 여전히 유효하다. 그러나 현시점에서 중시되는 것은 운영의 묘미. 통신 기반 열차제어CBTC 기술을 통한 운영 데이터의 축적, 서비스형 모빌리티MaaS를 통한 이종 교통수단과의 서비스 통합, IoT 센서를 통한 인프라 자산 관리의 지능화 등 데이터를 기반으로 한 '디지털 및 서비스 연결성Digital & Service Connectivity'을 강화하는 방향으로 나아가고 있다. 이런 방식을 통한 운영 효율화 극대가 탈탄소화의 중요 방향 중 하나라는 점을 감안하면, 철도 기술의 핵심 방향은 결국 데이터 분석, 플랫폼 관리, 통신, 에너지, 물류 등 이종 산업과의 파트너십을 구축하는 방향으로 재편될 것으로 보인다.

이 과정에서 필수적으로 선행되어야 하는 것이 '철도의 자율주행'이다. 철도가 자율적으로 운행되지 않고 사람이 수동 조작할 경우 디지털 및 서비스 연결성을 100% 구현했다고 보기 어렵기 때문이다. 또한 철도는 정해진 노선 위를 달리게 되므로 자동차보다 자율주행 구현이 더 수월하다. 충분한 산업적 역량을 갖춘 국가라면 이미 해당 기술력은 보유하고 있다고 보는 것이 타당하다. 다만 이미 굳어져 있는 기존 철도 운영 체계를 변경해야 하는데, 이에 대한 부담으로 자율주행 도입이 더디게 진행되고 있다.

세계대중교통협회UITP는 철도 자동화 등급GoA, Grades of Automation을 국제 표준으로 정의하고 있으며, 총 4단계로 구성된다. GoA 1단계는 기관사가 모든 운행을 수동으로 책임지는 전통적인 방식MTO, Manual Train Operation이며, GoA 2단계는 자동열차운전장치ATO의 지원을 받아 기관사가 탑승한 상태에서 가감속 등 자동 운전이 이루어지는 단계STO, Semi-automatic Train Operation다. 현재 많은 도시철도 시스템에서 표준으로 채택하고 있다. 이는 기존 시스템을 완전히 바꾸지 않으면서도 정시성과 운행 효율성을 높일 수 있기 때문이다.

본격적인 자율운전은 GoA 3단계부터 시작된다. 운전실에 기관사 없이 열차가 자동으로 출발, 주행, 정차하며 출입문 개폐까지 수행DTO, Driverless Train Operation하는 단계다. 예상치 못한 장애나 비상 상황이 발생했을 때는 열차 내에 탑승한 승무원Attendant이 개입해 문제를 해결해야 한다. 궁극적인 완전 자동화 단계는 GoA 4단계다. 여기서부터는 승무원조차 탑승하지 않으며, 출발부터 도착, 비상 상황 감지와 대응까지 모든 과정을 시스템이 스스로 관리하고 처리하는 단계UTO, Unattended Train Operation다.

따라서 철도 시장에서는 기존 운영 시스템을 교체할 부담이 없는 신규 노선을 중심으로 GoA 4, 또는 최소 GoA 3 시스템의 도입이 검토되는 추세다. 특히 인도, 중국, 일본 등 대규모 철도망을 보유한 아시아태평양 지역이 가장 큰 시장을 형성하고 있다. 모든 철도 운영국이 GoA 4 시스템으로 선뜻 전환하지 못하는 이유는 따로 있다. 사고 발생 시 책임 소재를 누가 질 것인지, 그런 시스템이 도입된다면 과연 승객이 거리낌 없이 그 열차를 이용할 것인지, 기관사 및 승무원의 일자리 감소를 받아들일 것인지 등 해결해야 할 법적·제도적·윤리적 문제에 대한 사회적 합의에 이르지 못했기 때문이다. 기술적 과제보다는 '사회적 수용성'과 '운영 철학의 전환' 문제로 여겨진다. 완전한 철도 운행 자율화는 이제 기술보다는 대중의 심리적 장벽을 극복하는 속도에 의해 결정될 것으로 보인다.

이때 알아두어야 할 개념이 '폐색'이다. 기존의 신호 시스템은 선로를 일정한 구간, 즉 철도 전체를 미리 정해놓은 블록(철도 분야에서는 이를 '폐색'이라고 한다) 단위로 나누고, 각 블록에 열차가 있는지 궤도회로를 통해 감지한다. 이때 내부에 열차가 있으면 뒤따르는 열차의 진입을 막는다. 이를 '고정 폐색' 방식이라고 부른다. 안전성을 확보하기 위한 조치지만, 폐색 구간의 길이만큼 열차 간 간격을 유지해야 하므로 선로

용량을 늘리는 데 한계가 있다.

    여기서 더 진보한 방식이 선행 열차와 후발 열차의 거리만을 계산하는 '이동 폐색'이다. 이 방식은 열차와 지상 설비 간에 실시간으로 양방향 무선통신이 이루어지며, 열차의 위치와 속도를 수 센티미터 오차 범위 내에서 정밀하게 파악할 수 있다. 필요하다면 열차 간 운행 간격을 수십 초 단위까지 단축할 수 있으므로 선로 용량을 극대화할 수 있다. 또한 모든 제어는 중앙 관제센터에서 이루어지므로 인적 오류 Human Error를 최소화할 수 있고, 운행 안전성도 크게 향상된다. 다만 이 방식은 열차 간 '통신' 안정성이 관건이다. 앞뒤 열차가 서로 신호를 주고받지 못하게 되면 폐색 구간 설정에 오류가 일어나 사고로 이어질 수 있기 때문이다.

    통신 방법은 궤도회로를 통신장치로 이용하는 유선통신의 TBTC 방식, 지상자 또는 비콘을 통신장치로 이용하는 무선통신의 CBTC 방식으로 나뉜다. 유선통신이 더 안정적으로 보이지만 모든 궤도에 회선을 설치하고 관리해야 하며, 이런 회선에서도 오류는 있을 수 있다. 최근에는 무선, 즉 CBTC 방식을 주로 선택한다. 국내에도 신분당선, 부산-김해 경전철 등 국내 다수의 신규 노선에 CBTC 방식이 도입되었다. 해외 도시철도 프로젝트의 80% 이상이 CBTC를 요구하는 등 사실상 글로벌 표준 기술로 자리 잡고 있다.

    그러나 CBTC는 시스템 전체가 무선통신에 절대적으로 의존하는 구조적 취약점을 안고 있다. 통신이 일시적으로 두절될 경우 열차를 즉시 멈춰 세우는 등의 조치가 필요하다. 이러한 상황이 반복되면 대규모

운행 지연으로 이어질 수 있다. 이를 해결하기 위해서는 복수의 무선 채널을 이용하고, 해킹 등에 대비하기 위한 높은 수준의 사이버 보안 기능을 도입해야 하는 부담도 안게 된다.

이런 기술을 확보하고 있는 기업이 그리 많지 않으므로 독과점 문제도 제기되고 있다. 현재 CBTC 시장은 프랑스의 알스톰, 독일의 지멘스 모빌리티 등 소수 글로벌 기업이 차지하고 있으며, 이들 기업의 시스템은 서로 호환되지 않는다. 한번 CBTC 시스템을 도입하게 되면 막대한 교체 비용과 운영의 복잡성 때문에 다른 기업의 시스템으로 전환하는 일이 쉽지 않으므로, 결국 열차의 전 생애주기에 걸쳐 최초 공급사에 의존하게 된다. 한국은 이러한 부담을 줄이기 위해 '한국형 열차 제어 시스템KRTCS'을 개발해 도입하는 중이다.

열차의 고속화高速化 기술 추세에 대해 살펴보자. 열차의 속도를 끌어올리는 방법은 크게 3가지가 있다. 첫째가 일반 고속열차 방식, 둘째가 자기부상열차 방식, 마지막으로 셋째가 '진공터널열차'로, 일명 '하이퍼루프'라고 불린다. 활용성 면에서는 당연히 일반 고속열차가 가장 높고, 자기부상열차는 제한적으로 이용 중이며, 하이퍼루프는 현재 기술 개발이 이루어지는 추세다.

고속열차는 기존 선로를 그대로 이용하고 열차 자체의 성능을 높여 최대한 더 빨리 달리는 방식이다. 우리나라의 KTX나 일본의 신칸센, 프랑스의 테제베TGV 등이 여기에 해당하는데, 어느 나라나 시속 300킬로미터 전후에서 멈추고 있다. 이는 열차의 출력을 더 높일 수 없어서가 아니라 선로의 수명 및 유지보수 문제 때문이다. 300킬로미터 이상의 속도로 장시간 운영하게 되면 철로 만든 열차 바퀴가 열차 궤도 위에서 깎여나가는 현상이 강해지며, 이런 일이 반복되면 열차의 탈선 등으로 이어질 수 있다. 중국의 경우 과거 고속철도 허셰호和諧號를 도입하고 시속 350킬로미터 이상으로 운영 가능하다고 홍보했으나, 결국 실질 운영속도를 300킬로미터 전후로 다시 낮추었다.

이 문제를 해결하기 위해 도입된 것이 이른바 '동력분산' 기술이다. 4륜구동 자동차처럼, 동력장치를 여러 객차 하부에 분산 배치해 기관차에만 집중되던 열차 전체의 부담을 덜 수 있다. 이 기술을 통해 개발한 것이 2024년 5월 상업 운행을 시작한 KTX-청룡(EMU-320)이다. 최대 시속 320킬로미터로 운용할 수 있으며, 100% 국내 독자 기술로 설계·제작되어 국내 철도 종사자들의 자부심이 크다. 동력분산식은 이 외에도 장점이 많다. 가감속 성능이 비약적으로 향상되며, 수송 효율성도 극대화된다. 기관차가 차지하던 공간까지 모두 객실로 활용할 수 있기 때문이다. 세계적으로 고속열차 개발은 대부분 이런 동력분산식 추세로 나아가고 있다.

자기부상열차에는 도심형과 고속형 2종류가 있다. 도심형은 실용화 기술을 이미 확보했으며, 세계 여러 도시에서 운영 중인 구간도 존재한다. 그런데 일반 열차에 비해 딱히 장점을 찾기 어려워 도입을 꺼리는 경향이 있다. 기술적으로는 일반 철도보다 진보한 방식이라는 데 이견은 없지만, 실용적 측면에서 굳이 도입해야 하는지에 대해서는 이견이 있다. 승객 입장에서는 일반 열차와 편의성에서 큰 차이가 없기 때문이다. 속도가 더 빠르거나 딱히 압도적으로 쾌적하다고 보기도 어

Shift 5 우주에서 시작되는 공간 산업

운행 중인 KTX-청룡

렵다. 반면 일반 전기모터 방식에 비해 초기 건설 비용이 높다. 심지어 사용하는 전력 에너지도 비슷하다. 바퀴의 마찰이 없어 운행 중 에너지 효율성은 일부 개선되었지만, 무거운 열차를 공중에 띄우는 데 적잖은 에너지가 소모되어 남는 것이 거의 없기 때문이다. 기존 철도망과의 연결이 사실상 불가능하므로 독립된 노선으로만 운행해야 하는 점, 고장이 일어날 경우 유통망이 확고하지 않아 유지보수가 까다로운 점도 문제다.

따라서 도심형 자기부상열차를 설치한 곳에서는 '우리 도시에서 첨단 기술을 도입했다'는 홍보 목적 이외에 딱히 장점을 찾기 어렵다. 국내에서는 2016년 2월, 인천공항 자기부상철도가 개통했다. 최고 시속

110킬로미터 정도로 경전철 정도의 속도에 해당하며, 2022년 운행을 중단하기까지 했다. 2025년 재운행을 시작했으나 운영 책임 면에서 부담이 커서인지, '시범구간' 성격으로 바꿔 운행 편수를 줄이고 요금도 받지 않고 있다. 일본에서는 2005년 아이치현에서 열린 '아이치 엑스포' 시기에 맞춰 '아이치 고속교통 동부구릉선'을 개장했다. 일명 '리니모リニモ'라고 부른다. 현재까지 운영 중이지만, 이 노선도 이용자가 적어 폐쇄 위기를 맞고 운영 열차 편수를 크게 줄이기도 했다. 그러다 노선 내에 일본의 유명한 만화영화 제작사 지브리에서 운영하는 '지브리 스튜디오'가 문을 여는 등 호조가 있어 운영이 최근 늘고 있다. 이에 따라 일부 차량을 재투입해 운행 편수를 다시 확대하기도 했다.

다만 장거리 고속열차 구간에서는 자기부상열차가 확실한 이점이 있다. 일반 고속열차의 물리적 한계인 300~350킬로미터를 훌쩍 뛰어넘는 고속화가 가능하기 때문이다. 이 분야 역시 해당 기술이 존재하지만, 높은 건설비 등으로 아직 완전히 상용화되지 않았다. 실용화에 필요한 중요한 기술은 대부분 확보한 상태지만, 철도라는 특수성 때문에 빠른 상용화가 이루어지지 않고 있다. 2025년 현재 표를 끊고 탑승이 가능한 고속 자기부상열차는 상하이에 있다. 중국은 상하이-푸동 구간을 운영하는 시범노선을 2002년부터 개통해 실제로 운영 중이며, 최대 시속 430킬로미터를 자랑한다. 현재 일본과 중국이 경쟁적으로 시속 500~600킬로미터의 고속 자기부상열차를 개발 중이다. 일본의 경우 고속철 '신칸센'의 일환으로 '주오 신칸센' 구간을 개통하기로 하고 실제로 공사에 들어갔다. 최대 시속 505킬로미터의 속도로 도쿄도 시나가와역과 오사카부 신오사카역을 이을 예정이다. 2234년 1차 구간인 시나가와역~나고야역 구간을 우선 완공할 예정이며, 2차 나고야역~신오사카역 구간으로도 연장할 계획에 있다. 모두 완공되려면 2040년 이후가 될 것으로 보인다.

2026년 한 해, 자기부상열차 분야에서 기술적으로 주의 깊게 살펴볼 2가지 흐름이 있다. 우선 2023년 9월, 폴란드 회사 네보모가 일반 철로에서 자기부상열차를 운행할 수 있는 기술을 공개 시연해 성공했다. 해당 기술이 당장 2026년에 실용화되기는 어려울 것으로 보이지만, 자기부상열차의 큰 단점 중 하나를 해소할 수 있는 기술로 여겨지므로 기술 추이를 살펴볼 필요가 있다. 또한 국내 자기부상열차 업체 RETD가 말레이시아 랑카위 지역 관광용 자기부상열차 회사로 2024년 선정되었다. 이 회사는 대전 대덕연구단지 내 한국기계연구원에서 개발한 자기부상열차 시스템을 해외로 수출하기 위해 설립된 민간 기업이다.

최근 하이퍼루프에 대한 이야기가 자주 언론에 언급된다. 하이퍼루프는 미국 유명 사업가 일론 머스크가 제안한 이름으로 널리 알려졌다. 공기를 빼낸 땅속 터널, 혹은 지상에 인공적으로 만든 터널을 통해 열차를 시속 1,000킬로미터에 달하는 속도로 운행한다는 개념이다. 철도 분야 종사자들 사이에서는 수십 년 전부터 '진공터널열차'로 언급해온 개념으로, 국내에서는 국토교통부 제안에 따라 '하이퍼튜브'라는 명칭을 사용하고 있다.

그러나 필자의 입장에서는 이 시스템이 온전히 실용화될 수 있을지에 대해 회의적이다. 이론적으로야 진공을 만들 수도 있고, 초고속 자기부상열차를 만들 수도 있다. 다만 단거리 시범구간이 아닌 수백, 수천 킬로미터에 달하는 장거리 구간에 이러한 대규모 진공터널 공사를 하는 것이 과연 현실적인가 하는 의문이 있다. 기술적으로 가능한 것과, 그만한 비용과 노력을 들여 건설을 이어갔을 때 과연 경제적 이익이 있느냐는 전혀 다른 이야기다.

하이퍼루프 기반 시설 공사가 기존 철도 공사와 비교해 본질적으로 어려운 이유로 크게 2가지를 꼽을 수 있다.* 첫째는 '아진공 상태'를 유지하는 것이다. 기존 철도는 외부 환경에 완벽히 개방된 구조지만, 하이퍼루프는 외부와 완벽히 차단된 폐쇄형 튜브의 내부 기압을 극도로 낮춰야 한다. 제작사별로 차이가 있겠지만, 일론 머스크의 하이퍼루프 시스템이 제안하고 있는 공기압은 0.001atm(진공압의 표시 단위, 1atm은 1기압) 수준이다. 재료 자체의 기공을 통해 미세한 공기가 유입되거나, 수십 미터 단위로 제작된 튜브 세그먼트의 연결부에서 누설이 발생하는 순간 시스템 전체의 효율과 안정성이 급격히 저하된다. 주요 건설 재료로 검토되는 콘크리트의 경우, 재료 본연의 다공성porous 특성으로 인해 기밀성 확보가 더욱 어려운 과제가 된다. 일반적인 토목 구조물에서 허용되던 미세 균열이나 재료의 불균질성이 하이퍼루프 튜브에서는 시스템의 성능을 좌우하는 치명적인 결함으로 이어질 수 있다.

---

* "차세대 초고속 이동체계Hyperloop 인프라 핵심 기반 기술 개발"(2018).

둘째는 초고속 주행에 따라 선로 설계에 '극도의 정밀성'이 필요하다는 점이다. 시속 1,200킬로미터에 달하는 속도로 주행하는 차량은 선로의 미세한 변형이나 단차에 매우 민감하게 반응해 주행 안정성에 심각한 문제를 일으킬 수 있다. 기존 고속철도(KTX 등)가 주행하는 데 필요한 선형 및 궤도 정밀도 기준을 훨씬 뛰어넘는 수준의 시공 정밀도가 요구된다. 이렇게 건설한 선로의 유지보수도 관건이다. 온도 변화에 따른 튜브의 팽창과 수축, 지반의 미세한 침하 등이 구조물의 변형을 유발할 우려도 크다. 차량 운영에 필요한 전력 및 통신 설비, 가이드 웨이가 튜브 내부에 정밀하게 설치되어야 하며, 이들의 위치가 외부 환경 변화에 영향받지 않도록 설계·시공할 필요도 있다. 하이퍼루프는 단순한 열차가 아니라, 외부와 격리된 특수 환경을 조성하고 유지해 초정밀 주행 환경을 제공하는 하나의 거대한 시스템 장비를 건설해야 하는 숙제를 안고 있다.

즉 하이퍼루프 체계를 실용화하려면 거대한 시스템을 수천 킬로미터 구간에 건설해야 하는데, 상식적으로 생각해봐도 비용이나 시간 면에서 막대한 투자가 필요하다. 종국적으로는 투자사가 이 시스템을 운영해 이익을 낼 수 있어야 하는데, 그 탑승비가 얼마나 될지, 비행기나 자기부상열차, 고속철도 등의 대안을 두고 과연 이 시스템을 이용하는 사람이 얼마나 될지를 생각해보면 그리 실현 가능성이 높아 보이지 않는다. 하이퍼루프 개발을 추진 중인 기업으로는 일론 머스크의 '보링컴퍼니'와 영국 버진그룹에서 만든 '하이퍼루프 원' 두 곳이 있다. 그러나 추진 상황을 들여다보면 헛웃음이 나온다. '하이퍼루프 원'은 실제로 시험 운행 라인을 만드는 등 투자와 연구를 단행했으나, 2023년 12월 결국 폐업했다. 심지어 2022년 7월, 일론 머스크는 자신의 전기 작가에게 "하이퍼루프를 꺼내든 건 캘리포니아 고속철도 건설 취소를 위해 꾸민 사기극이었다"고 밝힌 적이 있을 정도다. 보링컴퍼니는 현재 하이퍼루프 브랜드 이미지를 내세워 지하터널 사업에 더 열중하고 있다. 라스베이거스 일대에 지하터널을 뚫고, 그 내부를 전기자동차로 운행하는 서비스다. 이 시스템은 내부가 진공도 아니며, 운행하는 차량도 열차가 아닌 일반 전기자동차다.

'트램'의 경우는 기술적으로 전기버스에 가깝다. 간이 노선을 설치하고, 전력을 유선으로 계속해서 공급받는다는 점에서 차이가 있다. 그런데 최근 철도 운영 분야의 '탈탄소화'가 대세가 되면서, 이를 수소에너지로 대체하려는 노력이 최근 빠르게 부상하고 있다. 수소연료전지를 통해 전력을 생산해 사용하는 것으로, '수소자동차'를 생각하면 이해가 빠를 것이다.

국내에서도 각 지자체에서 '도심형 수소전기 트램'을 선택하는 곳이 늘고 있어 새로운 기술적 흐름을 형성하고 있다. 기존 전기트램과 달리, 전력을 공급하기 위한 가선(전차선)과 변전소 등 복잡한 전기 인프라가 필요 없어 초기 건설 비용을 절감할 수 있으며, 복잡한 전선이 사라져 도시 미관을 개선하는 효과도 있다. 국내에서는 현대로템에서 해당 트램을 개발 중인데, 같은 계열사인 현대자동차에서 개발한 수소전기차 넥쏘에 사용하는 95kW급 연료전지 모듈 4개를 연결해 총 380kW의 출력을 낸다. 설계 최고 속도는 시속 70킬로미터로, 1회 충전으로 도심 전 구간을 관통할 수 있다. 이 기술은 의외로 호평받고 있는데, 2022년 3월 이집트의 신행정수도 '뉴 카이로'에서 이 기술을 도입해 수소전기 트램을 도입하기로 했으며, 2022년 4월 호주 퀸즐랜드에서도 도입을 결정했다. 사우디가 건설 중인 미래 도시 '네옴'도 수소트램을 도입하기로 했다. 2022년 11월에는 빈살만 사우디 왕세자가 현대자동차그룹 정의선 회장과 양해각서MOU를 교환하기도 했다. 국내에서는 2024년 7월 대전광역시가 공식 공급 계약을 맺었는데, 2028년 말 완공할 예정이다.

마지막으로 세계 철도차량 및 시스템 시장의 동향과 2026년 예상 사업을 짚고 넘어가자. 세계 시장에서 이른바 '철도 삼대장'으로 중국의 CRRC, 프랑스의 알스톰, 독일의 지멘스 모빌리티가 꼽히는데, 이 3개 기업이 전체 시장의 65% 이상을 점유하고 있다. 자사가 기술적 리더십을 보유한 '유럽 표준 신호 시스템ETCS'을 포함한 '신호Signaling' 부문과, 전 세계에 설치된 15만 대 이상의 자사 차량을 기반으로 하는 '서비스Services' 부문을 핵심 성장 동력으로 삼고 집중 투자하고 있다. 2025~2026 회계연도에는 3~5% 수준의 유기적 매출 성장을 목표로 안정적인 성장을 추구하고 있다. 지멘스 모빌리티도 '지속 가능성'과 '디지털화'를 핵심 기치로 삼고 있다. '지멘스 엑셀레이터Siemens Xcelerator'라는 비즈니스 플랫폼을 통해 타사 솔루션까지 통합해, 철도 인프라와 운영 전반을 클라우드 기반으로 디지털화하는 것을 목표로 삼고 있다. 수소 및 배터리 열차와 같은 친환경 모빌리티 솔루션 개발에도 집중 투자하고 있다. 2026년 완공을 목표로 영국 치퍼넘Chippenham

지역에 새로운 신호 시스템을 제작하고, 디지털 엔지니어링, 연구 개발R&D 센터를 건설하기 위해 1억 파운드를 투자했다. 거대한 내수 시장을 바탕으로 세계 최대의 철도차량 제조사로 성장한 중국 CRRC은 '기술 자립'과 '사업 다각화'에 초점을 맞추고 있다.

3사 전략을 종합해보면, 철도 시장의 경쟁 패러다임을 엿볼 수 있다. 하드웨어, 소프트웨어, 서비스를 모두 아우르는 '통합 플랫폼'의 주도권을 차지하기 위한 싸움으로 전환되는 중이다.

이 역시 '공간의 통합' 개념으로 이해할 수 있다. 열차의 중요성은 미래 교통수단에서 중요한 위치를 차지한다. 열차는 사실 역과 역 사이를 오가는 구조이므로, 승객이 출발지에서 원하는 목적지까지 직접 도달하기에는 불편함이 있다. 승용차나 택시 이용이 두드러지는 것은 이 때문이다.

이러한 문제를 해결하고 쾌적한 공간 이동성을 보장하기 위해서는 특정 교통수단에서 벗어나 모든 인간 생활 공간을 관통하는 '교통 서비스'를 구상할 필요가 있다. 최근 '서비스형 모빌리티MaaS, Mobility as a Service'를 도입하자는 이야기가 많은데, 이는 모든 교통수단을 하나의 디지털 플랫폼으로 통합하여 사용자에게 최적의 이동 경험을 제공하는 새로운 개념이다. 한 종류의 스마트폰 앱만 있으면 철도, 버스와 같은 전통적 대중교통은 물론, 공유 자전거, '수요 응답형 버스DRT', 택시, 렌터카 등을 조합해 최적의 경로를 탐색하고, 예약과 결제까지 한 번에 처리할 수 있도록 만드는 시스템이다. 핀란드 헬싱키에서 출발한 서비스 휨Whim이 대표적인데, 사실 이 사업은 수익성 문제로 종료되었다.

군이 휨과 같은 형태의 서비스를 구성할 필요는 없어 보이지만, 미래 공간 활용 측면에서는 반드시 참고해야 할 시스템이다.

이 같은 시스템이 굳건해질수록 철도 시스템의 중요도와 활용도는 더 높아질 수 있다. 철도 운영사는 도시 내에서 가장 많은 승객을 가장 안정적으로 수송하는 교통수단이며, 독보적인 지위를 갖고 있다. 철도 및 지하철 노선을 중심으로 다른 모든 교통수단(마을버스, 택시, 자전거, PM 등)을 연동시킬 경우 전체 모빌리티 생태계를 재편할 수 있기 때문이다.

미래의 집은
어떻게 '프린트'되는가?

디지털 트윈부터 3D 프린팅까지, 건축·건설의 혁신

인간은 '공간' 속에서 살아간다. 과거에는 자연에 적응하며 살아갔지만, 문명을 이루면서 주변 공간을 개선하여 생활과 업무 환경을 적극적으로 변화시켜왔다. 이러한 변화의 중심에는 건설·건축 기술의 발전이 자리하고 있다. 항공·철도 등 교통수단이 공간의 '이동'에, 우주 산업이 공간의 '확장'에 초점이 맞춰져 있다면, 건설 및 건축 분야는 공간의 '재창조'에 방점을 두고 있다. 건설 분야 기술의 흐름을 살펴보는 일은 인류의 생활 방식과 모습의 변화를 이해하는 효과적인 방법이다.

최근 건설 기술은 혁신을 맞이하고 있다. 인류 역사 이후 지속해서, 점진적으로 발전해왔지만, 이제는 더 이상 점진적으로 발전했다고 보기 어렵다. 디지털화, 공업화, 자동화, 지능화라는 거대한 기술 흐름의 융합을 타고 그 발전 속도도 빠르게 변화하고 있으며, 산업 전체의 본질을 재정의하고 있다.

건설 기술의 지형을 이끄는 첫 번째 흐름은 '디지털 전환Digital Transformation'으로, 빌딩 정보 모델링BIM, Global Building Information Modeling 과 디지털 트윈 기술이 핵심이다. 물리적 자산을 가상 공간에 복제하고, 그곳에서 발생하는 모든 정보를 데이터화하여 관리하는 형태가 주를 이룬다. 두 번째 흐름은 '건설의 공업화Industrialization of Construction'다. 공장에서 건축물을 만든 다음, 이를 이전해 설치하는 형태다. 단순한 부품 생산을 넘어, 완벽히 마감된 건물 유닛을 제품처럼 생산하고 현장에서 조립하는 식이다. 세 번째 흐름은 '자동화 및 로보틱스Automation & Robotics'다. 드론, 자율주행 중장비, 특정 공정 로봇 등을 활용해 생산성과 안전성을 극대화하는 추세다. 마지막으로 이 모든 기술의 두뇌 역할을 하는 'AI 및 데이터 분석AI & Data Analytics'을 들 수 있다. AI는 건설 과정에서 생성되는 방대한 데이터를 학습하여 공정을 최적화하고, 잠재적 위험을 예측하며, 심지어 새로운 설계안을 창조하기까지 한다. 세 번째 조건인 자동화 및 로보틱스 실행 과정에서도 AI를 통해 로봇 시스템이 유기적으로 협업하는 지능형 작업 현장으로 진화하고 있다.

건축 혁신의 기본은 BIM이다. 우선 건축물을 데이터로 바꿀 수 있어야 이후에 다른 혁신이 가능해지기 때문이다. 특히 '다차원 데이터 플랫폼'으로의 진화가 두드러진다. '3차원(3D) BIM'은 건물의 형태와 구조, 내부에 배치될 각종 설비(기계, 전기, 배관)를 가상으로 구현해 설계 단계에서 생길 수 있는 간섭이나 충돌을 최소화하는 데 중점을 두는 형태다. '4차원(4D) BIM'은 여기에 '시간'이라는 차원을 더한다. 건축물 내 각 객체에 공정 계획상의 시작 및 종료 일정을 연동해, 전체 시공 과정을 시각적인 시뮬레이션으로 구현할 수 있다. 작업 진행 상황을 직관적으로 파악할 수 있으며, 비효율적인 작업 순서를 조정하거나 자원 배분을 최적화할 수 있어서 공사 기간 지연의 리스크를 줄일 수 있다. '5차원(5D) BIM'은 여기서 한 단계 더 나아가 '비용' 정보를 통합한다. 벽, 기둥, 창문, 상하수도 시설, 전자기기 같은 모든 객체에 자재비, 노무비, 장비비 등 비용 데이터를 연결하는 것이다. 설계가 변경되면 변경된 물량이 자동으로 산출되고, 전체 공사비에 미치는 영향이 실시간으로 계산된다. 수작업으로 며칠씩 걸리던 물량 산출과 견적 작업이 몇 분 만에 가능해지며, 프로젝트 초기 단계부터 훨씬 더 정확한 예산 수립과 투명한 비용 관리가 가능하다.

세계 BIM 시장 규모는 2024년 82억 2,000만 달러로 평가되었다. 2025년 2025년 91억 2,000만 달러를 기록할 것으로 보이며, 2032년이 되면 220억 8,000만 달러까지 성장할 것으로 예상된다. 연평균성장률CAGR 13.5%의 빠른 성장을 보이고 있다.* 5D BIM만 따로 예측한 자료도 볼 수 있었는데, 2023년 29억 달러였다. 2032년까지 89억

---

* Fortunebusinessinsights, 보고서 ID FBI102986.

9,000만 달러로 급증할 것으로 보인다.* CAGR 13.4%로 나타나 전체 성장률과 거의 같은 비율을 보임을 알 수 있다. 이는 업계 전반에서 5D BIM에 대한 의존도가 높아지고 있음을 의미한다.

5D BIM에 개념을 더 추가하면 6D BIM, 혹은 7D BIM으로도 발전할 수 있는데, 이는 완공 후 유지관리 단계를 의미한다. 건물의 모든 자산 정보가 담긴 디지털 설명서 역할을 수행하는 단계에서도 활용 가능한 셈이다. 기술적으로는 특정 소프트웨어에 종속되지 않고 자유롭게 데이터를 교환할 수 있는 '오픈소스' 형태를 기반으로 발전하고 있다. 북미, 유럽, 아시아 등 주요국 정부들이 공공 프로젝트에 BIM 도입을 의무화하면서 이러한 표준화와 기술 채택은 더욱 가속화되는 추세다.

이 과정에서 디지털 트윈 기술을 빼놓기 어렵다. 기술의 중요성은 앞 장에서도 여러 차례 강조했는데, BIM 응용 과정에서 그 중요성을 인정받고 있다. 현실 세계의 시설물(주택, 빌딩, 교량, 나아가 도시 등)을 가상 공간에 그대로 복제하고, 사물인터넷 센서, 드론, CCTV 등을 통해 수집된 실시간 데이터를 연동한다. BIM만으로는 설계와 시공 단계에서 건물의 '정적인 정보'를 담은 디지털 청사진 역할에 그치지만, 여기에 디지털 트윈을 접목하면 시시각각 변하는 자산의 '동적 상태'를 반영할 수 있다.

새롭게 건축이 추진 중인 대형 건축물이나 도시(스마트시티)는 디지

---

*   SkyQuest Technology Group.

털 트윈의 잠재력을 현실로 증명하고 있다. 네덜란드의 암스테르담 스키폴 공항은 다양한 공항 내 자산을 BIM 형태로 구축하고 디지털 트윈 기법을 통해 관리하고 있다. 예를 들어 난방Heating, 환기Ventilation, 냉방Air Conditioning을 뜻하는 'HVAC 시스템'은 제3터미널에 적용되어 있는데, 이를 통해 냉각 시스템을 관찰한 결과 공조 시스템에 문제를 일으킬 수 있는 다양한 병목 현상을 발견했다. 공항 측은 이 문제를 해결하면서도 펌프 에너지를 88% 절감하는 데 성공해, 연간 약 8만 2,000유로의 비용 절감과 375톤의 이산화탄소 배출량 감소 효과를 얻었다.

이런 시도는 세계 전역에서 활발히 진행 중이다. 국내에서는 인천시가 도시의 교통, 환경, 시설 관리 등 다양한 기능을 실시간으로 복제하는 디지털 트윈을 운영 중이며, 홍수 예측 시스템을 통해 미래의 재난 상황을 시뮬레이션하고 사전 대응하는 예측 분석 역량을 입증했다. 세종시도 관련 기술을 도입 중이다. 싱가포르는 도시 전체 디지털 트윈 시스템인 '버추얼 싱가포르Virtual Singapore'를 일찍부터 완성했다. 싱가포르 전역의 건물, 도로, 인구, 날씨 등 도시를 구성하는 모든 요소를 구현했으며, 도심 내 교통 시스템까지 적용되어 있다. 교통량에 따라 신호 체계를 최적화하고 대중교통 노선까지 동적으로 관리하고 있다.

'건설의 공업화'도 현대 건설 기술 혁신의 중요한 키워드로 자주 언급된다. 이 과정에서 두드러지는 현상이 '탈현장 시공OSC, Off-Site Construction'이다. 쉽게 말해 공장에서 건축물을 만든 다음, 건설 현장에서 이를 옮겨와 설치·조립하는 것으로 끝난다. 건축물의 주요 구조체에 마감, 설비까지 완료된 입체적인 공간 유닛(모듈)을 70~95%까지 제작한 후, 현장으로 운송하여 레고 블록처럼 조립한다. 흔히 '모듈러 건설'이라고 이야기하기도 한다.

세계 모듈러 건설 시장은 2030년까지 약 1,624억 달러 규모로 성장할 전망이다.* 연평균 6~8%의 꾸준한 성장세를 보이고 있다. 특히 미국, 영국, 싱가포르 등 선도 국가들은 정부의 적극적인 정책 지원과 기술 개발을 통해 시장을 이끌고 있다. 미국은 높은 인건비와 주택 부족 문제의 해결방안으로 '영구 모듈러 건설PMC, Permanent Modular Construction' 시장이 활성화되어 있다. 과거 모듈러 건설은 임시 주택을 짓는다는 느낌이 강했는데, 이제는 영구적 건축물도 이런 방식을 동원하게 되면서 생겨난 개념이다. 영국 정부 역시 주택난 해소를 위해 모듈러 건설을 포함한 '현대 건설 방식MMC, Modern Methods of Construction'을 장려하고 있다. 도시국가 싱가포르의 경우 모듈러 건설은 필수적이다. 정부 주도로 도심 고밀도 개발에 모듈러 공법을 적극적으로 채택하고 있다. 국유지에서 진행되는 다수의 건설 사업에 'PPVC(조립식, 완제품, 체적식 건축)' 자재 사용을 의무화할 정도다. 또한 현대식 건축 방식을 표준화하는 보조금을 기업에 지원하고 있다.

기술적으로도 모듈러 공법은 비약적인 발전을 이루었다. 저층 건물에 국한되었던 한계를 넘어, 구조용 강철 프레임 제공 등의 기술이 확

---

*   grand view research, "Modular Construction Market"(2025~2030).

보되면서 고층화가 빠르게 진행되고 있다. 싱가포르에서는 56층 높이의 주거용 건물 '에비뉴 사우스 레지던스'가 모듈러 공법으로 건설되기도 했다. 3,000개 이상의 모듈을 공장에서 미리 제작해 현장에서 조립하는 방식을 사용해 2022년 완공되었다.

모듈러 방식과 더불어 주목받는 건축 혁신 기술로 '3D 프린팅 건축' 기법이 있다. 거대한 프린터 노즐이 시멘트 기반의 특수 건설 재료를 짜내며 벽체 등 구조물을 한 층씩 쌓아 올리는 '적층 제조Additive Manufacturing' 기술이다. 거푸집 공정이 필요 없어 건설 폐기물을 획기적으로 줄일 수 있으며, 전통적인 방식으로는 구현하기 어려운 복잡한 곡선이나 비정형 디자인을 구현하기 손쉽다는 장점이 있다.

이 기술은 이미 실용화 단계에 있다. 미국 건축회사 '아이콘'이 대표적인 사례로, 텍사스에 100채 규모의 3D 프린팅 주택 단지를 건설해 화제를 모았다. 호주에서는 2층 주택, 인도에서는 빌라, 일본에서는 세계 최초의 3D 프린팅 기차역이 건설되는 등 주거, 상업, 공공 시설 전반으로 적용 범위가 확대되고 있다.

재료 측면에서도 혁신이 가속화되고 있다. 초기에는 특수 배합된 콘크리트를 주로 사용했는데, 최근에는 건설 폐기물 재활용 재료, 식물 기반 폴리머, 심지어 미생물에서 유래한 바이오 소재까지 등장하고 있다.

물론 3D 프린팅 건축 기술은 아직 모든 건설 공정을 완전히 대체하기에는 한계가 있다. 현 단계는 벽체를 프린팅한 후 바닥이나 지붕, 창호 등은 전통적인 방식으로 결합하는 하이브리드 형태다. 강철 프레임 등을 취급하기 어려워 고층 빌딩이나 초대형 건축물 등에 적용

Shift 5 우주에서 시작되는 공간 산업

텍사스에 조성된 3D 프린팅 주택 단지

하기 어렵다는 점도 단점으로 꼽힌다. 하지만 48시간 내에 건물 한 채를 프린팅할 수 있는 압도적인 속도, 자재 폐기물을 55%까지 줄이는 친환경성, 기존 공법의 한계를 뛰어넘는 설계 자유도 덕분에 3D 프린팅 기술은 미래 건설의 중요한 축으로 주목받고 있다. 관련 시장은 2025~2030년 사이 CAGR 100%가 넘는 폭발적인 성장이 전망될 정도다.*

로봇 혁신은 거의 전 산업에 영향을 미치고 있다. 건설 분야 역시 마

---

* Allied Market Research.

찬가지로, 크게 2가지 방향으로 진화하고 있다. 하나는 전통적인 현장 작업을 더 빠르고 안전하게 만드는 '현장 증강On-site Augmentation'이고, 다른 하나는 모듈식 건설 과정에서 공장 환경을 자동화하는 '탈현장 제조Off-site Manufacturing'다. 이 두 흐름이 상호보완적으로 발전하며 건설 현장의 실제 풍경을 바꾸고 있다.

현장 증강에서 중요시되는 것은 '건설 로봇'이다. 위험하고, 힘들며, 반복적인 특정 작업을 로봇으로 대체하려는 시도가 활발히 이루어지고 있다. 급성장하고 있는 로봇 기술 덕분에 다양한 로봇이 실제로 현장에 도입되고 있다. 벽돌을 쌓는 반자동 로봇 'SAM100' 사례가 유명하다. 여기서 SAM은 '반자동 석공Semi-Automated Mason'의 약자로, 컨베이어 벨트와 로봇 팔을 사용해 하루 3,000개 이상의 벽돌을 쌓는다. 숙련된 인간 석공이 하루에 500개의 벽돌을 쌓을 수 있다는 점을 감안하면 6배 이상의 속도다. 이 밖에 비슷한 형태로 '하드리안XHadrian X' 로봇도 시간당 200여 개의 벽돌을 쌓는 성능을 보여준다. SAM100이 월등히 빠르다고 생각할 수 있는데, SAM의 경우는 반자동으로 인간이 함께 일하는 형태이며, 하드리안X는 로봇 팔을 이용해 자체적으로 벽돌을 쌓는 차이점이 있다. 이런 로봇들은 작업 속도를 비약적으로 향상시킬 뿐만 아니라, 균일한 작업 품질을 보장한다.

건설 기술의 진화에서 드론도 빼놓을 수 없다. 드론은 하늘을 날기 때문에 건설 현장을 입체적으로 파악할 수 있다. 단순한 항공 촬영 장비를 넘어 정밀 측량을 통한 3D 매핑을 제공하므로 BIM 및 디지털 트윈 모델 구축 과정에 필요한 핵심 데이터를 신속하게 제공한다. 이 밖에 공정 진행 상황 모니터링, 자재 재고 관리, 고위험 구역 안전 점검 등 다양한 임무를 수행한다.

건설 현장에서 안전하게 일하는 '자율 건설장비' 기술도 빠르게 발전하고 있다. GPS, 라이다 센서, AI 기술을 통합해 건설 현장에서 스스로 움직인다. 현재는 복잡한 과정의 경우 무선조종을 받아 작업을 수행하지만, 운송 등의 경우는 상당 부분 자율화 시스템이 도입되어 있다. HD현대는 2024년 미국 라스베이거스에서 열린 'CES 2024'에서 무인 건설 현장 구현을 위한 기술 로드맵을 공개했는데, 2027년 현장 실증이 목표다. 따라서 2026년에는 무인 건설 로봇 실용화를 위한 다양한 기술적 시도가 활발하게 이루어질 것으로 보인다.

이제 건설 분야의 AI 도입 흐름을 짚어보자. 이는 건설 산업 변화의 핵심으로 꼽을 수 있다. BIM을 통한 디지털 트윈 구축과 관리, 모듈러 공법 도입 과정에서 이루어지는 생산 효율 극대화, 건설 로봇 성능 향상 등 거의 모든 분야가 AI 혁신 없이는 기술 향상이 이루어지기 어렵다.

건설 산업에서 요구되는 AI 기술의 특징으로 가장 먼저 '컴퓨터 비전' 관련 기술을 들 수 있다. 이미지를 AI로 해석할 수 있어야 안전 관리, 로봇 제어 등 많은 일이 가능해진다. 예를 들어 건설 현장에 설치된 CCTV 영상에 AI 객체 탐지 알고리즘을 적용하면, 작업자의 안전모나 안전 조끼 미착용, 각종 안전 시설의 상태 확인, 위험 구역 무단 침입 같은 위험 요소를 감지하고 즉시 관리자에게 경고를 보낼 수 있다. 로봇의 시각 해석에서 AI가 빠지면 할 수 있는 일이 거의 없어질 것이다. 심지어 AI는 현 상황을 분석해 미래의 사고를 예측하는 방식으로도 활용할 수 있다. 예를 들어 미국 건설사 제이이던은 오라클 산하 AI 기업 뉴메트릭스 AI 소프트웨어를 도입해, 매주 가장 위험한 프로젝트에서 발생할 사고의 75%를 예측하는 데 성공했다. 이런 정보를 통해 많은 안전 조치를 취할 수 있었다.

최근 큰 인기를 끌고 있는 생성형 AI 기술 역시 건설 분야 혁신에 큰 획을 긋고 있다. 부지 조건, 예산, 법규, 원하는 공간 구성 등 설계의 제약 조건과 목표를 입력하면, 수 분 내에 수백, 수천 가지의 설계 대안을 자동으로 생성하고 시각화하는 것이 가능하다. 필요하다면 기존 설계 소프트웨어와 통합해 일조량, 에너지 효율, 예상 공사비와 같은 성능 지표를 실시간 데이터로 제공받는 것도 가능해진다. 향후 건설 분야 응용 기술 개발이 늘어나면 비용 최소화, 에너지 효율 최대화, 탄소 배출량 최소화 등, 서로 상충할 수 있는 여러 목표를 동시에 고려해 최적의 균형점을 찾는 '복잡한 다중 목표 최적화Multi-objective Optimization' 수행이 가능할 것으로 보인다. 이런 작업을 인간 설계자가 일일이 계산해 매번 설계를 변경하기란 사실상 불가능하다.

이 같은 건설 분야 기술 혁신에 따라 사업화 모델의 빠른 변화도 예상된다. 탈현장 시공OSC의 보편화와 다양한 디지털 기술, 로봇, AI의 도입으로 건설 회사의 정체성은 일회성 프로젝트를 수행하는 서비스업에서 표준화된 제품을 생산하는 제조업으로 바뀌고 있다. 현장 인력을 관리하고 공정을 통제하는 단계를 넘어 공장 생산 과정의 효율성, 공급망 물류의 최적화, 모듈 제품의 연구 개발R&D과 같은 제조업 고유의 역량이 기업의 성패를 좌우할 것으로 보인다. 이 과정에서 중요한 것이 결국 '데이터'다. BIM과 디지털 트윈의 확산이 데이터를 일회성 산출물이 아닌, 지속적인 가치를 창출하는 핵심 비즈니스 자산으로 변모시키고 있다. 이를 통해 건설사와 기술 기업들은 일회성 시공 계약을 넘어, 장기적인 데이터 기반 서비스 형태의 수익 모델을 창출할 수 있을 것으로 보인다. 건물 소유주와 운영자 사이에 △예측 유지보수 서비스 △에너지 최적화 서비스 등 다양한 구독형 서비스도 등장할 것으로 기대된다.

건설 기술 트렌드를 논의할 때 ESG(환경·사회·지배구조)의 영향은 염두에 둘 필요가 있다. 앞서 언급한 것처럼, 건설 기술 트렌드 관점에서도 큰 가치가 있다. 건설 및 토목 분야는 환경에 상당한 부담을 주는 산업이며, 사회 인프라 및 시스템 설립에도 막대한 영향을 미치는 분야다. 특이하게도 우수한 ESG 성과를 보이는 기업일수록 기술 혁신에 더 적극적인 경향이 있다. 과학을 이해하고 기술에 투자하지 못하면 '착한 기업'으로 거듭나기도 힘든 세상이다.

이는 비단 건설 기술 분야, 나아가 첨단 산업 분야에 국한되는 이야기가 아닐 것이다. 사회 혁신의 방향을 읽지 못하면 정치, 경제, 산업, 사회, 문화 등 모든 분야에서 발전을 기대하기 어렵다. 더 나은 미래를 향해 나아가기 위해서는, 반드시 '과학기술의 흐름'이라는 나침반을 읽어낼 필요가 있다.

더 알아보기 ①
자율주행, 미래 자동차의 모습

'인간의 공간 활용' 측면에서 자동차 기술은 빼놓을 수 없는 핵심 요소다. 특히 AI 기술이 결합되면서 급속히 발전하고 있는 '자율주행' 기술은 우리 삶을 빠르게 바꿔나가고 있다. 현시점에서 자율주행 기술은 어디를 향해 가고 있으며, 2026년 전후로 자동차 시장의 기술적 동향은 어떻게 바뀔 것인가?

현재 대부분의 자동차 업체가 제공하는 자율주행 기술은 국제자동차공학회SAE가 정의하는 자율주행 단계로 볼 때 2단계 미만이다. 사람이 직접 운전하고, 자동차가 이를 일부 보조하는 형태다. 자동차 기술 선진국인 독일이나 일본 차량도 모두 이 단계에 머무르고 있다.

이 단계를 넘어서는 기술을 제공하는 대표 기업으로 크게 두 곳이 있는데, 구글 산하 웨이모, 그리고 테슬라다. 웨이모는 개인에게 판매하기보다 '운전기사 없는 택시 서비스' 형태로 사업을 전개하고 있다. 중국에서도 몇몇 업체가 웨이모와 비슷한 형태로 자율주행 택시를 운행 중이다.

개인이 구입할 수 있는 자동차 중 자율주행 성능이 가장 뛰어난 회사가 테슬라다. 테슬라가 제공하는 '풀 셀프 드라이빙FSD'은 사실상 레벨 3(강력한 운전자 보조) 단계에 올라 있다. 전 세계 수백만 대의 테슬라 차량이 수집하는 방대한 실제 주행 데이터를 학습한 강력한 AI 기능 덕분에 별도의 지도 제작 없이 이론적으로 세계 어디서나 작동한다. 따라서 현재 시장의 수준은 '다수의 자동차 업체'가 이 단계를 뒤따라 3단계 자율주행 단계로 넘어서려고 노력 중인 과도기에 해당한다.

레벨 3은 특정 조건에서 시스템이 운전을 완전히 책임지지만 필요한 경우 운전자의 개입을 요구하는 단계로, 시스템과 운전자 간의 책임 전환도 명확해야 한다. 이런 기능을 갖추기 위해서는 기존 시스템과 달리 차량에 고성능 연산 장치가 필수적으로 내장되어야 하며, 차량의 전 기능을 차량 내 컴퓨터가 통제할 수 있어야 한다.

여기서 필요한 조건이 '소프트웨어 중심 자동차SDV, Software-Defined Vehicle'다. 본질은 자동차의 기능과 성능이 하드웨어에 의해 고정되는 것이 아니라, 소프트웨어에 의해 정의되고 지속해서 업데이트될 수 있는 차량을 의미한다. 자동차가 스마트폰처럼 시간이 지날수록 더 나은 가치를 제공하는 진화형 플랫폼으로 변모함을 의미한다. 많은 자동차 제조사가 신형 모델부터 이 기능을 도입하고 있다. 무선 소프트웨어 업데이트OTA, Over-the-Air를 통해 차량이 출고된 이후에도 보안 패치, 성능 개선, 새로운 기능 추가 등을 원격으로 제공하는 식이다. 이 경우 차량용 OS 등 소프트웨어 기술이 중요시되며, 차량이 외부 인프라 및 다른 차량과 통신하는 V2XVehicle-to-Everything 기술도 중요해지고 있다. 쉽게 말해 SDV의 중앙 집중형 컴퓨팅 능력과 OTA를 통한 지속적인 관리 및 업데이트를 할 수 있어야 한다. 그래야 자율주행 기술을 유지·관리·향상시킬 수 있기 때문이다. 테슬라가 시장에서 혁신 기업으로 평가받는 이유는 단순히 전기차를 먼저 만들었기 때문이 아니라, 이 같은 통합 소프트웨어 중심 아키텍처를 한발 앞서 구현했기 때문이다.

주요 전통 자동차 제조사들이 SDV 기반의 신차를 출시하고 있는 것은 이런 기술적 흐름과 관계가 깊다. 앞으로 자동차 시장의 경쟁 구도도 단순히 주행거리나 충전 속도와 같은 전기차의 성능 지표를 넘어, 소프트웨어의 완성도, 사용자 경험ux, 그리고 OTA를 통한 지속적인 가치 창출 능력과 같은 SDV의 역량에 의해 좌우될 것으로 보인다.

2025년에서 2026년으로 넘어가는 시점의 첨단 자동차 산업은 3가지의 거대한 전환이 동시에 진행되는 복합적인 변혁의 시기다. 첫째로 자율주행 기술의 추가적 발전과 SDV 형태의 차량 보급이다. 둘째가 전기차 시장이다. 기술적 완성도 부족에 기인한 캐즘(일시적인 정체 또는 후퇴 현상)을 겪고 있는 것 역시 사실이지만, 그럼에도 여전히 성장을 이어가고 있다. 앞으로도 주류 시장으로 편입될 것이다. 이 과정에서 선행되어야 하는 것이 배터리 기술의 혁신이다. 현재의 캐즘 현상은 부족한 배터리 성능으로 인한 짧은 주행거리, 긴 충전 시간 등에서 기인한다고 보아도 크게 틀리지 않다. 그다음으로 수소자동차(정확하게는 '수소연료전지' 자동차) 분야다. 이는 개인 자동차 시장에서 상대적으로 경쟁력이 낮았다. 그러나 많은 짐을 싣고 장거리를 이동해야 하는 트럭이나 버스 등 상용차 시장에서는 친환경 자동차로서 그 대체재를 찾기 어려워 종국적으로 실용화될 것으로 보인다.

1~2년 사이에 최초의 전고체 배터리 탑재 차량과 SDV 플랫폼 기반의 신차 출시가 이루어질 것으로 기대된다. 초기에는 제한된 규모겠지만, 향후 기술 로드맵과 시장의 경쟁 구도를 결정짓는 중요한 과정이다. 상업용 자동차 분야에서는 수소자동차+SDV 형태가 도입될 것으로 보인다. 당장은 '내연기관 자동차'라는 다소 속 편한(?) 선택지가 있어 빠르게 시장이 확대되기는 어려워 보

인다. 그러나 탄소 저감이라는 인류 공동의 숙제를 생각할 때 이는 피할 수 없는 수순이다. 가까운 미래에 자동차 시장은 새로운 동력 체계와 SDV, 고성능 AI가 통합된 고도의 플랫폼을 누가 먼저 완성하느냐의 경쟁으로 진화하고 있다.

더 알아보기 2

'가상 공간'의 혁신,
메타버스가 돌아온다

인류는 과거 '공간'의 확장을 위해 미개척지를 향해 나아갔다. 황무지를 개간하고, 신대륙을 찾아 나섰다. 현대에 들어 그 대상은 '우주'가 되었다. 인공위성을 통해 정보 공간을 지구 밖으로 확장했으며, 달에 사람을 보내고, 화성에 탐사선을 보낸다. 우주마저 실제 생활 공간으로 삼기 위한 노력이 이어지고 있다. 그러나 너무나 많은 노력과 비용이 투자되고, 그 성과 역시 더디다. 인류가 살아갈 공간을 빠르고 효과적으로 확대하는 다른 방법은 없는 것일까.

메타버스 기술은 이에 대한 유일한 위안이다. 실제 공간이 변화하지는 않지만, 가상 공간에서 이루어지는 서비스를 통해 삶의 영역을 확대해갈 수 있기 때문이다. 메타버스 기술은 크게 △증강현실Augmented Reality △라이프로깅Life-logging △거울세계Mirror Worlds △가상세계Virtual World 4가지로 구분할 수 있다. 가상세계는 흔히 VRVirtual Reality이라고 부른다. AR과 VR에 대해서는 누구나 익숙할 것이다. VR 형태로 게임도 발매되고 있고, AR 형태의 안경형 컴퓨터 개발도 이어지고 있다. 라이프로깅과 거울세계에 대해서는 생소할 수 있을 텐데, 사실 이미 사용하고 있는 서비스다. 스마트워치를 차고 다니며 혈압과 맥박 정보를 수집하는 활동이 라이프로깅에 해당한다. 거울세계는 현실 기반의 정보를 가상세계에 구현해 활용하는 것이다. 구글어스나 네이버 지도, 나아가 디지털 트윈 기술도 이에 해당된다.

다만 대중적으로 '메타버스'라고 하면 역시 VR 기반의 '가상 공간' 서비스를 떠올리는 경우가 많다. 이런 공간에서 다른 사람과 소통하며, 내부에서 경제 활동까지 벌일 수 있다면, 체감상으로 분명 공간의 확장 효과를 낳는다. '게임이 아니냐'고 이야기할 수 있지만 개념이 다르다. 승부를 겨루거나 특정 목적을 달성하기 위해 노력하는 성격이 아니라 내부 사회의 구성원으로서 활동하는 성격이 더 강하기 때문이다. 물론 게임 중에도 메타버스 성격을 가진 것들이 있어 구분이 명확하지 않은 경우가 많다. 메타버스에서는 보통 '아바타'라는 가상의 자신을 만든 다음, 그 존재가 가상세계 속에서 활동하는 것을 모니터로 지켜보는 형태가 주를 이루는데, 기술적 문제로 자신이 만든 아바타를 제3자 입장에서 바라보는, 즉 '관찰자' 입장에서 활용하도록 3인칭 시점을 제공하는 경우가 많았다. 그러나 최근 VR 장비의 발전과 함께 1인칭 서비스를 제공하는 경우가 부쩍 늘고 있다.

메타버스 개념은 코로나19 팬데믹과 함께 크게 주목받았다. 그러나 팬데믹이 종식되면서 이용자 수도 크게 줄기 시작해 2025년 현재는 '한때의 유행' 정도로 치부되기도 한다. 그러나 발전 가능성이 대단히 크며, 현재도 다양한 분야에서 두루 사용되고 있다. 특히 최근 VR 기술이 지속적으로 발전하고 있어 실감도가 점점 높아지고 있는 점 등을 고려할 때, 미래 사회의 한 축으로서 기능할 수 있는 의미 있는 개념임은 확실하다.

현재 기술적 문제는 대부분의 메타버스 플랫폼이 서로 호환되지 않고 독립적으로 운영되고 있다는 점이다. 이른바 '담장 친 정원Walled Garden'의 형태다.

A 플랫폼에서 구매한 아바타나 아이템을 B 플랫폼에서 사용할 수 없다는 뜻이다. 이런 문제를 해결하기 위해 '메타버스 표준 포럼MSF'과 같은 협의체를 중심으로, AOUSDAlliance for OpenUSD 등의 컨소시엄에서 기술 표준화를 유도하고 있다. 예를 들어 'OpenUSDUniversal Scene Description'라는 기술은 영화사 픽사가 개발해 표준화를 추진 중인 3D 기술로, AOUSD가 표준화를 추진하고 있다. 복잡한 3D 데이터를 다양한 소프트웨어에서 일관되게 표현하고 협업할 수 있는 기반을 만들기 위해서다.

주요 빅테크 기업들도 각자의 강점을 바탕으로 메타버스 시장 주도권을 확보하기 위한 치열한 경쟁을 펼치고 있다. 빅테크 기업들의 도전 방향도 이를 대변한다. 메타는 메타버스 시대에 맞춰 회사 명칭을 페이스북에서 메타로 변경할 정도로 시장 선점에 노력하고 있다. 메타는 2025년 9월 안경 형태의 AR 스마트 안경 '오라이온'을 공개해 화제가 되었다. 애플도 '공간 컴퓨팅'이라는 독자적인 개념하에 VR 및 AR 기기인 비전 프로를 출시했다. 엔비디아는 메타버스의 산업 응용에 관심이 크다. 협업 및 시뮬레이션 플랫폼인 '옴니버스Omniverse'를 OpenUSD 기반으로 개발했는데, 디지털 트윈 구축에 최적화되어 있다.

메타버스 시장은 초기 과열기에서 벗어나 이제 실질적인 가치를 창출하는 단계로 접어들고 있다. 명확한 투자수익률ROI을 제시하는 B2B 시장이 성장을 견인하는 가운데, 소비자 시장은 용도에 따라 세분화되는 양상을 보일 것이다. 산업적 응용 분야가 먼저 성장할 것으로 보이며, 그 뒤를 따라 개인 커뮤니케이션 서비스도 다시 성장할 것으로 보인다. 사실 여전히 많은 사람이 메타버스 공간에서 교류하고 있다. 로블록스Roblox라는 메타버스 서비스는 2025년 2분기 기준 일일 활성 사용자DAU 1억 1,180만 명을 돌파해 전년 대비 도리어

41% 증가하면서 사상 최고치를 기록했다. 그만큼 거대한 생태계다. 로블록스 안에서 사용자가 직접 게임과 경험을 만들고, 가상 화폐를 통해 수익을 창출할 수 있다. 네이버Z가 운영하는 제페토 서비스도 아시아 시장을 중심으로 큰 인기를 얻고 있다.

개인 서비스의 관건은 '콘텐츠 부족'을 해결하는 것이다. 과거 메타버스 생태계의 가장 큰 걸림돌은 전문적인 기술을 가진 소수의 개발자만이 3D 콘텐츠를 제작할 수 있어 '콘텐츠 공급 부족' 문제가 컸다. 그런데 생성형 AI가 이 문제를 해결할 게임 체인저로 부상했다. 복잡한 3D 모델링 소프트웨어 없이, 명령어만으로 자신의 아바타도, 주위 공간도 모두 꾸밀 수 있게 된 것이다. 블로그나 유튜브가 글쓰기와 영상 제작의 장벽을 낮춰 누구나 크리에이터가 될 수 있는 시대를 열었던 것처럼, 생성형 AI 역시 3D 콘텐츠 제작의 대중화를 이끌고 있다. 이러한 AI 기반 제작 도구가 플랫폼의 핵심 경쟁력으로 부상하고 있으며, 이에 콘텐츠 다변화 역시 이루어지고 있다.

메타버스는 이제 화려한 가상 콘서트나 소셜 이벤트에만 머무르지 않는다. 사회 전반의 수준을 끌어올리며, 산업의 혁신을 돕고, 나아가 우리 삶을 풍족하게 하는 가상의 공간이다. 현실 세계의 문제를 해결하고 경험을 확장하는 '공간 컴퓨팅'의 시대는 반드시 다가올 것이다. AI 혁신 시대에 이 흐름은 피할 수 없는 수순으로 보인다.

2026 테크놀로지 시프트

초판 1쇄 인쇄 2025년 11월 13일
초판 1쇄 발행 2025년 11월 20일

지은이 전승민
펴낸이 오세인 | **펴낸곳** 세종서적(주)

국장 주지현 | **편집** 최정미
표지 디자인 유어텍스트 | **본문 디자인** 김미령
마케팅 조소영 | **경영지원** 홍성우

출판등록 1992년 3월 4일 제4-172호
주소 서울시 광진구 천호대로132길 15, 세종 SMS 빌딩 3층
전화 (02)775-7011
팩스 (02)776-4013
홈페이지 www.sejongbooks.co.kr
네이버 포스트 post.naver.com/sejongbooks
페이스북 www.facebook.com/sejongbooks
원고모집 sejong.edit@gmail.com

ISBN 979-11-995124-0-5　03500

- 잘못 만들어진 책은 바꾸어드립니다.
- 값은 뒤표지에 있습니다.
- 이 책의 본문 이미지는 셔터스톡, 위키백과, 위키피디아 등 저작권 문제 없는 사이트에서 다운받아 사용했습니다.